하이브리드 자동차

– 친환경 자동차 Ⅰ

HYBRID CAR - ECO-FRIENDLY CAR I

구민사

저자약력

하성용 공학박사
중부대학교 자동차시스템공학과 교수
前)한국자동차공학회 부회장
대한교통학회, 한국자동차안전학회 종신회원

이성준 공학박사
現)르노삼성 자동차엔지니어
자동차기술사, 기능장

하이브리드 자동차 –친환경 자동차 I

초 판 인쇄 | 2022년 2월 15일
초 판 발행 | 2022년 2월 28일

지 은 이 | 하성용·이성준
발 행 인 | 조규백
발 행 처 | 도서출판 구민사
(07293) 서울특별시 영등포구 문래북로 116 604호(문래동 3가, 트리플렉스)
전 화 | (02) 701−7421(~2)
팩 스 | (02) 3273−9642
홈페이지 | www.kuhminsa.co.kr

신고번호 | 제2012−000055호(1980년 2월 4일)
I S B N | 979−11−6875−027−2 [93550]

값 22,000원

Preface

우리나라의 자동차 등록 대수는 2000년 12,059,276대에서 2020년 기준으로 24,365,979대로 꾸준히 증가하였다. 우리나라 인구대비 2.13명당 1대 보유한 셈이다. 이는 면허취득이 가능한 나이가 만 18세인 점과 운전이 쉽지 않은 고령자를 제외하면 2명 이하에 1대 정도로 추정할 수 있다.

이제는 자동차가 단순이동 및 운송수단을 뛰어넘어 레저 활동, 생계수단 등으로 자리매김하여 일상생활의 필수품이 되었으며 이런 생활의 필수품인 자동차에서 내뿜는 배기가스가 지구온난화와 미세먼지 배출로 인해 사람을 건강을 위협하고, 평균수명에도 영향을 미친다는 학술적 연구 자료가 나오면서 배기가스 규제도 지속해서 강화되고 있는 실정이다.

현재 전 세계적으로 자동차의 배기가스 환경문제가 해를 거듭할수록 이슈화되고 있으며 이렇듯 친환경 자동차에 대한 요구는 선택이 아닌 필수의 시대가 온 것이다.

이러한 요구에 발맞춰 정부에서는 친환경자동차에 구매보조금 지원, 세금감면이나 탄소세 등의 규제 정책 등으로 친환경 자동차의 비중은 2014년 0.7%에서 2020년 기준 3.4%로 매년 확대되고 있으며, 2020년 기준 국내 전기자동차가 13만4962대 하이브리드자동차 67만4461대 수소자동차 1만906대의 비중을 차지하고 있다.

친환경 자동차의 기술은 완전 무공해 차량(ZET, Zero Emission Technology)을 목표로 지속적으로 발전해 왔으며, 앞으로는 하이브리드자동차의 여러 가지 형태변화와 새로운 에너지시스템 기술이 접목되어 새로운 시스템의 하이브리드자동차와 무공해 차량인 전기자동차, 수소연료전지자동차 형태로 발전해 가고 있다.

이처럼 하이브리드자동차는 친환경자동차 시장의 핵심적 자동차산업 과제로, 전기자동차, 수소연료전지 자동차 시장과 함께 미래 자동차산업에서 패러다임 변화가 가져오는 중요성이 매우 부각되고 있는 것이다.

따라서 이 교재는 하이브리드자동차의 관련된 핵심적용 기술과 관련된 개요, 개론과 등을 소개하고 학생들이 학습과 이후 현장에 바로 적용할 수 있는 정비 가이드라인을 제시하며 향후 발전된 하이브리드 자동차의 기술 동향을 이해할 수 있도록 설명하는 것에 그 초점을 맞추었다.

머리말

전개되는 내용을 살펴보면 다음과 같다.

1장 친환경 자동차에서는 친환경 자동차의 개론과 탄생배경, 미래 자동차 시장 동향을 기술하였다.

2장 하이브리드자동차 개론은 하이브리드자동차의 개발 History와 하이브리드자동차의 시스템개요 및 관련 시스템 점검 사항 등을 기술하였다.

3장 하이브리드자동차 주요 구성품 개론 및 정비가이드는 HEV 국내 개발된 엔진 제원과 HEV 엔진에 적용된 밀러사이클에 대해 기술하였다.

4장 하이브리드자동차 진화에서는 현재 및 향후 발전가능성이 큰 PHEV, MHEV, EREV의 시스템 및 특장점에 대해 기술하였다.

5장 능동제어 시스템에서는 ADAS에 탑재된 각각의 시스템의 주요기능 및 작동원리에 대해 알아보고 Connectivity 기술동향에 대하여 기술하였다.

이 교재의 학습을 통해서 하이브리드자동차 시스템의 이해와 학습을 완성하고, 미래의 자동차 시장에서 중요한 위치인 친환경 하이브리드자동차 시스템의 전문가로서 거듭나기를 바란다. 또한, 이 교재가 나오기까지 도움을 주신 도서출판 구민사 조규백 대표님과 관계자 분들께 깊은 감사의 말씀을 드린다.

저자 일동

Contents

I 친환경자동차

01 친환경자동차 개론 3

1. 친환경자동차의 탄생 배경 / 3
2. 자동차 배출가스 / 8
3. 자동차 환경 규제 / 17

02 친환경자동차 개요 50

1. 친환경 자동차의 정의 및 종류 / 50
2. 들어가기 전에 알아두기 / 52
3. 친환경자동차 시장 전망 / 65

II 하이브리드자동차 개론

01 하이브리드자동차의 등장배경 75

1. 하이브리드자동차의 필요성 / 75
2. 하이브리드자동차 개발역사 / 77
3. 하이브리드자동차 기술 및 시장 동향 / 88

02 하이브리드자동차 시스템 개요 93

1. HEV 시스템개요 / 93
2. HEV 분류 / 94
3. HEV 엔진작동조건 / 102
4. READY LAMP와 EV LAMP / 105
5. HEV 시스템 구성품 / 107

목차

III 하이브리드 자동차 주요구성품 개론 및 정비가이드

01 HEV 엔진 117

1. 국내 개발된 주요 HEV 엔진 제원 / 117
2. HEV 엔진의 주요특징 / 122
3. 아킨슨 사이클과 밀러 사이클 / 124

02 고전압 배터리 128

1. 고전압 배터리 구조와 제어시스템 / 128
2. 배터리 분류 / 130
3. 리튬이온 배터리 충·방전 원리 / 131
4. 배터리 팩 / 133
5. BMS / 135
6. 셀 밸런싱 / 138
7. SOC와 SOH / 140
8. PRA / 142
9. 고전압 배터리 냉각 시스템 / 144
10. 고전압 인터록 회로 / 145
11. 안전 플러그 / 147

03 HEV 구동모터 148

1. HEV구동모터 구조 및 제원 / 148
2. HEV구동모터 구성품 및 작동원리 / 150
3. HSG / 155
4. HPCU / 156

04 HEV 변속기 158

1. HEV A/T / 158

Contents

05 HCU 차량 통합제어 163
1. HCU 개요와 입출력 요소 / 164

06 LDC 168
1. LDC 개요 / 168
2. LDC 기능 / 169
3. LDC 주요회로 / 170

07 회생제동 시스템 171
1. 회생제동 시스템의 개요 / 171
2. 회생제동 작동원리 / 173
3. 회생제동시스템 전달경로 / 174
4. 회생제동시스템 계기판 / 175

IV 하이브리드자동차의 진화

01 PHEV 179
1. 개요 및 특장점 / 179
2. 구성품의 특징 / 182

02 48V 마일드 하이브리드(MHEV) 187
1. 개요 및 특장점 / 187
2. Powertrain Topology / 190
3. 48V 리튬이온 배터리 / 194

목차

03 EREV ······ 195

1. EREV 개요 및 특징 / 195

V 능동제어 시스템

01 능동제어-지능형 운전자보조시스템 ······ 201

1. 지능형운전자보조시스템 ADAS의 개요 / 201
2. LDW, LKAS, LFA / 203
3. ASCC / 207
4. AEB / 212
5. TSR / 215
6. PD / 216
7. CAS / 218
8. NV / 221
9. IPAS / 223
10. AHBC / 227
11. DSM/DDA / 228
12. FRVM / 231
13. BSM(BLIS) 사각지대 경보, 후측방 경보 BVM / 238
14. 미래자동차 Connectivity 기술동향 / 239

친환경 자동차

I

현재 친환경 자동차는 자동차 산업에 중요한 부분을 차지하고 있으며, 세계 각국이 내연기관차 퇴출을 선언하고, 세계 주요 도시들을 중심으로 노후 경유차 운행제한 등을 시행하고 있는 측면에 미래에는 친환경 자동차의 시장규모가 확대될 것으로 예상되고 있다.
이번 단원에서는 친환경 자동차의 탄생 배경과 세계적인 국내 · 외 개발 동향 및 시장 현황에 대해 알아보고 이해해 본다.

1

친환경 자동차 개론

학습목표

1. 친환경 자동차의 필요성을 이해하고 설명할 수 있다.
2. 자동차 배출가스의 종류를 이해하고 환경피해에 관해 설명할 수 있다.
3. 자동차 배출가스 규제 현황에 관해 설명할 수 있다.

1 친환경 자동차의 탄생 배경

갈수록 가속화되는 지구온난화 현상과 이에 따른 재해들이 계속되면서 전 세계적으로 기후변화의 문제가 환경 문제 뿐만 아니라 경제적으로도 위협으로까지 인식되는 분위기가 높아지고 있다. 2014년 11월 2일 덴마크 코펜하겐에서 195개국 정부 대표가 모인 가운데 유엔 '기후변화에 관한 정부 간 협의체' IPCC(Intergovernmental Panel on Climate Change)가 채택한 제5차 IPCC 평가 종합보고서에서 1880~2012까지 지구 평균 기온은 0.85℃ 오르고 1901~2010년에는 해수면은 19cm 상승하였다는 내용이 발표되어 지구온난화에 대한 세계적 인식이 확대되고 있다.

2015년 12월 파리협정이 채택되었다. 이는 2020년 이후 기후변화 대응을 위해 선진국 및 개도국 모두 온실가스 감축 의무를 달성하는 것에 대한 세계적인 동의를 의미한다. 이를 통해

Post-2020 신기후체제가 출범하였다. 우리나라를 포함하여 총 175개국이 신기후체제 협정에 서명한 것은 세계가 기후변화 대응에 동참하겠다는 의지를 표명한 것이다.

이에 앞서 각국은 2020년 이후 온실가스 감축 목표를 발표함으로써 기후변화 대응에 동참하겠다는 의지를 표명하였다. <표 1>은 주요 국가의 온실가스 감축 목표를 확인할 수 있다. 우리나라도 2015년 6월, 2030년 국가 온실가스 배출량을 배출전망치(Business As Usual BAU) 대비 37% 감축하겠다는 목표를 국제사회에 했다. 이 목표를 달성하기 위해 정부는 온실가스를 감축하기 위한 여러 가지 방안을 검토하고 있다. 그러나 아직 이러한 기후변화 대응을 위해 시행되고 있는 방안이 온실가스 감축에 아직까지는 미진한 부분이다.

| 표 1 | 주요국가의 Post-2020 목표

국가	목표 년도	기준 년도	감축 목표치(%)
중국	2030	2005	60~65
미국	2025	2005	26~28
인도	2030	2005	33~35
러시아	2030	1990	25~30
EU	2030	1990	40
일본	2030	2013	26
브라질	2030	2005	43
인도네시아	2030	BAU	29(무조건), 41(조건부)
멕시코	2030	BAU	25(무조건), 40(조건부)
캐나다	2030	2005	30
한국	2030	BAU	37
호주	2030	2005	26~28
터키	2030	BAU	21
우크리아나	2030	1990	40
태국	2030	BAU	20(무조건), 25(조건부)
아르헨티나	2030	BAU	15(무조건). 30(조건부)
카자흐스탄	2030	1990	15(무조건), 25(조건부)
싱가포르	2030	2005	36
스위스	2030	1990	36
브라질	2025, 2030	2005	37. 43

기후변화 억제를 위한 국제사회의 공감대가 형성되고 있는 가운데 주요 선진국들은 환경 규제와 무역을 연계하여 "환경 없이 수출도 없다"는 입장을 발표하였다. 2020년 선진국 및 개도국을 포함하는 신기후체제가 시작된 가운데, 선진국과 개도국까지도 온실가스 배출 감축에 대한 책임을 갖고 미래를 준비해야 하는 시점이다. 우리나라도 국가 중기 온실가스 감축계 획과 「저탄소 녹색성장 기본법」 등을 통해 온실가스 감축에 대한 목표를 세우고 산업 분야별 감축 방안을 지속하여 도출하고 있다. 2019년에 『저탄소 녹색 교통 추진전략』에 따르면 물류 분야는 2020년 BAU 대비 33~37%를 감축하는 것을 목표로 하는데 온실가스 배출량 중 도로부문의 비중은 약 72%를 차지한다. <그림 1>은 파리 기후협약의 핵심 내용을 나타내고 있다.

〈그림 1〉 파리기후협약 내용

자동차 분야에서는 기후변화 대응하기 위해 온실가스 배출기준 등에 대한 환경규제가 세계적으로 강화되고 있다. <표 2>는 주요 국가의 환경규제 목표치를 확인할 수 있다. 이로 인해 현재와 같은 내연기관차 중심의 자동차 산업으로는 강화되는 온실가스 규제에 대한 대응하기 어려우며 지구환경에 중요성에 대한 인식에 변화하고 있는 소비자 수요 충족을 위해서라도 전기자동차로 대표되는 친환경 자동차의 필요성에 대한 인식이 확대되고 있다.

2020년 정부에서는 2050 탄소 중립을 선언하였다. 최근 30년 사이 우리나라 평균 온도가 1.4℃ 상승하였으며, IPCC에 따르면 2100년까지 지구 평균 온도를 1.5℃ 상승 이내로 억제하기 위해선 전 지구적으로 2010년 대비 2030년까지 이산화탄소 배출량을 45% 이상 감축해야 하고 2050년경에는 탄소중립을 달성해야 한다고 제시하였다.

결국 기존 내연기관 중심의 자동차 산업에서의 친환경 자동차로의 구조 개편은 불가피할 것으로 전망된다.

| 표 2 | 주요국가의 환경규제 목표치

구분	미국	중국	EU	일본	한국
규제대상	CO_2 및 연비	연비소비	CO_2	연비	CO_2 또는 연비
목표연도	2025	2020	2021	2020	2020(예정)
규제치 (g/km)*	89	110	91	100	97

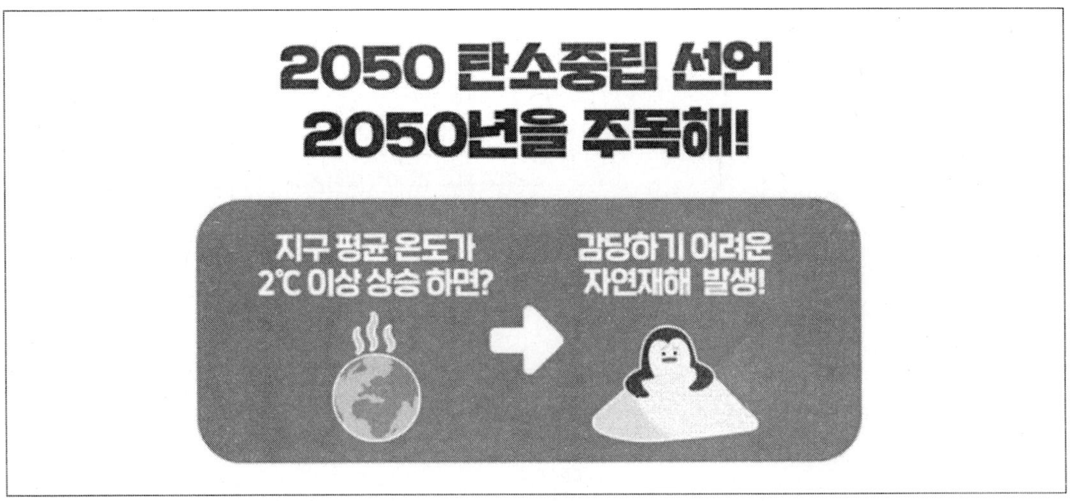

〈그림 2〉 2050 탄소중립 선언

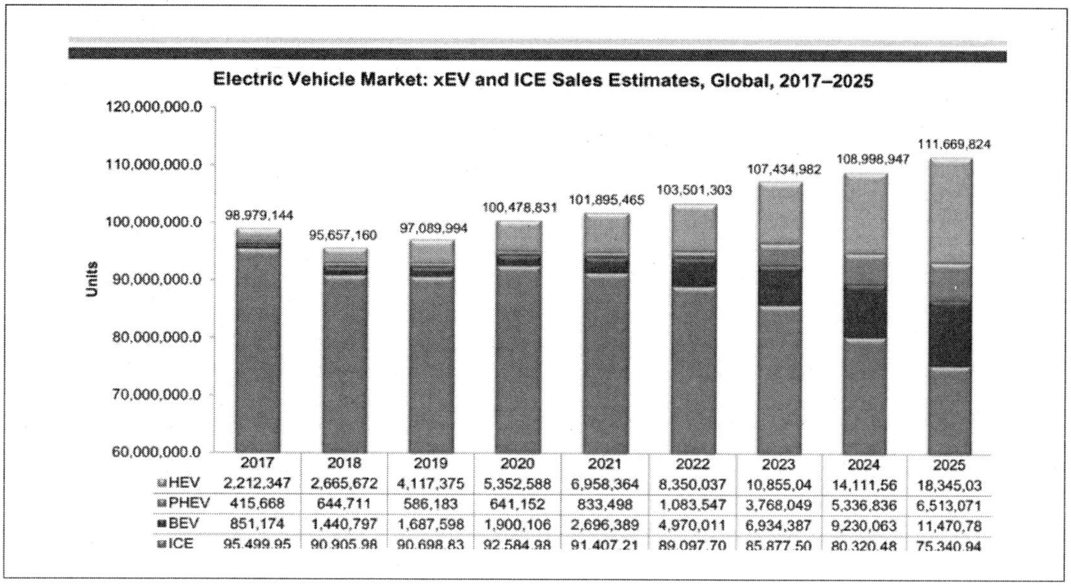

〈그림 3〉 세계 자동차 산업 전망

<그림 3>은 세계 자동차 산업 시장 전망을 나타낸다. 표에서 보듯 내연기관 차량의 수요는 점차 줄어들고 친환경 자동차의 수요는 점차 증가됨을 알 수 있다. 2025년까지 HEV, PHEV가 차지하는 부분이 큰 것을 알 수 있다.

최근 세계 각국에서 속속 내연기관 차량 판매를 금지한다는 목표를 세우고 있다. 노르웨이를 필두로 2025년부터 내연기관 퇴출 시작 계획을 밝혔다. 영국 정부는 기존 계획보다 5년 앞당겨서 2030년부터 휘발유와 디젤 등 내연기관 신차 판매를 금지한다고 발표하였다. 프랑스는 2040년부터, 중국은 2035년부터 휘발유나 디젤을 사용하는 신차 판매를 금지한다. 이 밖에 미국 캘리포니아주는 2035년, 캐나다 퀘백주 2035년 등도 같은 계획을 적용할 예정이다. 국내에서도 대통령 자문 기구인 국가기후환경 회의가 2035~2040년경 국내 내연기관차 판매 중단을 제안한 바 있다.

〈그림 4〉 세계 주요 자동차 회사들의 전기차 계획

이에 따라, 기후변화 대응과 신기술 발전에 따른 세계 자동차 업계를 주도하는 주요 자동차 메이커들이 내연기관 종말 선언이 잇따르고 있다.

미국 GM은 2050년까지 New 전기자동차 30종을 시장에 선보이겠다는 계획을 하고 있고 2035년 이후에는 전 세계에서 휘발유 및 디젤 엔진 자동차 생산과 판매를 중단하는 계획이다. 미국 포드는 2030년부터는 유럽에서 전기자동차만 생산해 판매하기로 했다. 스웨덴 볼보의 경우 2030년까지 생산하는 모든 차종을 전기자동차로 전환하겠다는 계획을 발표했으며, 이를 위해 2025년까지 글로벌 판매의 50%는 전기자동차, 나머지 50%는 하이브리드자동차로 구성한다는 전략이다. 독일 폭스바겐은 2030년까지 전기자동차 비중을 30% 늘리고 2029년까지 전기차 75종을 출시한다는 계획이다. 글로벌 기업들의 변화에 현대차그룹도 2040년부터 미국과 유럽, 중국 등 주요 시장에서 전기·수소차만 판매하겠다는 계획을 밝히 바 있다. 이렇듯 세계 주요 완성차 업계에도 친환경 자동차의 변화는 필수적인 부분이며, 미래 생존을 위해 나아가 지구환경을 위해 필수적인 부분이다. 전기자동차로의 가기에 앞서 하이브리드자동차는 중추적인 역할을 할 뿐 아니라 여러 가지 형태로 더욱 발전될 것으로 기대된다.

2 자동차 배출가스

01 자동차 배출가스 성분

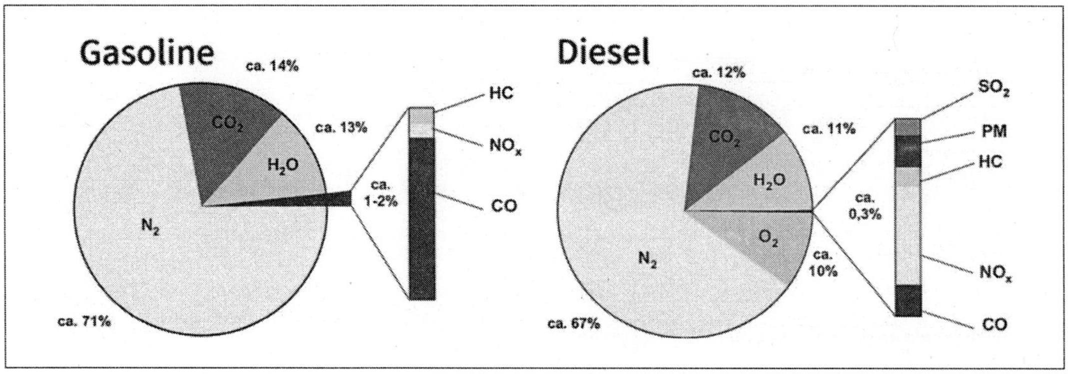

〈그림 5〉 가솔린, 디젤자동차의 배기가스 평균 조성

자동차 보급률이 증가할수록 대기질 오염문제와 미세먼지도 심각해지고 있다. 현재 대부분의 자동차 연료로 사용하는 휘발유, 경유 등 석유계 물질은 이론적으로 완전 연소 시 산소와 결합하여 물(H_2O)과 이산화탄소(CO_2)가 생성된다. 여기서 연소 및 후처리 과정으로는 분해 및 환원이 불가능하다. 이 이산화탄소가 지구온난화의 주범이라 할 수 있다.

또한 실제로 완전 연소되지는 않는다. 불완전 연소하면 수증기나 이산화탄소가 아닌 인체에 유해 물질이 형성되어 배기가스에 섞여 배출된다. 가솔린기관의 경우 중간 속도로 운행 중 질소(71%), 이산화탄소(14%), 물(13%), 유해 물질(1~2%)의 정도로 배기가스가 구성되며, 유해 물질로는 일산화탄소(CO), 탄화수소(HC), 질소화합물(NOx)가 배출된다.

디젤기관의 경우는 질소(67%), 이산화탄소(12%), 물(11%) 산소(10%), 유해 물질(0.3%) 정도로 배기가스가 구성되며, 유해 물질로는 가솔린기관에서 나오는 물질에 추가로 입자상물질(PM)과 이산화황(SO_2)이 추가로 배출되며 질소화합물이 가솔린대비 다량으로 배출된다.

1) 일산화탄소(Carbon-monoxide, CO)

일산화탄소는 무색·무취의 기체로서 연소 시 산소가 부족한 상태로 연소 시 발생된다. 즉, 연소실의 혼합기가 농후할 때 발생한다.

일산화탄소는 그 자체로 독성이 있는 것이 아니지만 혈액 중의 헤모글로빈과 결합으로 체내로의 산소 공급능력을 방해하여 체내 조직 세포의 산소 부족을 일으켜 중독 증상을 일으킨다.

일산화탄소가 0.3%(체적비) 이상 함유된 공기를 30분 이상 노출되면 사망에 이를 수 있다.

| 표 3 | 일산화탄소 헤모글로빈 수치에 따른 인체 유해영향

COHb	10%	20%	40%	60%	70%
증상	자각증상	두통, 현기증, 수족마비	구토, 판단력 감퇴	경력, 혼수	사망

2) 탄화수소(Hydrocarbon, HC)

탄화수소(HC)는 탄소(C)와 수소(H)만으로 조성된 유기화합물을 말한다. 탄화수소는 배기가스뿐만 아니라 증발가스나 블로바이가스에도 포함되어 있다.

탄화수소는 혼합기가 농후한 상태에서 불완전 연소 시 화염전파 후 연소실 내의 냉각 작용으로 연소 후 잔류 가스로 발생하며, 매우 희박한 상태에서도 실화로 인해 발생한다. 또 연소실 표면 근처와 같이 충분히 고온인 화염이 전달되지 않는 부분에서도 발생한다.

탄화수소는 대기 중에서 광 화학 반응을 일으켜 스모그현상을 일으키는데 사람의 인체에는 점막을 자극하고 미각의 기능을 저하시키며, 암을 유발할 수 있다.

Tip

블로바이 가스(Blow-by gas)

엔진 연소과정에서 연소실 내의 연료가스가 피스톤과 실린더 사이의 틈새를 통해 크랭크 실로 새어 들어가는 가스를 말한다.

3) 질소산화물(Nitrogen-oxides, NOx)

일산화질소(NO)와 이산화질소(NO_2)를 합쳐서 NOx로 표현된다. NOx는 공기 중에서 질소가스(N_2)가 분해돼서 생성된다. 질소 가스는 두 개의 질소 원자가 강하게 결합하고 있기 때문에 원자 상태로 쪼개는 것은 쉽지 않다. 하지만 엔진의 연소과정에서 공기과잉 상태, 연소실 온도 약 2000℃ 이상에서 주로 생성된다. 연소과정에서 90~98%는 NO가 차지하나 유해성은 NO_2가 더 심각하다. NO는 대기 중에 방출되면 산화되어 NO_2가 된다. NO_2는 적갈색의 자극적인 냄새가 있는 기체로 호흡 시 체내의 폐 세포에 침투하여 점막 분비물에 흡착되면서 강한 질산을 형성함으로써 폐기종, 기관지염 등 호흡기 질환의 원인이 된다. 또한, 탄화수소와 반응하여 광화학스모그 원인이 된다.

NOx는 이외에도 극지방 성층권에서 구름의 입자가 되어 극지방 오존층을 파괴하고, 산림의 피해와 독성 화합물질 합성에 기여하며, 수질을 악화시키는 것으로 알려져 있다.

4) 입자상 물질(Particulate Matters, PM)

입자상 물질은 주로 디젤기관의 연소과정에서 생성된다. 디젤기관은 연료와 공기를 혼합시키지 않고 압축된 공기에 연료를 분사하여 연소에 필요한 공기 모두 화염의 주변에서 확산에 의해서 공기와 연료를 서서히 혼합시키면서 연소하기 때문에 인젝터 주위는 국부적으로 농후한 상태에서 생성된다. 즉 디젤기관의 확산 연소과정에서 생성된다. 가솔린기관의 경우 예 혼합 연소를 함으로써 입자상 물질이 생성이 미미하지만 최근 GDI(Gasoline Direct Injection) 방식의 가솔린기관의 경우 연소과정에서 확산 연소를 시행하게 되어 더 미세한 입자상 물질이 발생된다. 크기가 미세하여 약 75% 이상이 직경 1μm 이하이며, 대부분이 0.1~0.25μm의 형태가 차지하다. 입자상 물질은 <그림 6>에서 보듯 탄소핵 테두리를 흡착 탄화수소가 위치하고 그 주위를 용해성 유기화분과 황산염이 분포하는 형태를 띄고 있다.

입자상 물질은 호흡기에 쉽게 흡입되며 점막 염증 등 다양한 호흡기 질환을 유발하며, 폐암의 원인이라는 연구보고도 발표가 있으며 계속 규명 중이다. 현재 규제는 중량분포를 기준으로 하고 있지만, 인체의 유해성 측면에서는 중량비율은 미미하나 입자 수량 면에서는 대부분을 nm 크기의 입자로 μm 크기의 입자에 비해 인체에 유해도가 크다. 이로 인해 초미립 입자는 중량 규제에서 PN(Particle Number) 미립자 수량 규제로 전환되고 있다.

Tip

μm(마이크로미터)는 1백만 분의 1m의 단위이며, nm(나노미터)는 10억 분의 1m이다.

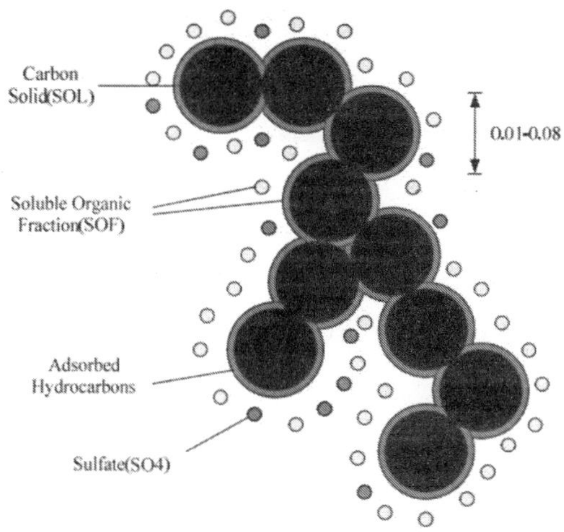

〈그림 6〉 입자상 물질 구성물

5) 이산화황(SO_2)

이산화황은 황과 산소의 화합물로서 화석연료 중 황이 연소할 때 발생한다. 대기 중의 미세먼지 농도를 증가시켜 시정 악화시키며, 수증기와 함께 결합해 황산이 되는데 이 황산은 비와 섞여서 산성비를 내리게 하는 직접적인 원인이 된다. 이산화황은 폭발성이 없는 무색의 유독가스로써 공기 중에 섞여 있으면 눈이나 목이 따갑고 심하면 호흡곤란을 일으킨다.

황분 함량이 높은 연료는 피독 현상을 야기함으로 후처리 장치의 기능을 저하시키게 된다. 국내의 경우 『석유 및 석유 대체연료사업법』과 『대기환경보전법』을 통해 자동차용 연료에 대한 품질 및 제조기준을 동시에 규제하고 있어서 현재 10ppm 이하의 초저황 휘발유, 경유연료를 보급하고 있다.

Tip

피독 현상(Poisoning)

촉매에 극소량의 다른 물질이 들어가서 촉매에 강하게 흡착 및 결합하여 촉매의 활성을 감소시키는 현상

- 이산화황 접촉식 : $SO_2 + O_2 \rightarrow 2SO_3(Pt,\ As_2O_3)$

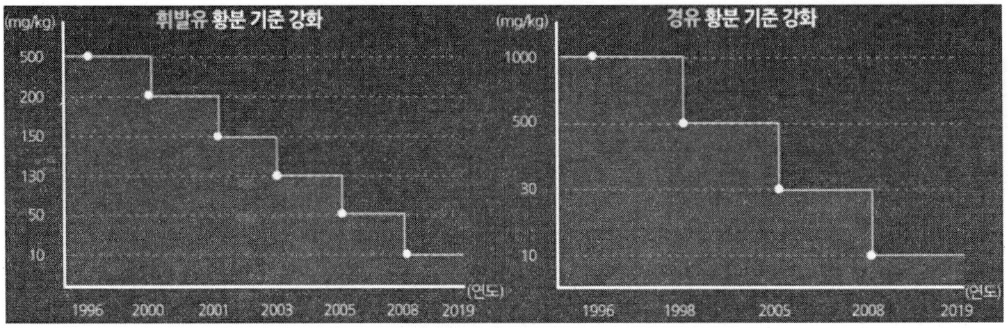

〈그림 7〉 국내 연도별 황분함량 변화추이

02 자동차로 인한 대기오염

2015년 9월 폭스바겐 AG 그룹이 자사 디젤 차량들의 유해 배출물을 조작한 폭스바겐의 '디젤게이트' 사건으로 인해 2016년 정부에서 발표한 '미세먼지 관리 특별대책'은 자동차에서 배출되는 유해 물질로 인한 미세먼지 생성의 영향이 크다는 사실을 시사한다. 이전 높은 연비로 이산화탄소 배출이 적은 디젤기관은 클린디젤이라는 친환경 이미지로서 유럽시장을 중심으로 환영받았지만 최근에는 입자상물질과 질소산화물을 배출하는 주범으로 인식되는 실정이다. '미세먼지 관리 특별대책' 내에서도 경유 자동차 질소산화물 인증기준을 실 도로 기준으로 도입 등 도로이동 오염원과 관련된 대기 질 개선 정책안이 다수 마련되었다. <그림 8>은 미세먼지 발생원인 별 PM 배출 기여도를 나타낸다. 또한 2012년도에 WTO 산하 국제 암연구소(IARC)에서는 경유 자동차에서 배출되는 PM을 1급 발암물질로 지정하였다.

수도권의 미세먼지 배출량 중 경유 자동차가 차지하는 비중이 26%로 가장 큰 비중을 차지하고 있다. <그림 9>는 경유 자동차의 유해성을 나타내고 있다.

자동차에서 배출되는 유해 물질은 지구온난화의 가속화와 미세먼지 발생에 의해서 인간의 기본 건강권에 치명적인 영향을 주고 있다. 특히 미세먼지 중 PM2.5 이하의 입자는 그 크기가 매우

작아 폐를 거쳐 혈액까지 침투해서 혈액순환 저하나 뇌로도 들어가게 되어 뇌졸중 및 치매를 유발하게 된다. 또한, 질병관리본부의 연구결과에 따르면, 초미세먼지 농도가 증가할수록 만성 폐쇄성 폐질환 및 폐암이 증가하고, 심혈관질환 환자의 경우엔 사망률이 증가하는 것으로 조사되었다.

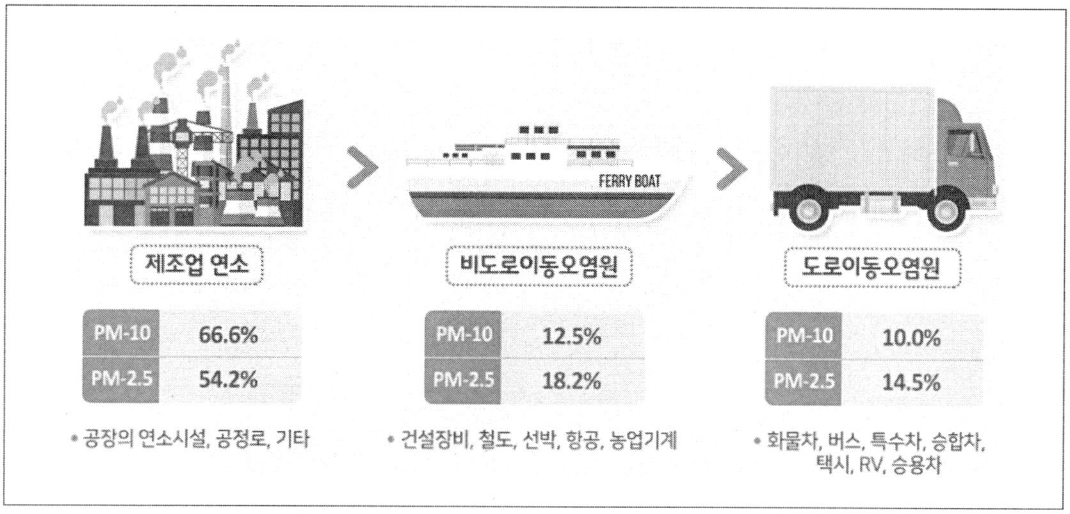

〈그림 8〉 미세먼지 발생원

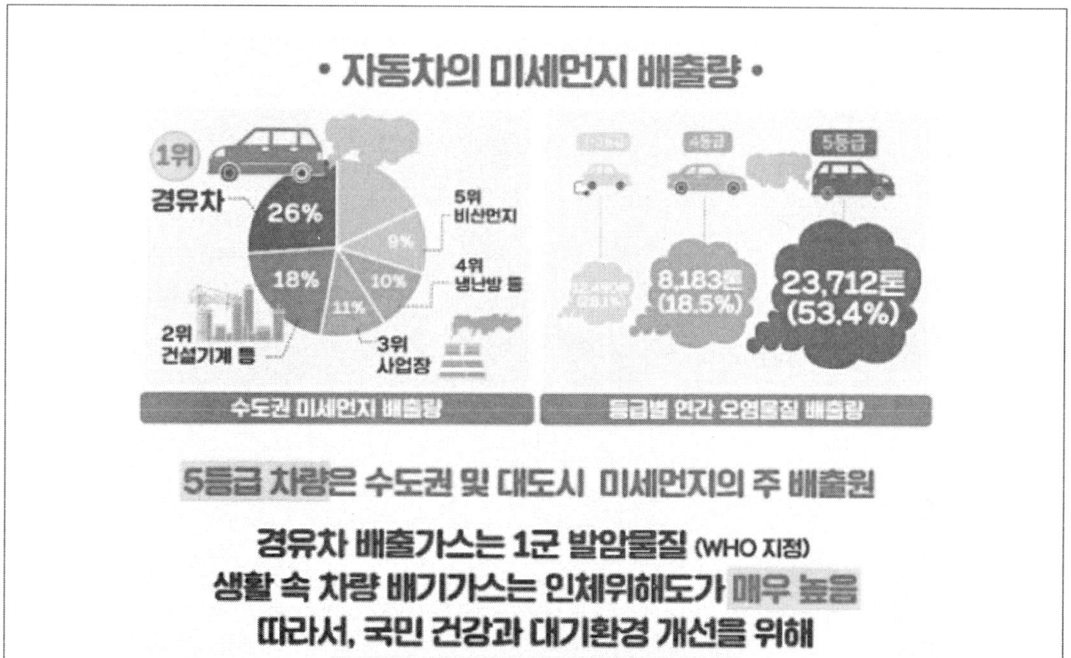

〈그림 9〉 경유 자동차의 유해성

1) 미세먼지와 오존

미세먼지는 눈에 보이지 않을 만큼 매우 작기 때문에 대기 중에 머물러 있다. 1987년부터 세계보건기구(WHO)는 미세먼지(PM10, PM2.5)에 대한 대기 질 가이드라인을 제시해 왔다. <그림 10>은 미세먼지의 크기를 나타내고 있다.

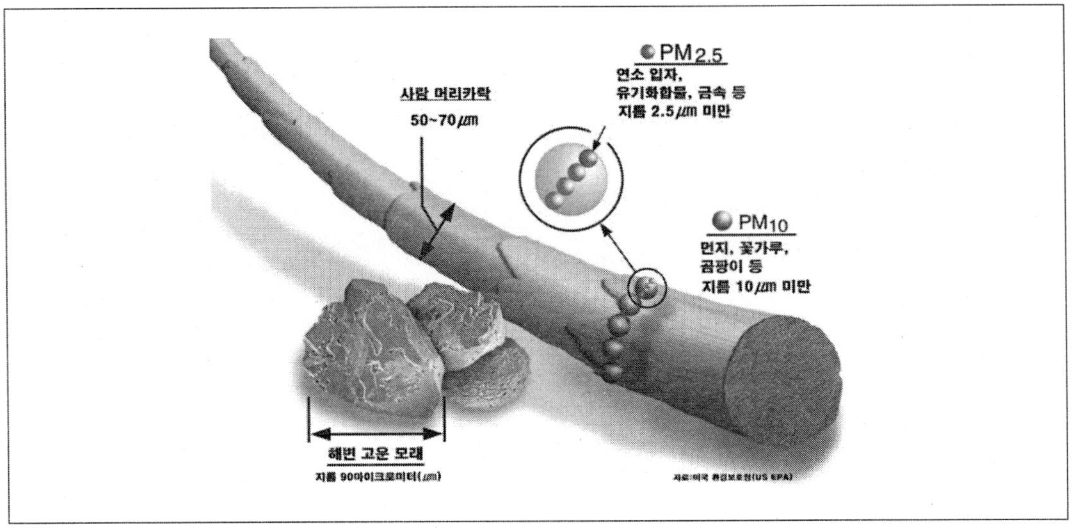

〈그림 10〉 PM 계략도

미세먼지는 석탄발전 등으로 인해 배출원에서 직접 배출되는 1차(Pnimary)와 대기 중에서 화학반응에 의해 생성된 2차(Secondary)로 구분된다. 1차 미세먼지는 고체 상태의 미세먼지로 EC(Elemental Carbon), OC(Organic Carbon), 토양(중금속 포함) 등으로 구성된다. 반면에 2차 생성 미세먼지는 무기성 미세먼지(Secondary Inorganic Aerosol)와 (Secondary Organic Aeroso)로 구분된다. <그림 11>에서 보면 1차 미세먼지의 주요 원인인 주요 국가 석탄 화력 발전량을 확인할 수 있다. 우리나라의 경우 세계 6위에 해당할 만큼 국가 면적대비 많은 양을 석탄 화력 발전에 의존하고 있고 <그림 12>에서 보면 중국에서 국외 미세먼지 유입으로 인한 피해 또한 심각한 상황에 처해 있다. OECD의 국가 중 터키 다음으로 심각한 수준을 보이고 있다.

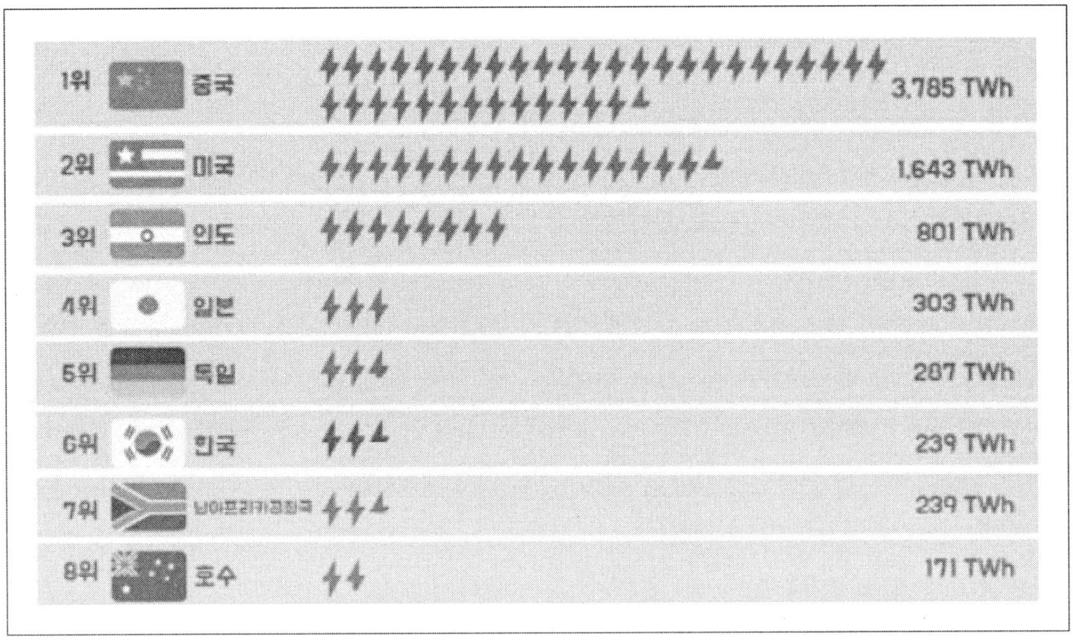

〈그림 11〉 주요국가 석탄 화력 발전량

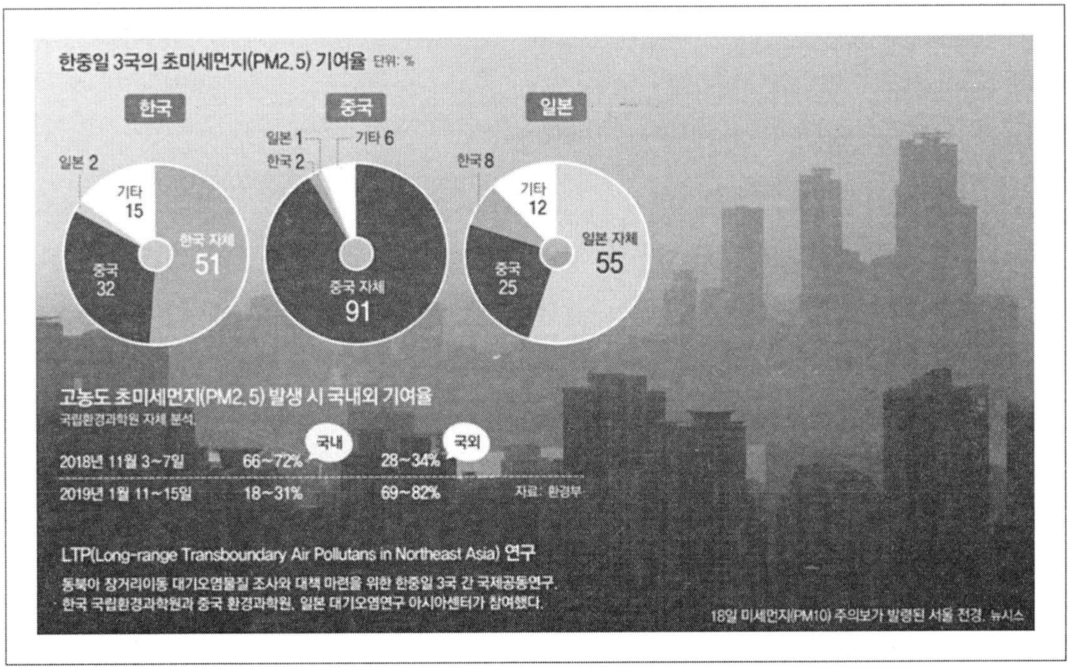

〈그림 12〉 한중일3국의 초미세만지(PM2.5)기여율

2차 생성 유기성 미세먼지는 자동차 배기가스와 주유소 유증기 등에 포한된 VOCS, CHO_3에 의한 산화 반응에 의한 고분자성 유기물로 변환되어 생성된다. 또한 각종 연소과정에서 발생한

NOX와 대기 중 O_3 등이 반응해 산성 물질인 질산(HN_3)을 생성하고 NH_3와 반응하여 2차 입자상 물질인 질산암모늄(NH_4NO_3)이 된다. SO_2는 수증기와 반응하여 황산(H_2SO_4)가 되고 다시 암모니아 등과 반응하여 황산암모늄$(NH_4)_2SO_4$ 등의 입자를 생성하게 된다.

오존의 경우 3개의 산소원자로 구성된 산성이 강한 분자이다. 오존의 약 10%는 지표면 10km 이내의 대류권에 존재하는 오존은 광화학적 반응에 의해 인체에 해로운 스모그를 형성하지만 약 90%는 지표면 20~40km 사이의 성층권에 존재하는 오존이 자외선을 흡수시키는 오존층을 형성하고 있다. 지표 오존은 자동차 등에서 대부분 NO의 형태로 배출되는 NOX가 NO_2로 산화되고 NO_2가 햇빛에 의한 광화학 반응으로 인해 O + NO로 광분해 된다. 여기서 산소 원자가 대기 중 산소 분자와 반응하여 오존을 만드는데 이 오존이 다시 NO를 NO_2로 산화시키는 데 소비되며, VOCS가 존재하는 대기 중에서 휘발성 유기화합물과 산소 원자의 반응에 의해 과산화기(RO_2)가 생성된다. 결국 이 과산화기(RO_2)에 의해서 다시 NO는 NO_2로 빠르게 산화하게 되며 이 과정에서 오존이 덜 소모되기에 대기 중 오존농도가 증가하게 되는 것이다.

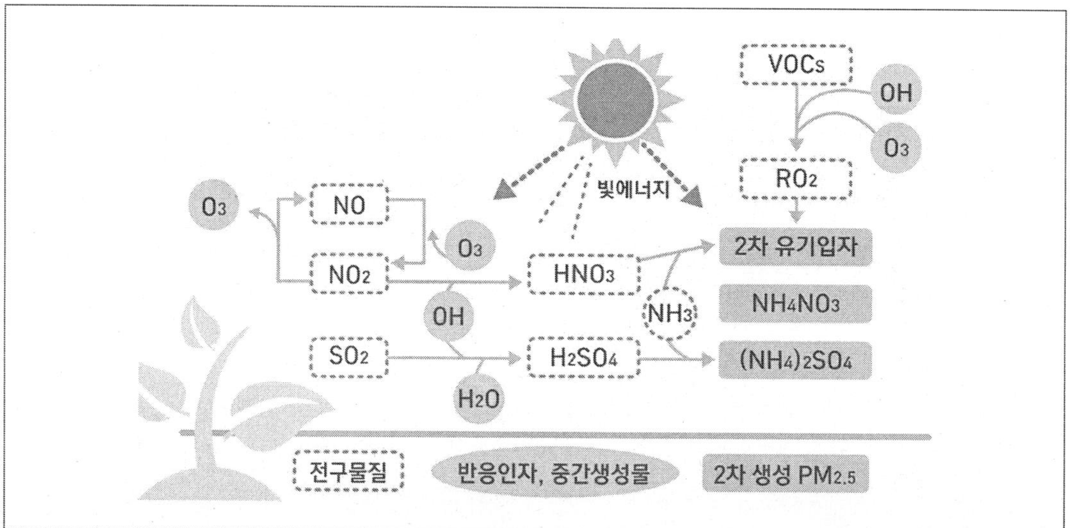

〈그림 13〉 초미세먼지와 오존 생성

미세먼지와 오존은 대기 중에서 서로 다른 오염물질과 화학반응에 의해 생성되며 이온 성분들의 비율과 일사량, 기온, 습도, 풍속 등 대기조건에 영향을 받는 매우 복잡한 메커니즘에 따라 생성된다. <그림 13>에서 보이듯 PM2.5와 O3는 대기 중의 햇빛, NO_X와 VOCS 광화학 산화 과정을 통해 생성된다. 즉 오존의 생성은 NO_X와 VOCS의 농도 비율에 따라 달라지며, 이러한 이유로 주로 햇빛이 강한 하절기의 낮 시간대에 오존주의보가 자주 발령되는 것이다.

3 자동차 환경 규제

01 가솔린 자동차 배출가스 규제

배기가스 규제 개념의 등장은 1950년대 미국의 급속한 산업화와 자동차 대중화로 인해 대기오염이 심각해짐과 LA 스모그 사태를 통해 대기오염이 사회적 문제로 대두되었다.

아리 얀 하겐 스미트 (Arie Jan Haagen-Smit) 박사는 대기오염 분석을 통해 스모그를 유발하는 물질의 50%가 차량으로부터 배출되는 것을 규명하였고, 1967년 California 주 대기보전국 CARB(California Air Resource Board)가 창설되었다. 이후 1970년 미국 연방 환경청 EPA (Environmental Protection Agenct) 설립, 대기보전법CAA(Clean Air Acr)등 1997년 채택 등 1970년대 이후 대기 오명에 대한 적극적인 대응책이 마련되었다. 현재 지구온난화 현상 및 각종 환경문제로 인해서 자동차에서 배출되는 오염물질을 억제 관리하기 위하여 각 나라마다 자동차 제작 단계에서부터 배출가스 인증 제도를 엄격히 시행하여 관리하고 있는데 배출가스 인증 제도는 자동차의 배출가스를 법으로 규정된 시험방법으로 배출가스를 검사하고 보증수리기간 동안 내구성을 확인하는 제도이다. 배출가스 규제는 미국, 유럽, 일본, 중국에서 각각의 국가에 주행 패턴 등을 고려하여 개발된 배출가스 시험을 하고 저감 수준을 고려한 배출 허용기준을 정하고 있다.

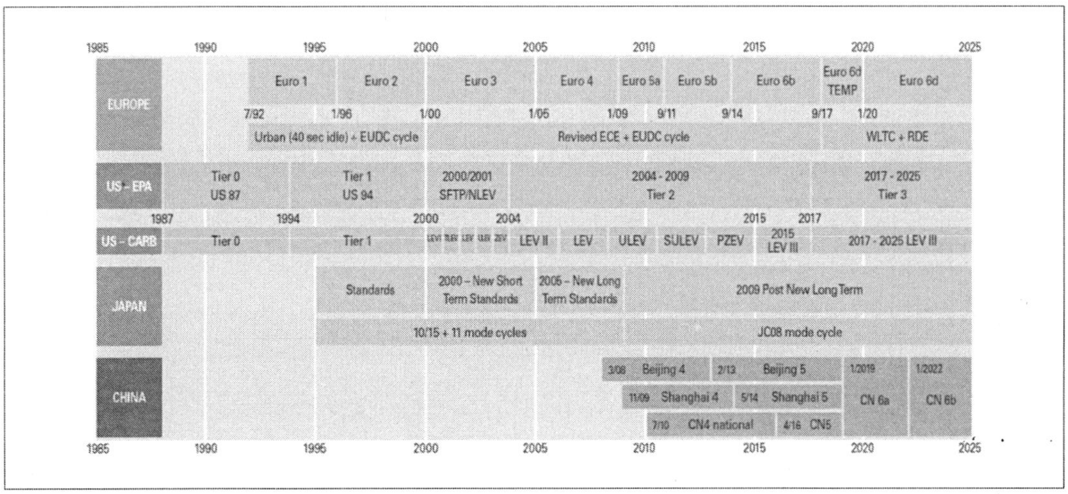

〈그림 14〉 주요국가 배출가스 규제 추세

국내의 경우 과거 일본의 규제를 근간으로 시행하다가 2000년 이후 가솔린 자동차는 미국 캘리포니아의 LEV(Low Emission Vehicle) 규제를 경유 자동차는 유럽의 EURO 규제 제도를 도입 적용하고 있다.

<그림 15>를 보면 가솔린 자동차는 2002년 7월 미국 캘리포니아의 1단계 도입 이후 2006년 캘리포니아 2단계 기준인 ULEV(Ultra Low Emission Vehicle) 제도를 도입하였다. 이후 2009년에는 평균 배출량 제도(Fleet Average System)를 도입하였는데 이는 일정 대수를 SULEV(Super Ultra Low Emission Vehicle)으로 생산하도록 하는 제도이다.

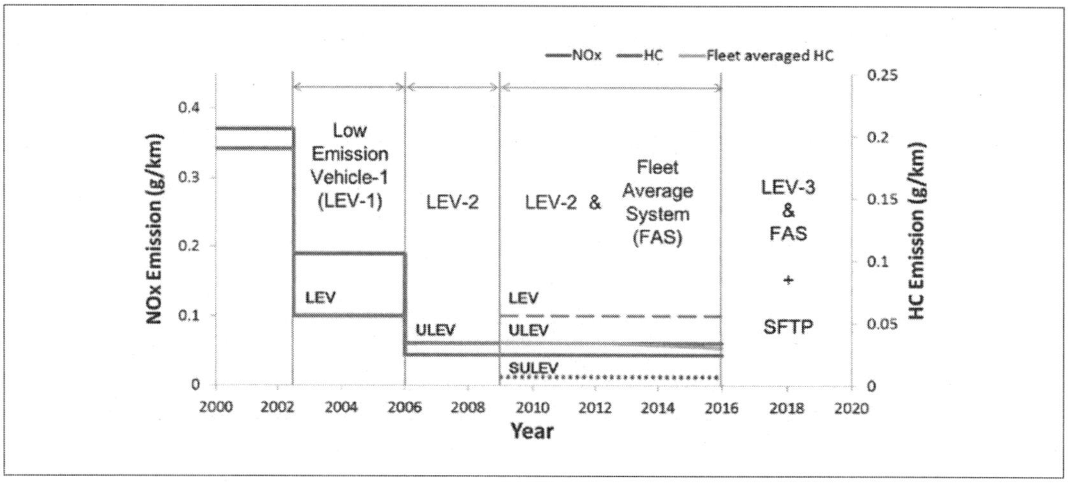

〈그림 15〉 국내 가솔린 경량 자동차 배출가스 기준

미국은 배출가스 인증시험인 FTP-75의 조건이 강화되어 SFTP(Supplemental Federal Test Procesure) 제도를 도입하였다. 기존 시험방법이었던 FTP-75 모드가 1970년대의 미국 로스앤젤레스(LA) 시내 주행 패턴을 토대로 제정되었던 점에서 미국의 도로주행 패턴을 충분히 반영할 수 없을 것이라는 문제점 도출되었기 때문이다.

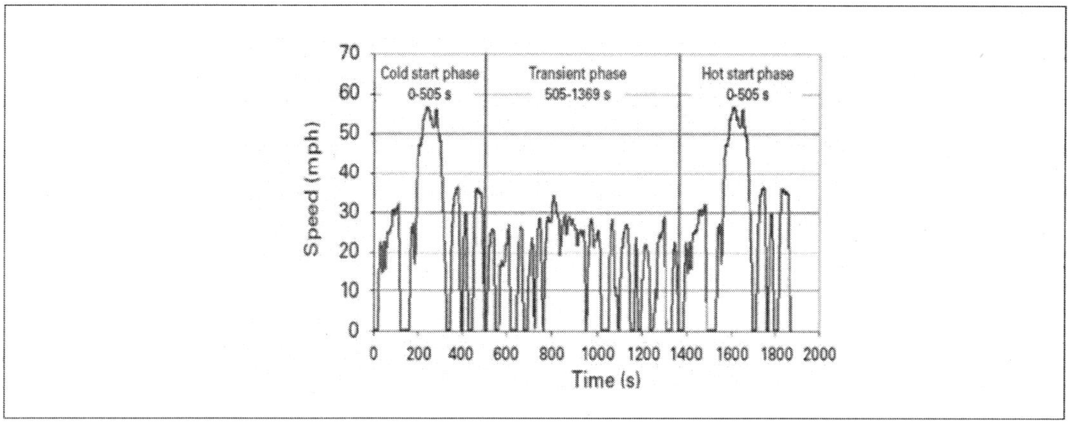

〈그림 16〉 FTP(Federal Test Procedure) 주행사이클

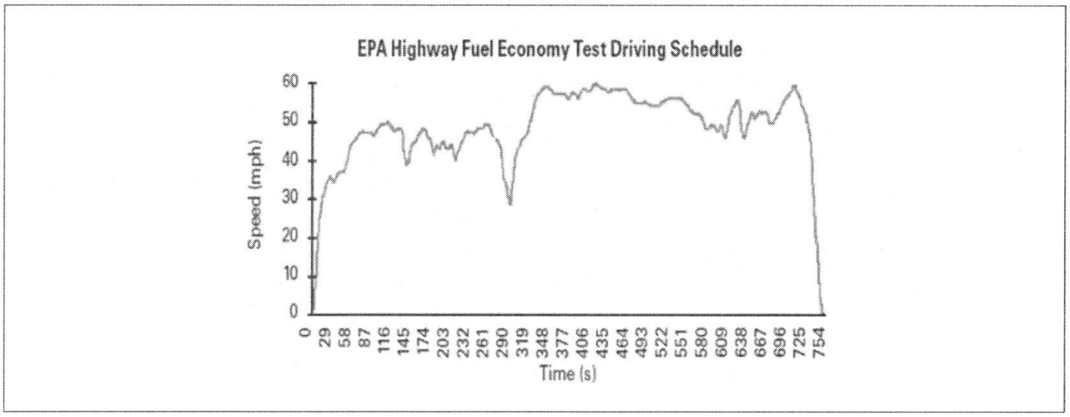

〈그림 17〉 HWFET(Highway Fuel Economy Test)주행사이클

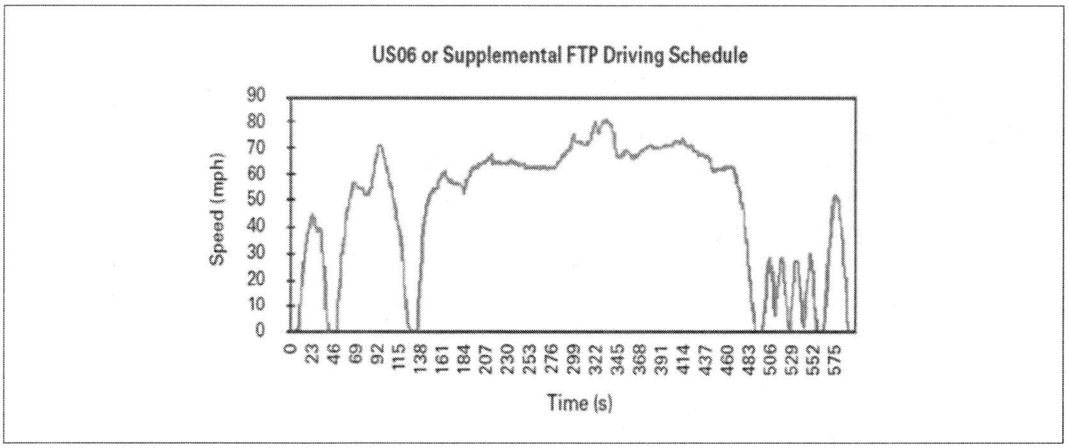

〈그림 18〉 SC03 주행사이클

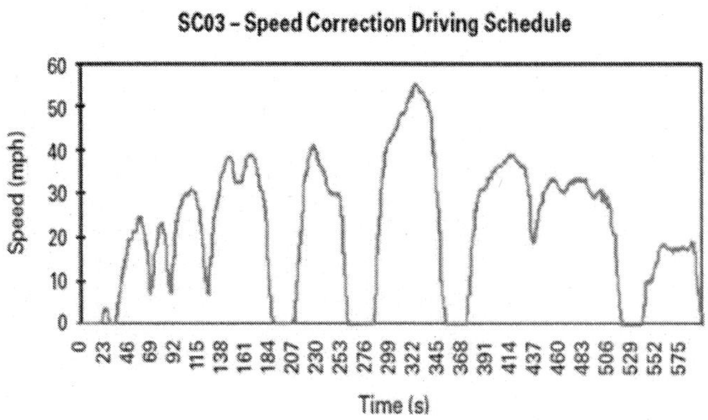

〈그림 18〉 US06 주행사이클

추가된 주행 사이클을 보면 FTP(Federal Test Procedure), Cold FTP, HWFET(Highway Fuel Economy Test), SC03, US06을 포함한 5-cycle이다.

FTP는 시가지 주행 패턴이며, Cold FTP의 경우 시가지 냉 시동 주행 사이클 (-6.7℃에서 FTP 주행 패턴으로 시험한다. FTP, HWFET는 고속도로 주행 패턴으로 개발되었다.

SC03은 FTP-75 테스트 사이클을 통해 인증된 차량의 에어컨(A/C) 사용 시 엔진 부하 및 배기가스 배출량을 측정하기 위해 개발된 테스트 사이클이다. US06은 기존 렛-75 모드로는 반영할 수 없는 조건 중 급가속과 고속주행과 같은 가혹한 운행패턴 특성을 반영하기 위해 개발되었다. 하지만 미국의 규제에는 PM에 대한 적용규제가 없다는 점이 시사하는 바가 크다. 국내 가솔린 자동차의 경우에도 최근 대부분 GDI 시스템 도입으로 연소과정 중 PM배출량이 증가하였다. 하지만 현재 규정에는 PM 배출허용에 대한 규제가 없기 때문에 차량 미세먼지가 그대로 배출되고 있는 실정이다. 반면 EURO 규제에는 가솔린 자동차도 PM 배출허용 규제로 후처리 장치인 GPF(Gasoline Particulate Filter) 장착되어 PM의 배출을 엄격하게 제한하고 있다. 이러한 측면에서 국내에도 가솔린 자동차의 PM 배출 허용 규제 도입이 시급한 실정이라 하겠다.

02 경유 자동차 배출가스 규제

경유 자동차는 유럽에서 2000년에 적용한 EURO3 기준을 우리나라는 2002년 7월에 도입하였으며 시험방법은 CVS-75모드에서 NEDC(New European Diesel Cycle) 모드로 차량의 연비와 공해 배출량을 측정하기 위한 기준 사이클로 적용하여 규제하였다. 그 후 2006년부터 EURO4

기준을 도입하였고 이때부터 PM배출 허용 기준이 대폭 강화되면서 DFP(Diesrl Particulate Filter)의 장착이 활성화되었다. 2009년 9월 EURO5, 2015년부터 EURO6를 도입하였으며, 이 시기부터 NOx 배출 허용기준이 대폭 강화되면서 경유 자동차의 NOx 저감기술로 LNT(Lean NOx Trap)와 NOx를 가수분해 환원시키는 SCR(Selective Catalytic Reduction) 시스템 등의 후처리 기술을 적용하였다. 경유 자동차 NOx 배출은 현재 사회적으로나 지구환경에 미치는 영향으로도 매우 중요한 과제이다. 현재 폭스바겐 디젤 게이트 사태 이후 실도로 조건에서 NOx 과다 배출에 대한 대책을 마련하고 있다.

| 표 4 | EURO규제 및 국내 적용시점

규제내용	Euro1	Euro2	Euro3	Euro4	Euro5	Euro6
주요처리방식	연료 전자제어 분사 (상용차한정) + EGR		CRDI + EGR	DPF + EGR	DPF + EGR	SCR + DPF
적용시점(유럽)	1992년	1996년	2001년	2005년	2008년	2014년
적용시점(한국)	1994년	2000년	2005년	2008년	2011년	2015년
NOx배출량	9.0 이하	7.0 이하	5.0 이하	3.5 이하	2.0 이하	0.4 이하
CO배출량	4.5 이하	4 이하	2.1 이하	1.5 이하		1.5 이하
PM배출량	0.4 이하	0.25 이하	0.1 이하	0.02 이하		0.01 이하
HC배출량	1.1이하		0.66 이하	0.46 이하		0.13 이하
비고	배출량 단위기준 g/kWh					

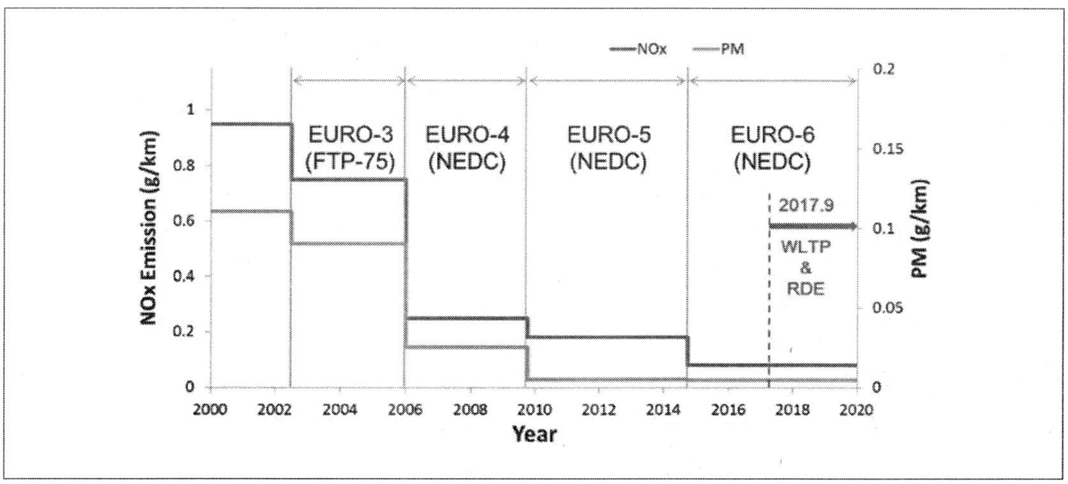

〈그림 19〉 국내 경량 경유차 배출허용기준

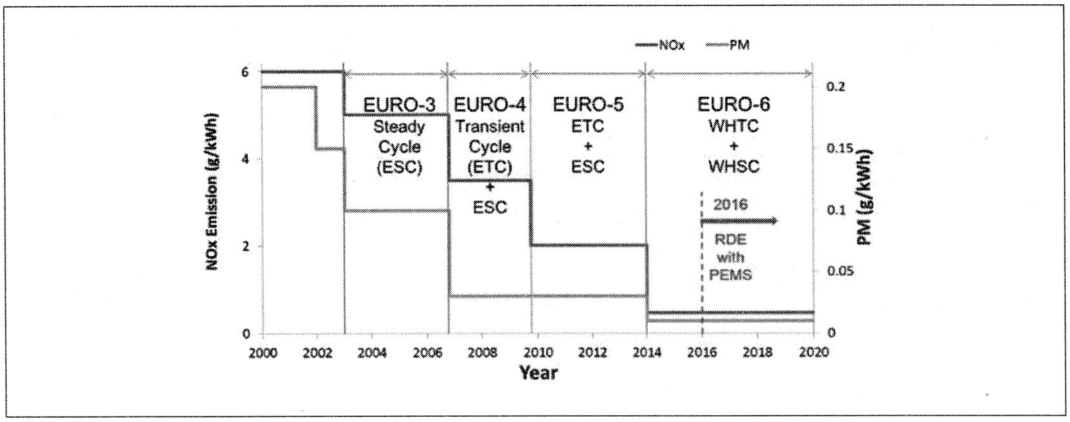

〈그림 20〉 국내 대형 경유차 배출허용기준

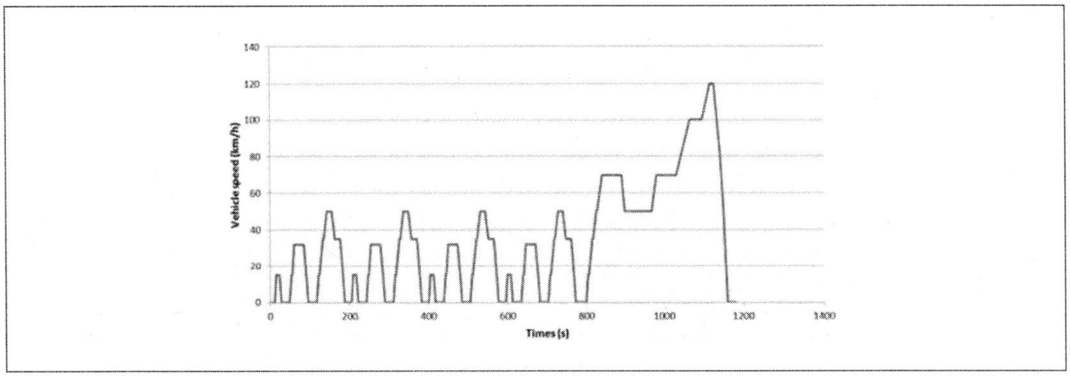

〈그림 21〉 NEDC(New European Diesel Cycle) 주행사이클

<그림 21> NEDC 주행 사이클은 유럽에서 1992년 도입된 구식의 측정 방법이 되어 2017년 9월부터는 WLTP(Worldwide Harmonized Light Vehicles Test Procedure)로 측정 방법이 변경되면서 실제적인 차량 사용 환경과 가까워졌다.

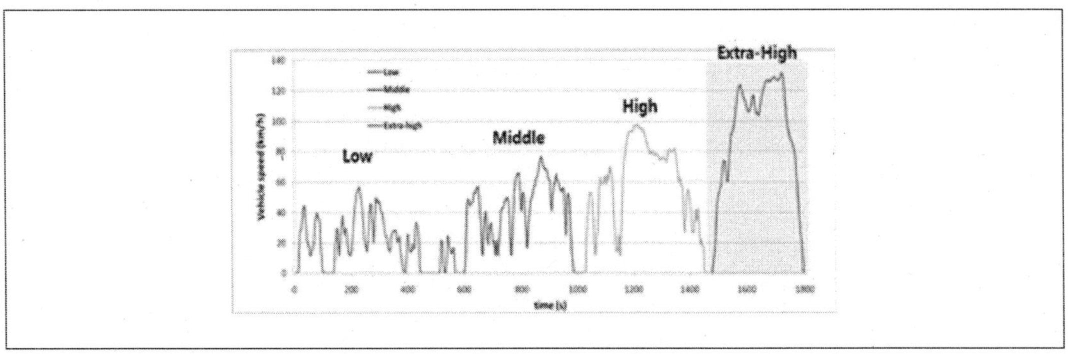

〈그림 22〉 WLTP(UN WP.29 승인 국제표준 시험방법)

기존 사용하였던 NEDC는 주행 패턴이 단순하여 배출가스 측정값이 실주행과 차이가 있고, 시험 모드 인식을 통한 임의설정이 용이한 취약점이 존재하여, 국제연합 유럽경제위원회(UNECE) 내 자동차 국제 표준화 포럼 (WP.29)의 주도로 유럽, 일본, 한국의 주행 데이터를 수집하는 방법으로 실내 주행 시험법을 개발하였다.

| 표 5 | NEDC와 WLTP 비교

테스트 방법	NEDC	WLTP
데스트 사이클 시간	20분	30분
테스트 사이클 주행거리	11km	23.25km
평균 속도	34km/h	46.5km/h
최고 속도	120km/h	131km/h
주행 비율	2단계 : 도심 66%/고속 34%	4단계 : 도심 52%/고속48%
변속시(수동)	사전에 정해진 기어 고정	자동차 특성에 따라 기어변속
옵셥으로 인한 영향	옵션 추가 영향은 반영 안함	옵션 추가 영향 반영
온도	20에서 30℃사이	오염물질 테스트는 23℃, 이산화탄소 배출량 테스트는 14℃

<표 5>에서 보면 NEDC와 WLTP 시험방법의 차이점을 알아볼 수 있다. WLTP는 가속과 감속 패턴 등을 현실적으로 개선하고 주행시험 시간을 기존 20분에서 30분으로 늘리며 평균속도 및 최고 속도를 높여서 엔진 사용 영역을 확대하였다. 또한 보다 더 현실적으로 측정하기 위해 자동차의 기본 옵션과 추가 옵션에 대한 영향도 고려하였다. 이는 옵션을 추가한 자동차는 공기역학, 중량, 롤링 억제력, 구름저항 등의 다양한 요인을 바탕으로 배출가스 및 연비와 이산화탄소 배출량이 달라지기 때문이다.

WLTP의 경우 EU는 휘발유차, 경유차의 배출가스 및 연비에 모두 적용하였으며, 국내의 경우 한-EU FTP에 따라 경유 자동차 배출가스에만 적용하였다.

〈그림 23〉 실내 배출가스 시험

1) RDE(Real Driving Emission) 시행배경

현재 실내 배출가스 측정 방식에 의한 NOx 배출치와 실제 도로 운행 중 배출치와의 현격한 차이가 발생하여 EU 집행위에서 엄격한 자동차 배출가스 검사 방법을 개발하게 되었다.

이 사실을 최초로 문제 제기된 것은 2013년 비영리 연구 단체인 국제 청정 교통위원회(ICCT)에서 미국 디젤 차량과 유럽 디젤 차량의 성능을 비교하는 연구를 웨스트버지니아 공과대학교(WVU)에 의뢰하면서 2014년 웨스트버지니아 공과대학교(WVU)의 교수 2명과 학생 2명이 폭스바겐의 파샤트, 와 제타에서 유해 배출가스를 과다 배출하는 것을 확인하면서 이슈가 되었다. 이에 폭스바겐에서 자발적 리콜을 시행하였으나 폭스바겐 측은 소프트웨어 오류라고 보고하는 것으로 그쳤다. 2015년 5월 CARB에서 다시 측정하였고 개선 사항이 없음이 확인되면서 2015년 9월 18일 EPA는 폭스바겐에 약 48만 대(2009~2015년형) 리콜을 명령하게 된다. 폭스바겐 측은 2015년 9월 20일 임의조작 사실을 인정하면서 실도로 주행 중 배출되는 NOx에 대한 사회적 논란을 일으키게 된다.

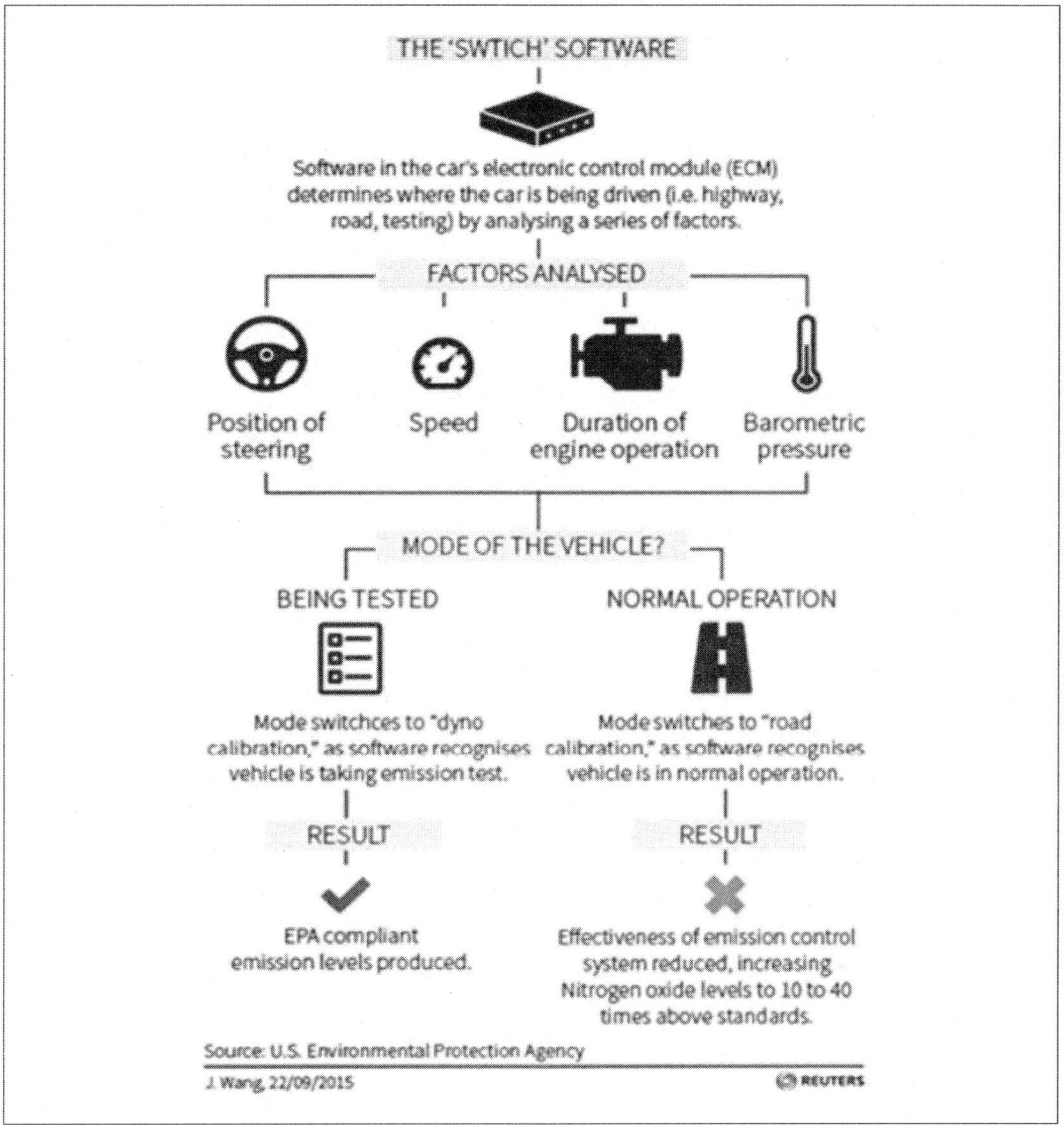

〈그림 24〉 폭스바겐 배기가스 임의설정 원리

폭스바겐은 규제를 만족하기 위해 <그림 24>에서 보듯 차량 제어를 고의로 조작하였다. 소위 '스위치' 라는 ECM 내부 알고리즘을 조작하여 차량의 핸들 위치, 속도, 기압, 시동 시간, 고도 등을 분석하여 인증시험 조건인지 일반 도로 주행조건인지를 판단 인증시험 조건에서는 유해 배출물 저감 장치를 최대한 작동하도록 하고, 실제 도로주행 조건에서는 작동을 임의로 제한하여 연비, 출력 등이 향상되도록 조작하였다.

〈그림 25〉 PEMS(Portable Emission Measurement System) 장착모습

CO	Heated NDIR (Non-Dispersive Infrared Detection)	0 ~ 8 vol. %
CO_2	Heated NDIR (Non-Dispersive Infrared Detection)	0 ~ 18 vol. %
NO, NOx	NDUV (Non-Dispersive Ultra-Violet)	0 ~ 3,000 ppm
Exhaust flow	Pitot flow meter	0 ~ 670 kg/h
Standard Signal Measurements	Exhaust temperature, Exhaust pressure, Atmospheric pressure, Atmospheric temperature, Atmospheric humidity, GPS signal, Speed	

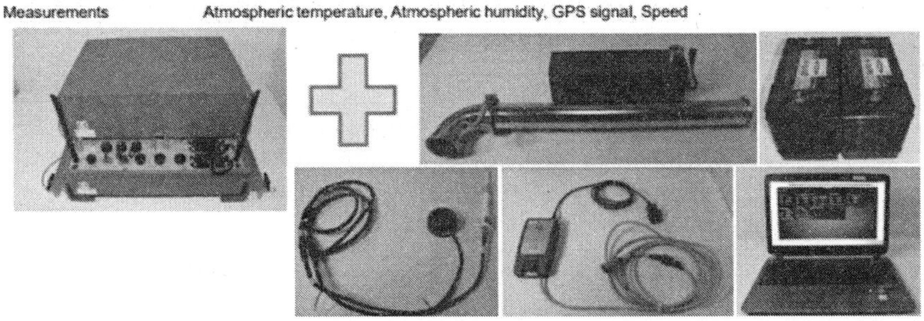

〈그림 26〉 PEMS(Portable Emission Measurement System) 측정장비

PEMS(Portable Emission Measurement System)은 <그림 25>에서 보듯 이동식 배기가스 측정 장비로서 자동차에 탑재하여 차량 주행 중 오염물질 배출량을 측정한다. 시험주행 경로 조건은 도심 0~60km/h 34%, 교외 60~90km/h 33% 고속도로 90km/h 33%로 하며, 최고 속도는 145km/h, 도심 평균 차속은 15~40km/h이고 주행 시간은 90~120분으로 설정되며 각 도로 유형의 최소 주행 거리는 16km 이상, 정지 기간은 도심주행의 6~30%, 차량 총중량의 90%까지 적재 가능한 조건, 에어컨 및 기타 보조 부품 가동 등 다양한 운행조건을 반영하여 측정하게

된다. 측정 중 DPF Regeneration 발생하면 측정 무효화 및 재시험 측정하는 방식으로 측정하게 된다. PEMS 측정 장비의 구성품은 <그림 26>에서 보듯 배기가스 분석기, 배기가스 체적 유량계, 전원공급기, 제어기 등으로 구성한다.

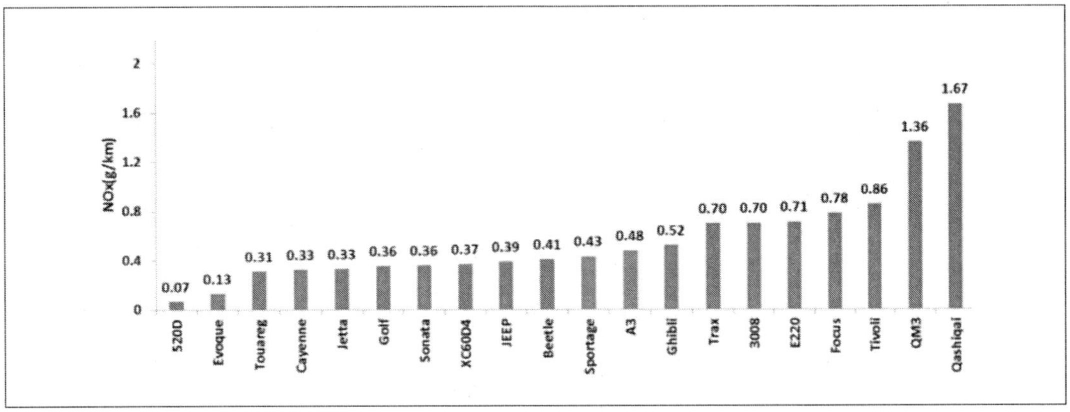

〈그림 27〉 차종별 RDE 측정결과

차종별 RDE 측정 결과 <그림 27>과 같이 생각보다 많은 차종이 기준치에 현저히 높은 NOx 배출되고 있음을 결과로 확인할 수 있었다.

실 도로 질소산화물 배출 허용기준(RDE)은 2017년 9월 실내 인증모드 배출허용기준 0.08 g/km의 CF(Conformity Factors) 2.1배(0.168g/km), 2020년 1월부터는 CF 1.5배(0.12g/km) 이내로 배출하도록 규정했으나 개정안을 통해 기존 추진안보다 5%를 추가로 강화하여 CF 1.43 배(0.114g/km)로 규정하고 있다.

경유 자동차 실 도로 배기가스 배출 허용기준 강화는 실제 주행 시 배출량을 관리함으로 실질적인 미세먼지 저감에 기여할 수 있게 되었다.

03 국내외 자동차 연비 및 CO_2 규제

온실가스·연비 기준은 수송부문 CO_2 감축을 통해 기후 위기에 대응하기 위한 제도로서 "교토의정서" 발효 이후 CO_2 규제가 추가로 시행되었고 국내의 경우에 2010년 『저탄소 녹색성장 기본법』에 따라 국내 자동차 제작사는 그 해에 판매한 자동차의 평균 CO_2 배출량 기준을 충족해야 한다.

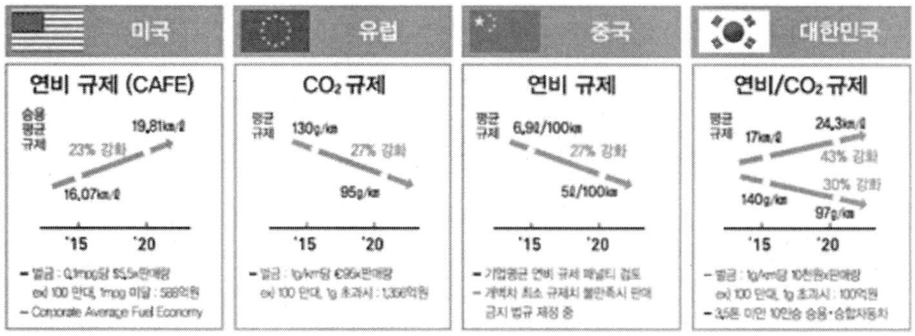

〈그림 28〉 2020년 국가별 자동차 연비 및 CO_2 규제현황

주요 국가별 자동차의 온실가스·연비 기준을 살펴보면 EU의 CO_2 배출 목표가 가장 엄격한 수준으로 국내도 EU의 규제 수준에 발맞춰 규제가 강화되고 있다.

EU는 2009년 4월 온실가스 배출량 목표 기준을 준수하도록 하는 규제를 도입하여 자동차 평균 CO_2 배출허용기준을 설정하였다. 2020년 승용차 및 소형 자동차의 배출 목표를 각각 95g/km, 147g/km로 설정하였으며, 2030년까지 2021년 대비 37.5%와 31%를 저감하는 목표를 갖고 있다. 2019년부터 CO_2 초과 배출 1g/km에 대해 95유로의 벌금을 적용하고 있다.

독일은 EU의 강화된 연비 기준을 적용받아 독일 완성차 기업에 타격이 클 것으로 전망되고 있는데 PA 컨설팅 발표에 따르면 2021년에 자동차 기업의 EU CO_2 규제 벌금을 총 147억 유로로 추산하였으며 독일의 폭스바겐, 다임러, BMW가 전체 벌금의 규모 중 절반 정도를 부담해야 하는 상황이다. 영국은 브렉시트에 따라 2021년부터 EU 지침에서 벗어나 자국의 법률에 따른 연비 기준을 준수하여야 되나 현행 EU 지침을 그대로 유지하고 있다.

미국은 2010년 4월 평균 연비 기준(CAFE)와 자동차 평균 온실가스 배출량 구제 법안을 발표하였는데 2016년 연비 15.1km/l, 온실가스 155g/km의 수준이며 2025년까지 연비 23.2km/l, 온실가스 101g/km 수준으로 달성한다는 목표를 수립하였다. 벌금 부과 기준은 평균 연비가 기준치에 미달할 경우 0.04km/l당 5.5달러의 벌금이 부과된다.

일본의 경우 2006년 12월 승용차 등을 대상으로 한 새로운 연비 기준을 발표하고 2020년까지 2009년 실적 대비 24.1%의 개선을 의무화 하였다. 연비기준은 2015년도 기준 16.8km/l, 온실가스 130g/km 수준이고 2020년에는 연비 20.3km/l, 온실가스 105g/km 수준으로 달성 목표를 설정하였으며, 연비 목표를 미 달성시 기업의 차량공개 및 벌금 부과 등의 제재를 실시하고 있다.

우리나라는 2012년 국내에 제도가 시행된 이래 지속적으로 온실가스·연비 기준이 강화되고 있으며 연비 규제치는 2015년 17km/l에서 2020년 24.3km/l로 43% 강화되었고 CO_2 규제치는

2015년 140g/km에서 2020년 97g/km로 31% 강화되었다. 2016년부터 판매 차량의 매년 10%부터 시작하여 20%, 30%, 60%, 100%까지 연비 및 CO_2 규제 기준을 만족하도록 규정하였으며 기준 미달 시 과거 3년 동안의 초과달성 실적을 이월하고 미달성분을 상쇄하거나 향후 3년 동안 발생하는 초과 달성 실적의 차입이 가능하도록 규정하고 있다. 미 달성분은 과징금을 내거나 다른 회사의 초과 달성 실적을 구매할 수 있도록 하였다.

환경부는 2030 국가 온실가스 감축 로드맵 수정안에 따른 목표달성 및 주요국의 기준을 고려하여 개정된 온실가스·연비 기준을 2020년 8월 30일 행정예고 하였다. 그 내용은 2030년까지 평균 온실가스 70g/km, 평균 연비 33.1km/l로의 기준 강화를 예정하고 있다.

전 세계적으로 자동차의 연비 기준이 점점 높아지고 있으며, 현재 국내 연비 기준은 내연기관차만으로는 달성하기 어려운 수준이다. 그에 따라 국내 자동차 업계는 더욱 더 적극적으로 친환경차 기술 개발과 보급이 필수적으로 필요한 상황이 되었다.

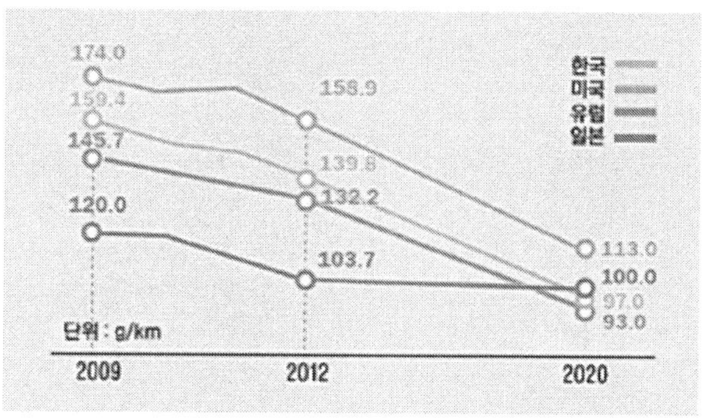

〈그림 29〉 주요 국가별 자동차 온실가스 배출량 규제기준

04 운행자동차 배출가스 검사 제도

이동 오염 원인 자동차에서의 배출가스는 환경적 측면에서 보면 생활환경의 인근에서 발생됨으로 사람들에게는 직접적인 영향을 미치게 된다. 특별한 고정 배출원인이 없는 도심지역에서는 사실상 가장 큰 배출원이라 할 수 있다.

자동차의 배출가스 관리 제도는 크게 "제작차 대책"과 "운행차 대책"으로 구분할 수 있다.

제작차 대책은 신규 제작 자동차에 대한 배출가스 인증이라 할 수 있다. 이후 운행 자동차를 대상으로 수시검사, 정기검사, 정밀검사 등을 통해 배출가스 성능이 인증 당시와 같게 유지되는지 확인하는 제도이다. 정기검사는 자동차 신규 등록 후 차종에 따라 일정 기간마다 정기적으로 실시하는 배출가스 검사로서 대기환경보전법의 제54조, 제62조부터 제69조의 2까지 그 근거를 두고 있다. 종합 검사는 정기검사, 정밀검사(대기환경보전법 제63조) 및 특정 경유 자동차검사(수도권 대기환경개선에 관한 특별법 제25조)를 통합하여 실시하는 배출가스 검사이다. 수시점검은 노상단속이라고 알려져 있는데 운행 중인 차량의 매연을 카메라로 촬영하거나 주차된 차량을 현장에서 무부하 방법 등으로 점검하는 검사 등이다.

배출가스 정밀검사는 그 검사 방법으로 부하검사 방법을 기본으로 적용하고 있다. 이는 배출가스 검사를 위해 자동차를 실제 자동차가 도로를 달릴 때와 가급적 유사한 정도의 힘을 내면서 검사를 받을 수 있게 하는 검사 방법이다. 즉, 자동차의 바퀴를 구름 롤러 위에 올려놓고서 미리 정해진 속도를 따라 주행하면서 배출되는 오염물질 농도를 측정하는 것이다. 이때 필요한 롤러를 "차대동력계" 라하고, 미리 정해진 속도를 "주행 패턴", 그리고 오염물질 농도를 측정하는 장치를 "배출가스 측정기"라고 한다. 정밀검사의 주행 패턴과 측정 대상 오염물질 종류는 자동차의 사용 연료에 따라 다르게 규정하고 있다.

제시된 표와 그림을 통해서 우리는 운행자동차 검사 배출허용 기준 및 검사방법 및 모습을 확인 할 수 있다.

| 표 6 | 운행차 배출가스 검사제도 개요

구분	수시점검 노상단속	수시점검 원격측정	정기검사	정밀검사 (조향검사)
근거법령	대기환경보전법 제61조		대기환경보전법 제62조	대기환경보전법 제63조 및 시·도 조례
시행지역	전국	정밀검사지역	종합검사 외 지역	대기환경규제지역 및 인구 50만 이상지역 (수도권, 5개 광역시, 천안, 청주, 전주, 창원, 포함, 김해)
검사대상	약 2,099만대 (2015년 기준)	정밀검사지역 내 휘발유·가스차	930만대 (2012년 기준)	505만대 (2015년 기준)
검사주기	차령에 관계없이 운행하는 모든 자동차를 도로에서 강제 정차시켜 검사	차량에 관계없이 운행하는 모든 자동차를 도로에서 무정차 검사	• 승용자동차 : 차량 등록 후 4년째부터 2년주기 • 승합·화물자동차 : 차량 등록 후 1~2년째부터 6개월~2년 주기	• 승용자동차(비사업용) : 차량 등록 후 6년째부터 2년 주기 • 승합·화물자동차(사업용) : 차량등록 후 3~4년째부터 1년주기
검사항목	정기검사와 동일	정밀검사 항목과 동일 (엔진출력 제외)	• 무부하검사 – 휘발유 : CO, HC, 공기비 – 경유 : 매연	• 부하검사 – 휘발유 : CO, HC, NOx – 경유 : 매연, 엔진출력

| 표 7 | 운행차 배출가스 정밀검사 세부내용

시행지역	사용연료	적용차종	부하검사방법	검사항목
대기환경 규제지역 및 인구 50만 이상 지역 (수도권, 5개 관역시, 천안, 청주, 전주, 창원, 포항, 김해)	휘발유·가스	모든자동차	ASM2525	CO, HC, NOx
	경유	1) 승용자동차 2) 중형 이상 승합·화물·특수자동차	KD 147	매연
		1) 대형 승합·화물·특수자동차 2) 중형 화물·특수자동차 중 특수용도형으로 구조변경한 자동차	Lug-Down 3	매연, 엔진회전수, 엔진출력

* 자동차종류는 『자동차관리법 시행규칙』 [별표1] 자동차의 종류에 따른 분류
** 경유사용 자동차 중 특수한 구조 등으로 KD 147 시험방법을 적용할 수 없는 경우 Lug-Down3 검사방법 적용

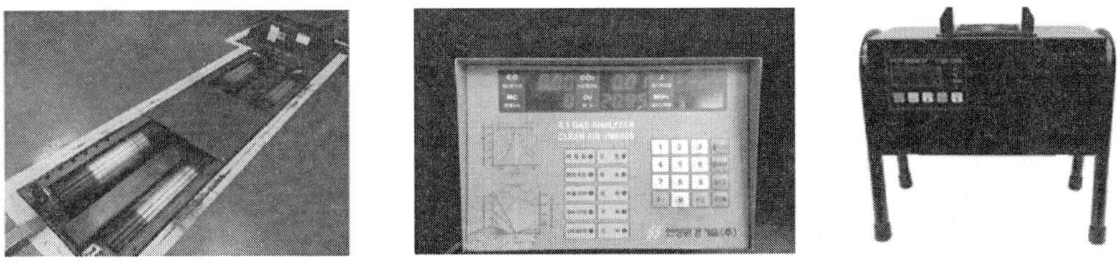

(a) 정밀검사용 차대동력계 (b) 배출가스 측정기(휘발유 및 가스자동차용) (c) 매연측정기(경유 자동차용)

〈그림 30〉 운행차 정밀거사용 채대동력계 및 배출가스 측정기 모습

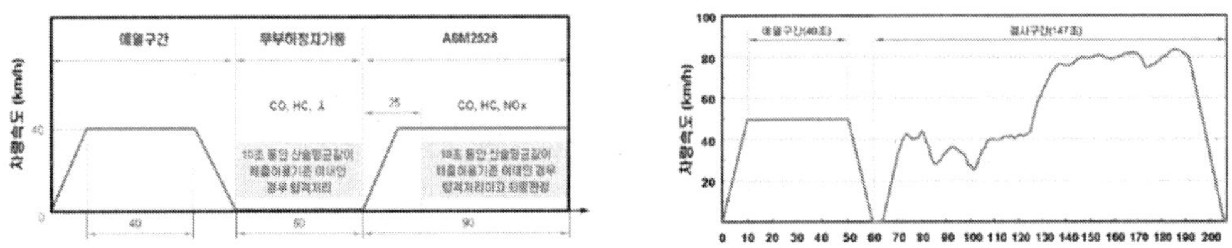

(a) ASM2525 Mode(휘발유 및 가스자동차용) (b) KD 147 Mode(경유 자동차용)

〈그림 31〉 운행차 정밀검사 주행 패턴

| 표 8 | 운행경유차 NOx검사, 매연 허용기준 강화 및 이륜차 정기검사 배출허용기준

* 경유 자동차 정밀검사 배출허용기준

검사항목 / 적용일자 / 제작일자	매연		질소산화물
	2011년 12월 31일까지	2012년 1월 1일 이후	2018년 1월 1일 이후
199년 12월 31일 이전	50% 이하	45% 이하	-
1993년 1월 1일부터 1995년 12월 31일까지	45% 이하	40% 이하	-
1996년 1월 1일부터 2000년 12월 31일까지	40% 이하	35% 이하	-
2001년 1월 1일부터 2007년 12월 31일까지	30% 이하	25% 이하	-
2008년 1월 1일부터 2016년 8월 31일 까지	20% 이하	15% 이하	-
2016년 9월 1일부터 2017년 12월 31일까지	-	8% 이하	-
2018년 1월1일 이후	-	8% 이하	2,00ppm 이하

* 이륜자동차 정기검사 배출허용기준

차종		제작일자	일산화탄소	탄화수소
이륜 자동차	소형·중형	2018년 1월 1일 이후	3.0% 이하	1,000ppm 이하
	대형	1999년 12월 31일 이전	5.0% 이하	2,000ppm 이하
		2000년 1월 1일부터 2006년 12월 31일까지	3.5% 이하	1,500ppm 이하
		2007년 1월 1일부터 2008년 12월 31일까지	3.0% 이하	1,200ppm 이하

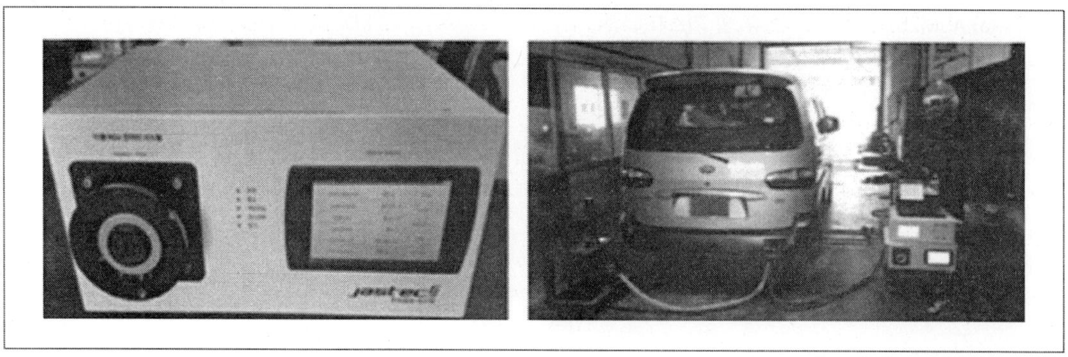

〈그림 32〉 NOx 검사장비 및 검사모습

05 국내외 주요 도심 경유차 규제 현황

2018년 7월 1일부터 수도권을 중심으로 LEZ(Low Emission Zone)가 시행되면서 노후된 경유 자동차에 대해 운행을 제한하는 제도를 시행하고 있다.

차량의 연료 분류 구분 없이 전 차종을 대상으로 한 친환경 자동차 등급제에 따른 친환경 하위등급 5등급 차량이 대상으로서 가솔린은 해당 규제 배출허용규제 적용 5등급의 차종을 경유도 해당 규제 (통상 2002년 7월 이전 배출허용 기준 적용 차종)5등급 노후 경유차에 대한 운행을 제한한다.(※차량의 연식으로 구분하지 않는다.)

세부적인 제한 규제는 노후 경유차의 운행제한을 4가지로 구분하여 계절 관리제, 녹색 교통지역, 노후 경유차 상시 운행제한, 비상저감조치 운행제한으로 구분하여 관리 시행하고 있다.

국내뿐만 아니라 해외 주요 국가의 도심에서도 운행제한을 시행하고 있다.

1) 배출가스 등급제

2018년 4월 25일부터 「자동차 배출가스 등급 산정에 관한 규정에 의거하여 모든 차량을 대기오염 배출량에 따라 5개 등급으로 분류하여 시행하고 있다. 개정 이전의 등급 산정 규정에서는 배출가스 기준치에 대비한 측정치를 바탕으로 등급을 산정함으로 차량별 배출량의 절대적 차이가 반영될 수 없었다. 개정된 규정에서는 등급 산정이 (경형, 소형·중형 승용, 소형·중형 화물 자동차)와 (대형·초대형 승용, 대형·초대형 화물 자동차)로 「대기환경보전법 시행규칙」에 따른 자동차의 종류에 따라 두 가지 형태로 나누어 분류한다.

경형, 소형·중형승용, 소형·중형 화물 자동차의 경우 연식과 유종에 따른 대기오염물질 배출량의 절대적 차이를 반영함으로써 대기오염물질 운행 중 배출이 없는 전기차·수소차는 1등급, 휘발유·가스차(하이브리드 포함)는 1~5등급, 경유 자동차(하이브리드 포함)는 3~5등급으로 분류한다.

대형·초대형승용, 대형·초대형 화물자동차는 등급산정 시 제작차 배출허용기준을 적용하며, 차량연식은 반영하지 않는 형태로 분류하고 있다. 이에 따라 전기·수소차는 1등급, 휘발유·가스차는 1~5등급, 경유차는 2~5등급으로 분류한다. <표 9~11>에서 자동차의 종류 구별과 자동차 배출가스에 따른 등급 산정 기준을 확인할 수 있다.

※해당 등급은 환경부 홈페이지의 배출가스 등급제 소유차량 등급조회를 확인하면 정확하다.

| 표 9 | 대기환경보전법 시행규칙에 따른 자동차의 종류

종류	정의	규모	
경자동차	사람이나 화물을 운송하기 적합하게 제작된 것	엔진배기량이 1,000cc 미만	
승용자동차	사람을 운송하기 적합하게 제작된 것	소형	엔진배기량이 1,000cc 이상이고, 차량 총중량이 3.5통 미만이며, 승차인원이 8면 이하
		중형	엔진배기량이 1,000cc 이상이고, 차량 총중량이 3.5톤 미만이며, 승차인원이 9명 이상
		대형	차량 총중량이 3.5톤 이상 15톤 미만
		초대형	차량 총줄량이 15톤 이상
화물자동차	화물을 운송하기 적합하게 제작된 것	소형	엔진배기량이 1,000cc이상이고, 차량 총줄량이 2톤 미만
		중형	엔진배기량이 1,000cc 이상이고, 차량 총중량이 2톤 이상 35톤 미만
		대형	차량 총중량이 3.5톤 이상 15톤 미만
		초대형	차량 총줄량이 15톤 이상

| 표 10 | 경형, 소형·중형승용, 소형·중형 화물 자동차 등급산정 기준

등급	차종		
	전기차 수소차	휘발유·가스 (하이브리드 포함)	경유 (하이브리드 포함)
1등급	모든 전기, 수수만을 사용하는 차량	2009년 ~ 2016년 기준적용 차종 (NOx + HC : 0.019g/km 이하)	해당없음
2등급	해당없음	2006년 ~ 2016년 기준적용 차종 (NOx + HC : 0.10g/km 이하)	
3등급		2000년 ~ 2003년 기준적용 차종 (NOx + HC : 0.720g/km 이하)	2009년 9월 이후 기준적용 차종 (NOx + HC : 0.353g/km 이하, PM : 0.0052g/km 이하)
4등급		1988년 ~ 1999년 기준적용 차종 (NOx + HC : 1.930g/km 이하)	2006년 기준적용 차종 (NOx + HC : 0.463g/km 이하, PM : 0.025~0.060g/km)
5등급		1987년 이전 기준적용 차종 (NOx + HC : 5.30g/km 이상)	2002년 7월1일 이전 기준적용 차종 (NOx + HC : 0.560g/km 이상, PM : 0.050g/km 이상)

| 표 11 | 대형·초대형승용, 대형·초대형 화물 자동차 등급산정 기준

등급	차종 전기차 수소차	휘발유·가스 (하이브리드 포함)	경유 (하이브리드 포함)
1등급	모든 전기, 수수만을 사용하는 차량	2016년 12월 기준적용 차종 (NOx : 0.35g/kWh 이하, HC : 0.10g.g/kWh이하) * 휘발유·가스(하이브리드)	해당없음
2등급	해당없음	2013년, 2016년 기준적용 차종 (NOx : 0.40g/kWh 이하, HC : 0.14g/kWh이하)	2014년 기준적용 차종일부 (NOx : 0.35g/kWh 이하, HC : 0.12g/kWh이하) * 경유(하이브리드)
3등급		2006년, 2009년 기준적용 차종 (NOx : 3.50g/kWh 이하, HC : 0.55g/kWh이하)	2009년 9월 기준적용 차종, 2014년 기준적용 차종일부 (NOx : 2.00g/kWh 이하, HC : 0.55g/kWh이하)
4등급		2002년 7월 기준적용 차종 (NOx : 3.50g/kWh 이하, HC : 0.90g/kWh이하)	2006년 기준적용 차종 (NOx : 3.50g/kWh 이하, HC : 0.55g/kWh이하)
5등급		2000년 이전 기준적용 차종 (NOx : 5.30g/km 이상, HC : 1.2g/kWh이상)	2002년 7월 기준적용 차종 (NOx : 5.00g/kWh 이상, HC : 0.66g/kWh이상)

2) 노후 경유차 상시 운행제한(LEZ)

운행제한 제도는 운행제한 조례(광역), 대기관리권역 제29조(경유 자동차의 운행제한), 대기관리권역법 제26조(특정 경유차의 관리)에 의거한 법·제도적 근거로 시행하고 있다. 운행제한 제도 시행은 3단계로 2017년에 서울시 전역에서 시행을 시작으로 2018년에는 경기도 17개시(서울 인근), 인천(옹진군 제외)에 추가로 운행제한지역에 포함되어 시행하였으며, 2020년까지로 경기도 28개 시(3개 군은 제외)로 확대하는 방식으로 점차 운행제한 범위를 확대해 가고 있다.

운행제한은 5등급 경유차 중 자동차 종합 검사에서 최종 불합격 받은 차량 중 노후 경유차 DPF 부착사업으로 부착 통보를 받았거나 조기폐차 명령 즉 저공해조치명령을 받은 뒤 6개월 동안 조치하지 않은 경우, 대기관리권역외 지역에 등록된 사업용 경유차 중에서 수도권에 1년에 60일 이상 운행하는 차량일 경우가 그 대상 차량이다. 과태료의 경우 「미세먼지 저감 및 관리에 관한 특별법」 제31조에 의거하여 최초 1회는 경고장을 발송하며 2회부터는 과태료가 20만원으로 한 달에 1회 이상 적발 시 최대 200만원의 과징금이 부과된다.

노후 경유차 운행제한 단속은 CCTV를 활용하여 2019년 178개소를 설치하였고 2020년도 27개소 추가 설치 운행 중에 있다. 또한 이동 시 단속시스템을 활용하여 빅데이터 수집을 통해 단속을 시행한다.

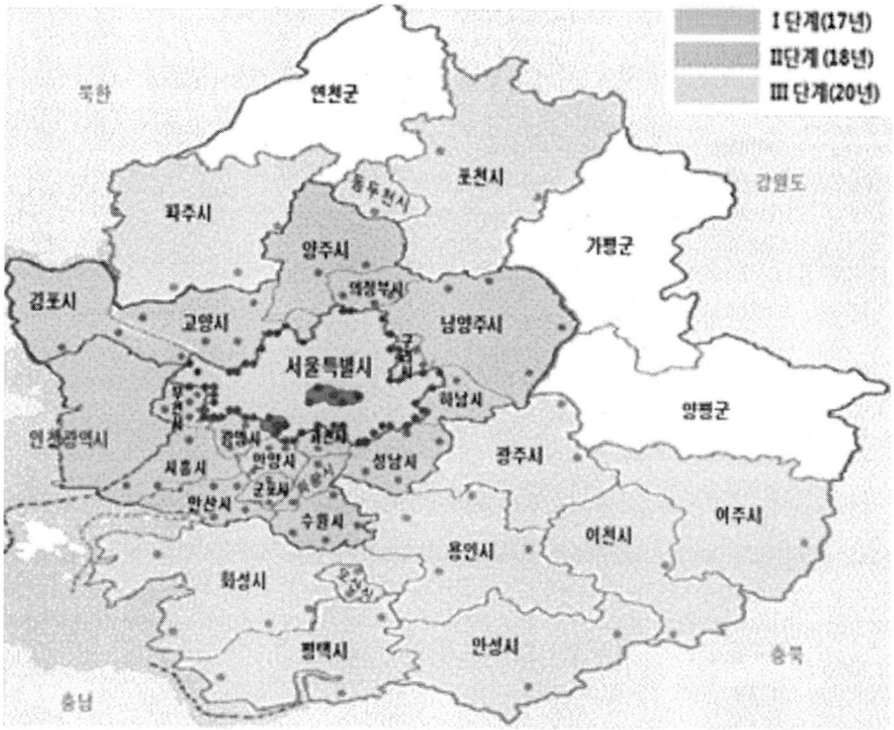

〈그림 33〉 노후 경유차 상시운행제한 3단계지도 및 CCTV 설치현황

| 표 12 | 노후 경유차 상시운행제한 3단계 현황

첫 번째 단계	2017년에 서울시 전역에서 시행
두 번째 단계	2018년에 경기도 17개 시 (서울 인근), 인천(옹진군 제외)에 추가로 운행제한지역에 포함되어 시행됩니다.
세 번째 단계	2020년까지로 경기도 28개 시(3개 군은 제외)로 확대됩니다. * 경기도 전역 28개 시 : 수원시, 고양시, 성남시, 용인시, 부천시, 안산시, 남양주시, 안양시, 화성시, 평택시, 의정부시, 시흥시, 파주시, 김포시, 광명시, 광주시, 군포시, 오산시, 이천시, 양주시, 안성시, 구리시, 포천시, 의왕시, 하남시, 여주시, 동두천시, 과천시

〈그림 33〉 노후 경유차 CCTV 단속 및 빅데이터 수집

3) 비상저감조치 운행제한

고농도 미세먼지 비상저감조치는 「미세먼지 저감 및 관리에 관한 특별법」에 의거하여 2019년 2월 15부터 일정 기준 이상의 고농도 미세먼지(PM2.5)가 예측되는 경우 각 지자체 시도지사가 자동차 운행제한, 배출시설 가동 조정 등의 조치를 시행하게 된다. 운행제한 대상은 배출가스 5등급 차량으로 당일 초미세먼지 평균농도가 50㎍/m³ 초과하고 다음날 50μg/m^3 초과가 예상되거나 당일 주의보 또는 경보 발령 다음날에 24시간 평균 50μg/m^3 초과 예상 및 매일 24시간 평균 75μg/m^3 초과가 예상될 시 시도지사가 관할 지역의 전부 또는 일부에 비상저감조치를 발령할 수 있다. 이전 전국 시행과 함께 시도마다 달랐던 발령 기준이 위 3가지 요건으로 일원화됐다. 비상 저감 조치 시행은 다음날 06 : 00~21 : 00까지 시행하며, 주말 및 휴일은 실시하지 않는다. 단속은 운행제한의 단속시스템을 활용하여 과태료 10만원을 부과한다. 장애인, 국가 특수 목적 등 차량과 배출가스 저감장치 부착, 저공해 조치된 차량은 제외된다.

| 표 13 | 주요국가의 환경규제 목표치

구분	예비 비상저감조치	비상저감조치
미세먼지 (PM-2.5)	① 당일(D-2일) 17기 예보 기준으로 모래(D일) "매우나쁨"(75ug/m^3 초과 예보) ② 내일(D-1일)·모래(D일) 모두 50ug/m^3 초과 예보 * 비상저감조치 시행 전일(D-1) 예비조치 시행	① 당일(D-1) 50ug/m^3 초과(0시~16시 평균) 내일(D일) 50ug/m^3 초과(예보) ② 당일(D-1일) 주의보·경보 발령(0시~16시) 내일(D일) 50ug/m^3 초과(예보) ③ 내일(D일)75ug/m^3 초과(예보)
참여대상	행정·공공기관	행정·공공기관 및 민간
조치사항	차량2부제, 사업장·공사장 조업단충 등	공공) 차량2부제, 사업장·공사장 조업단축 등 민간) 차량등급제, 사업장·공사장 조업시간 조정 등
공통사항	수도권(경기·서울·인천)2개 시·도 이상 발령기준 충족시 3개 시·도 모두비상저감조치 시행	

4) 수도권 계절관리제 운행제한

계절적 요인과 국내외 특히 중국·몽골 등으로 인한 편서풍의 영향으로 12월부터 3월까지 미세먼지가 집중적으로 발생한다. 최근 3년간 50μg/m^3 초과 일수의 83%가 이 시기에 집중됨에 따라 평상시보다 엄격한 사전 예방적 관리를 통하여 기저농도를 낮추고 고농도 발생 빈도와 강도를 낮추는 차원에서 「미세먼지 저감 및 관리에 관한 특별법」에 의거 하여 매년 12월~다음해 3월까지 수도권 계절 관리제 운행제한을 시행하고 있다. 단속 대상은 전국 5등급 차량 중 저공해 미조치 차량이며, 평일 06~21시까지 시행한다. 위반 시 과태료 10만원이 부과된다.

서울시의 경우 2021년 11월까지 저감장치 부착 또는 폐차 시 과태료 환불 및 부과가 취소된다. 경기, 인천의 경우 과태료 환불·부과 취소 계획은 없는 상황이다.

| 표 14 | 수도권 3개 시·도 계절관리제 운행제한 기준

<table>
<tr><th>구분</th><th>경기도·인천시</th><th>서울</th></tr>
<tr><td>단속 대상</td><td colspan="2">전국5등급 차량 중 저공해 미조치 차량</td></tr>
<tr><td>단속 시간</td><td colspan="2">평일 06시~21시</td></tr>
<tr><td>단속 제외(공통)</td><td colspan="2">저공해조치(저감장치 부착)차량, 기급차량, 장애인차량, 보훈차량</td></tr>
<tr><td>단속 예외</td><td>저감장치 방착 불가 차량
→ DPF장착불가 및 미개발
저공해도치 신청 차량</td><td>저감장치 장착 불가 차량
→ '20년 12월까지 유예('21.01.01이후단속)
저공해조치 불가 차량 중 생계형(기초생활수급자 및 차상위 계층) 차량('21년3월까지 유예)</td></tr>
<tr><td rowspan="2">과태료</td><td colspan="2">위반시 과태료 10만원부과(1일 1회)</td></tr>
<tr><td>단속시점에 저공해조치 미신청 차량에 부과</td><td>'21.11.30일까지 저공해조치 또는 폐차한 경우
→ 환불 또는 부과 취소</td></tr>
</table>

5) 녹색교통지역 제한

서울시는 2017년 3월 15일 국토교통부 고시를 통해 전국 최초로 한양도성 내부 16.7km^2를 '녹색교통진흥특별대책지역' 이하 녹색교통지역으로 지정되었다고 발표하였다. 지정된 녹색지역은 종로구 8개동, 중구 7개 동이다. 녹색교통지역은 「지속가능교통물류발전법」에 의거하여, 특별대책지역으로 지정하여 관리하는 지역을 말하며, 녹색교통의 발전과 진흥을 위하여 지정하게 되었다. 녹색교통지역의 핵심사항은 2030년까지 도로부문 온실가스 배출량을 40% 감축할 계획 등을 밝혔다.

녹색교통지역의 단속 대상은 배출가스등급 5등급 차량이며, 녹색교통지역 내에 거주하는 5등급 차량에 대해서는 기존 조기폐차 보조금 한도액을 상향 지원하고 단속의 경우 연중 상시 06~21시까지 단속하며 1회에 10만원 3회 이상 단속된 차량의 경우 20만원의 과태료가 부과된다.

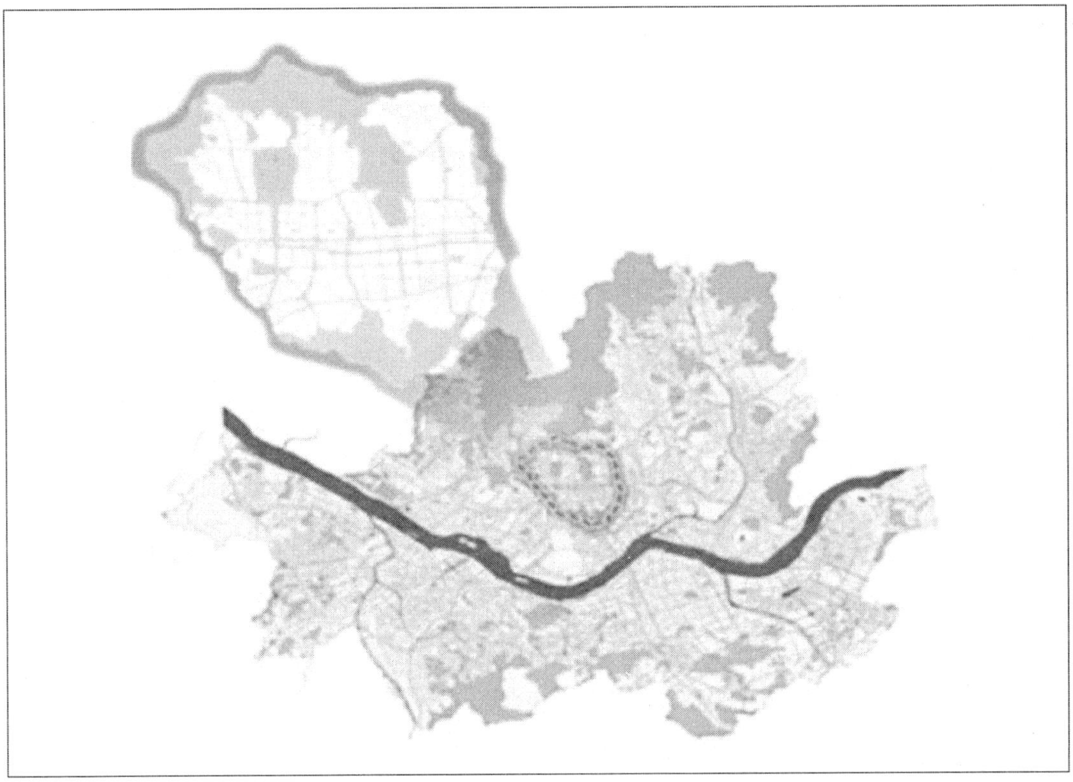

〈그림 34〉 녹색교통지역 범위

| 표 14 | 녹색교통지역 온실가스 배출량 감축 목표

구분	현황	단기(2020)	장기(2030)
온실가스배출량(천톤/년)	858.7	773(10%↓)	515(40%↓)
녹색교통 분담율 확대(%)	68.3	70.5	75.0
승용차 교통향 감축(만대/일)	80.0	72.0(10%↓)	56.0(30%↓)
녹색교통 이용공간 확충(km^2)	0.43(31.2%)	0.58(42%)	0.87(63.0%)
교통사고 사망지수 감축(명/년)	8	5(37.5%↓)	0(100%↓)

| 표 15 | 녹색교통지역 분야별 사업

사람	① 보행자 우선 도로공간 조성	랜드마크적 보행특구 조성, 도로공간 재편(퇴계로, 광화문광장 재구조화) 등
	② 안전한 교통환경 조성	도심 간선도로 50km/h로 제한속도 하향, 전방향 횡단보도 설치 등
공유	③ 함께 이용하는 교통문화 조성	나눔카 서비스망 확충, 따릉이 확대, 자전거로 확충 등
	④ 빠르고 편리한 대중교통환경 조성	종로 중앙버스 전용차로 설치, 서울형 수요 대응버스 도입 등
환경	⑤ 교통수단의 친환경화	공해차량 운행제한지역 강화, 전기차 인프라 확충 및 활성화 등
	⑥ 승용차의 합리적 이용 유도	주차수요관리 강화, 교통혼잡특별관리시설물 지정, 혼잡통행료 제도 개선 등

6) 해외 공해차량 운행제한

경유 자동차는 1970년대부터 유럽을 중심으로 디젤 승용차를 사용하였다. 디젤엔진은 높은 열효율로 인해 연비가 우수하고 가솔린엔진 대비하여 이산화탄소 배출량이 약 20% 적게 배출하다는 점에 착안해 2005년경부터 '클린디젤'이라고 내세웠었다. 국내의 경우도 '저탄소 녹색성장'을 내세우면서 2009년 경유차를 친환경차로 분류해 세제 혜택을 시행하였다가 2018년 NOx와 PM을 많이 배출하여 폐지하였다. 유럽차의 경우 후처리 장치로 이 문제를 해결했다고 하지만 2015년 폭스바겐 게이트로 인해 점차 경유차의 퇴출이 제기되고 있으며, 세계 각국은 최근 내연기관의 퇴출을 선언하고 있다. 이러한 점에 착안해 세계 각국은 배출가스 등급제 시행과 공해차량 운행제한 제도를 시행하고 있다.

해외 공해 차량 운행제한은 1996년 스톡홀름에서 세계 최초로 EZ(Environmental Zone) 시행을 계기로 각국이 공해 차량 운행제한을 시행하고 있다.

| 표 16 | 해외 공해차량 운행제한 제도 추진 현황

단계	연도	내용
도입초기	1996년	스웨덴(스톡홀름) • Environmental Zone 용어로 최조시행
↓	2000년	일본 •「동경도 시민 건강과 안전 보장 위한 환경확보조례」 제정 추진 • 자동차 PM/NOx 종합대책 및 LEZ 시행 • 사이타마현, 치바현, 카나기와현(2001~2002년) 및 동경(2003년) 시행
↓	2008년	영구(런던) • 시장 교통전략(Mayer's Transport Strategy) 공표(2001년) 후 시행
↓	2008 ~ 2016년	독일, 덴마크, 이탈리아 등 • EU 환경기준 이행을 위해 강력한 추진 및 확산
도입확산		유럽 중심 총 10여개 국 이상 • 많은 대도시에서 운영

| 표 17 | 국가별 공해차량 운행제한 제도 표기 방법

표기 방법(영문 기준)	국가
Low Emission Zone	영국, 노르웨이, 덴마크, 벨기에, 체코, 핀란드, 스위스, 일본
Environmental Zone	스웨덴, 독일, 오스트리아, 네덜란드
Reduced Emission Zone	포르투갈
Limited Traffic Zone	이탈리아
Green Ring	그리스
Restricted Zone	헝가리
Controlled Vehicular Access	몰타

〈그림 35〉 유럽 공해차량 운행제한 제도 시행 지역

| 표 18 | **국가별 배출가스 등급제 현황**

	미국	독일	프랑스	영국
제도	Green vehicle guide	LEZ & 라벨 (sticker)	Crit'Air 배출등급 & 라벨	EQUA (대기질 지수)
목적	친환경차 안내 및 구매 유도 (주로 정보제공 목적)	LEZ 규제활용 (규제목적)	LEZ규제 및 친환경차 인센티브 (주로 구제목적)	친환경차 전환 유도
대상물질	대기오염물질 + 온실가스(연비)	대기오염물질	대기오염물질	대기질 정보, 온실가스
등급구분	각 10등급	4등급	6개 분류 (전기차 제외 5개 등급)	8개 등급
대기오염물질 등급기준	(중앙정부)EPA 및 CARB 배출기준 등을 적용한 등급기준 : 매년 해당 지수 등급기준을 공표	(중앙정부)차량Euro 기준에 따른 등급 분류	(중앙정부)차종별 Euro 기준 및 차량 등록일에 따른 차종별 등급 분류	(중앙정부) 차량 Euro 기준 및 온실가스 배출수준에 따른 등급 분류
라벨링	○ (두 지수의 우수 차량에 대해 SmartWay 차량 인증, 제작사)	○ (Euro 2, 3, 4 이상에 대해 3개 등급 라벨, 차주 신청/발급)	○ (Green 라벨 포함 6개 분류 라벨, 차주 신청/발급)	-
LEZ 규제	-	○ (지자체별 LEZ 규제 활용)	○ (지자체별 LEZ 규제 활용)	- (대기질 지수외는 별도로 운행제한)
친환경차 인센티브	○	- (별도)	○	-
연비 제도 연계	연비제도와 연계 (연비라벨에 두 지수 표시)	-	-	-
주요 활용대상	소비자(업체) 정보이용 및 홍보	지자체 규제 (소비자 활용)	지자체 규제 (소비자 활용)	소비자(업체) 정보이용 및 홍보
주요 장단점 - 장점	• 등급/라벨 정보 이용 쉬움 • 친환경차 라벨 제도와 연계 • 연비표지제도와 연계	• LEZ 규제 활용 • 등급/라벨 분류 간다, 정보이용 쉬움	• LEZ 규제 및 친환경차 인센티브 활용 • 등급/라벨 정보이용 쉬움	친환경차 구매 유도 용이
주요 장단점 - 단점	• 규제 활용 어려움 • 모델연도에 따라 등급기준 차이, 등급 분류 많음 • 실측 저감수준 확인 어려움	• 친환경차 인센티브 제도 연계 어려움 • 실측 저감 수준 확인 어려움 • 온실가스 미고려	• 실측 저감 수준 확인 어려움 • 온실가스 미고려	운행제한과 등급제도를 별개로 시행

① 스웨덴 스톡홀름

스웨덴 스톡홀름은 1996년 세계 최초로 스톡홀름을 포함한 8개 도시에서 EZ(Environmental Zone)를 시행하였다. 주로 대형 경유 자동차(화물차, 버스 등)을 대상으로 스톡홀름 도심부 및 항만지역을 중심으로 지역을 설정하여 규제를 시행하고 있다. EZ 제도를 통하여 대상 차량을 Euro 기준 이상의 신차로 교체를 유도하고 있으며, Euro2, Euro3 차량은 인가된 배출 저감장치 DPF + SCR 부착 시 Euro5 기준으로 조정하고 있다. 관련한 내용으로 정부 지원은 시행하지 않고 있다. 운행제한은 24시간 365일 전일로 운영하고 있고, EZ 내에서 제한 속도를 30km/h로 규제하는 30-Zone 제도도 병행해 운영하는 강력한 제도를 시행하고 있다.

단속은 스티커 부착과 인력 단속 방식으로 하며, 과태료의 경우 EZ 진입 조치를 하지 않은 위반 차량에 대해 1,000 SEK : 크로나 (약 20만원)의 과징금을 청구하고 있다.

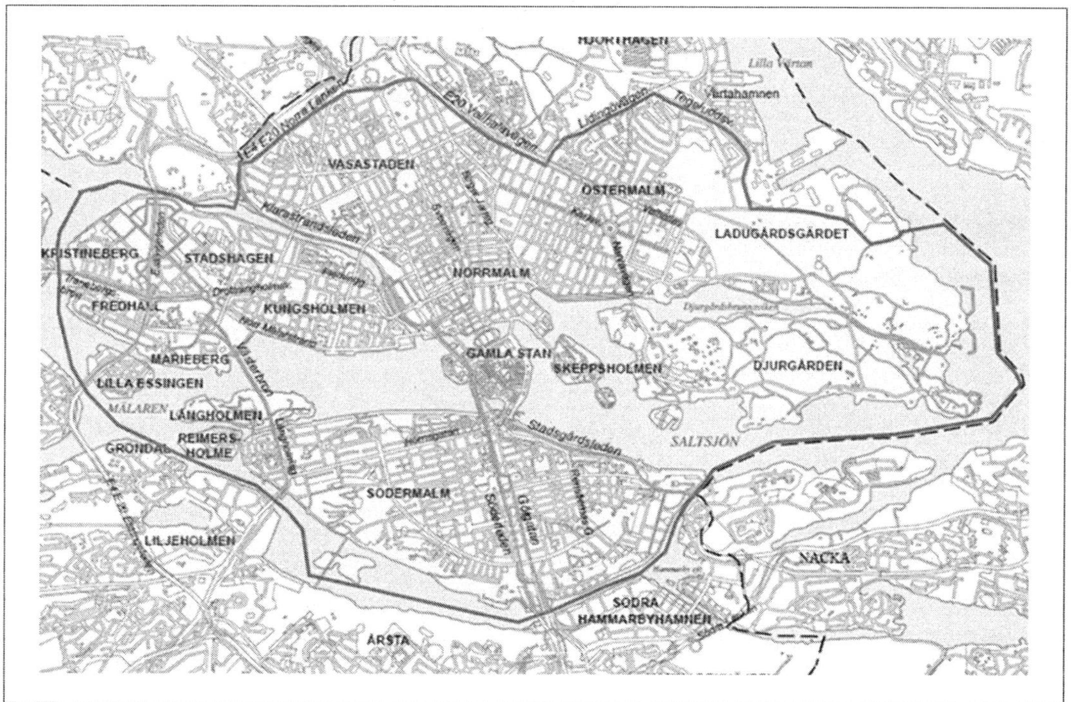

※ SEK : 크로나 스웨덴 화폐단위

〈그림 35〉 스톡홀름을 포함한 EZ 시행구역

② 영국 런던

영국은 1952년 12월 5일~9일 사이에 런던에서 발생한 런던 스모그로 인해 10만 명 이상이 호흡 장애와 만성 폐 질환을 겪었으며, 약 1만 2,000여 명의 사람이 사망하는 대참사가 일어났었다. 이 런던 스모그는 안개입자에 흡수된 이산화황이 석탄 먼지의 촉매작용으로 황산 먼지를 형성하면서 큰 피해를 입게 되었다. 이에 따라 영국 정부는 런던에 대기오염 청정법을 제정하고 단계별로 대기의 질을 개선하기 위해 노력하였다. 2001년 LEZ(Low Emission Zone)발의하고 2008년 2월 4일부터 시행을 했다. 최초 Euro3기준이 적용 중량 12톤 이상의 경유 엔진 화물차 대상으로 LEZ 시행한 이후 점차 그 대상 차량이 확대되었으며, 2017년 10월 23일부터 T-charge (Toxicity Charge)라고 명명하여 Congestion charge area : 혼잡 요금지역에 추가적으로 환경 비용을 내도록 제정하여 시행해왔고 2019년 4월 8일 ULEZ(Ultra Low Emission Zone)로 대체되고 있다. 2020년 10월 26일부터는 기존 LEZ는 ULEZ만큼 강화되고 <그림 36>에서 보듯 일부지역을 ULEZ 지역으로 지정하여 대체됐다. 2021년 10월 26일까지는 런던 대부분의 지역을 ULEZ로 확대할 계획이다. 운행제한은 365일 전일 24시간 운영하고 있으며, 단속시스템은 우리나라와 유사한 방법으로 고정 및 이동식 카메라를 이용하여 단속하고 진입지점에 도로 표지판을 설치하여 LEZ, ULEZ임을 표시한다. ULEZ의 경우 해당 지역을 통행할 때 12.5파운드(약 1만 9천원)를 통행료로 지불해야 하고 3.5톤 이상의 트럭이나 5톤 이상의 화물차, 버스의 경우 통행시 100파운드(약 15만 5천원)를 지불해야 한다. 만약 이를 어기면 160파운드의 벌금이 부과하고 청구 날짜기준 28일 내로 벌금을 내야 한다. 만약 14일 이내에 벌금을 내면 50% 감면하고 80파운드로 감면된다. 하지만 28일내로 벌금을 지불하지 않으면 통지서가 해당 차량 등록한 운전자에게 송부되고 벌금은 기존 벌금의 50%를 추가 부과하는 방식에 강력한 조치가 시행된다.

LEZ, ULEZ의 배출기준을 만족하지 못하는 차량을 소유하고 있는 거주민에게는 많은 반발이 있다. 관련하여 영국 정부는 2021년 10월 24일까지 해당 지역 거주민들이 보유한 차량에 대한 환경세를 면제해 주고 이후부터는 해당 지역 거주민들도 환경 기준에 맞지 않으면 매일 과징금을 지불해야 한다. 하지만 40년 이상 역사가 반영된 차, 크레인, 군용차, 농업 차량, 런던시에서 자격을 부여한 택시, 장애인, 전기차 등은 면제된다. ULEZ의 경우에 미세먼지 및 배기가스로 인한 문제점을 홍보하여 공감대를 형성하려 노력하고 있고 ULEZ가 무엇인지 상세한 안내와 캠페인을 시민들에게 정책에 대한 이해를 구하고자 미디어를 통해서 알려주고 있으며 매달 1번씩 런던 시장과 시민과의 만남을 통해 시민들의 어려움을 해소하고자 노력하고 있다.

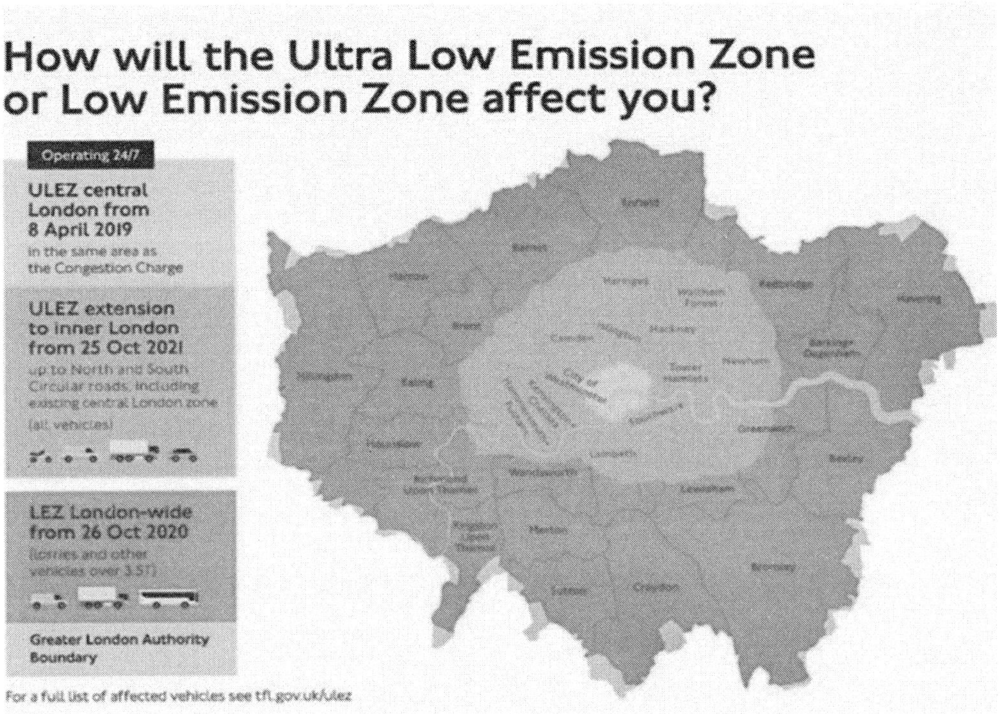

〈그림 36〉 영국 런던 LEZ와 ULEZ 적용지역

〈그림 36〉 LEZ 교통표지판, 공공장소에 ULEZ 안내

③ 프랑스 파리

프랑스 파리는 2012년부터 대기질의 개선과 대기오염의 감소를 위해서 다양한 방법을 강구하였다. 2014년 오래된 경유 차량이 대기오염 배출가스를 가장 많이 배출하는 것을 확인하고 이들 차량에 대해 운행제한을 권고하였다. 2016년 7월 1일부터는 배출기준 0~5등급으로 나누어 모든 차량에 Crit'Air(공기품질증, Air Quality Certificate)를 발급하여 자동차 앞 유리에 부착하도록 권장하고 이를 통해 배출등급 이하 차량은 도심으로의 운행제한을 통제하고 있다.

2017년 말 기준으로 파리 도로의 약 45%가 시속 30km/h 제한 운행을 시행 중에 있으며, 점차 지역을 확대하려고 노력 중이다.

2017년 5등급, 2019년 4등급 차량의 운행을 제한하고 있으며, 향후 2022년부터 3등급, 2024년부터는 모든 경유차에 운행제한을 확대하여 실질적으로 경유차 퇴출을 계획하고 있다.

Crit'Air 라벨	등급(색상)	유럽 배출 기준	분류기준(차량등록일)
	CRIT'Air Green(E) (녹색)	-	100% 전기차 및 수소차용 (도로 주차 무료 및 통행금지 지역 통행 허가)
1	CRIT'Air 1 (보라색)	Euro 5 & 6	2011년 1월 이후 등록된 가솔린차용
2	CRIT'Air 2 (노란색)	Euro 4	2006~2010년 등록된 가솔린차용
		Euro 5 & 6	2011년 1월 이후 등록된 디젤차용
3	CRIT'Air 3 (주황색)	Euro 2 & 3	1997~2005년 등록된 가솔린차용
		Euro 4	2006~2010년 등록된 디젤차용
4	CRIT'Air 4 (밤색)	Euro 3	2001~2005년 등록된 디젤차용
5	CRIT'Air 5 (회색)	Euro 2	1997~2000년 등록된 디젤차용

출처: http://www.certificat-air.gouv.fr/en/

〈그림 37〉 프랑스 파리 Crit'Air 라벨등급 제도

④ 독일 주요 도시

독일은 2005년부터 공청회를 거치면서 공해 차량 운행제한 EZ(Environmental Zone)를 시행하기 위해 충분한 준비 기간을 거쳐 2008년 1월부터 베를린, 쾰른, 하노버를 시작으로 EZ 제도를 시행하였다. EZ 존을 통과하기 위해서는 차량의 유리에 스티커를 부착해야 하며 스티커는 차량 배출가스 수준에 따라 4개의 배출그룹으로 서로 다른 색상의 스티커로 구분된다. 초기 2008년~2009년(Stage 1)으로 Euro2~3에 해당하는 차량이 운행 가능하였으며, 2010년(Stage2)로 7개 도시를 대상으로 Euro4 이상 경유차와 Euro1 이상의 휘발유 차에 해당하는 차량만 운행 가능하도록 하였다. 이후 2011년에는 72개 도시에서 EZ 제도를 시행하였다.

2018년 2월 27일 독일 법원은 슈투트가르트와 뒤셀도르프 시 당국이 경유차 운행은 제한해야 한다고 판결했다. 이에 따라 Euro4는 2019년 1월부터 Euro5 차량은 9월부터 운행제한을 시행하였다.

EZ 존은 1년 365일 내내 운영되고 있으며, 스티커 부착 여부를 통해 경찰이 단속하는 형태로 운영되고 있다. 위반 차량에 대해서는 벌금 80유로(약 10만원)과 벌점을 부과하고 스티커를 부착하지 않을 시 기준 적합 차량도 단속한다.

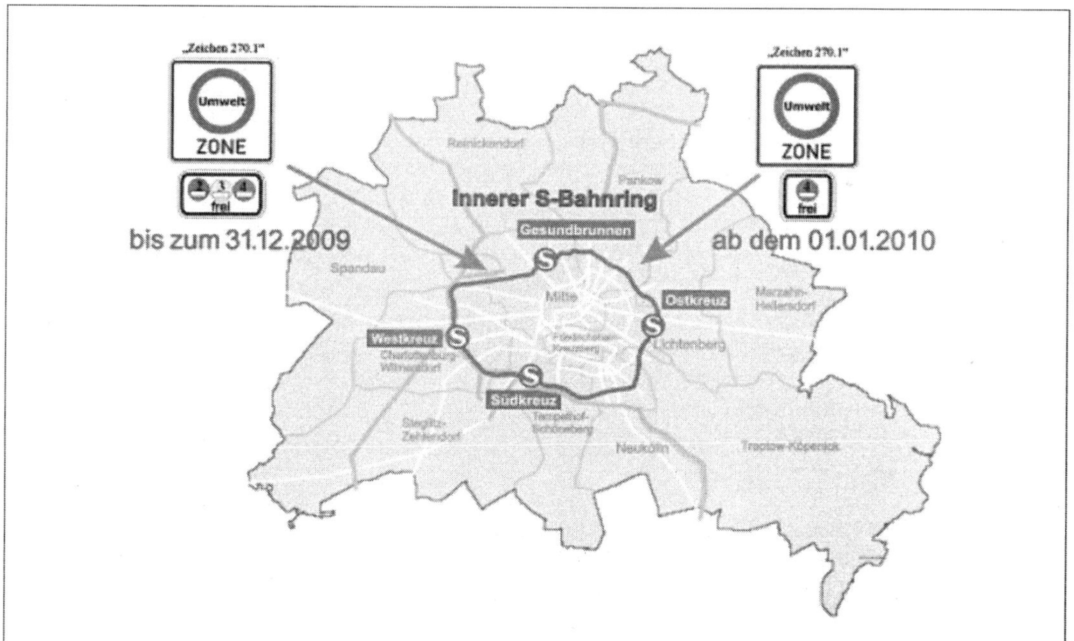

〈그림 38〉 독일 공해차량 운행제한 지역

⑤ 중국 베이징

중국은 2009년 베이징 주변 제5 순환도로 주변으로 운행차 제한 제도를 실시하였다. Euro1 차량에 황색 표지를 부여하고 운행 시 100위안 벌금을 부과하도록 조치하였으며, 2010년 LEZ를 제6순환 도로 주변으로 확장하고 교통수요 피크시간에 베이징 미등록 차량의 통행을 금지 시켰다. 2013~2017년까지 베이징 '5개년 청정 대기 행동 계획을 수립하여 2017년까지 대기오염 긴급 대응 프로그램을 통해서 PM2.5 수치 60$\mu g/m^3$, 25% 이상 감축 목표를 수립하였다. 이로 인해 베이징에 적색경보 발령 시에 차량 운행 제한, 차량 2부제, 교육기간 등교 연기를 시행하고 2013년부터 3년간 노후차 123만대를 퇴출한다고 발표하였다. 또한 자동차 등록제한 정책 추진으로 번호판을 추첨을 통해서 자동차 등록 대수를 제한하고 있다. 2018년 9월 Euro3 경유 화물차의 제6순환 도로 이내 운행을 제한하고 2018년 12월부터는 베이징 전역에서 Euro3기준 이하 경유 화물차 운행을 전면 금지하는 조치를 시행하였다. 2019년 11월 1일부터는 베이징 면허가 없는 외지인 차량의 운행을 제한하고 외지인 차량은 베이징 운행을 신차를 통해 연간 12회까지 신청할 수 있고 한번 승인 이후에는 연속 7일간 운행이 가능하도록 하였으며 결국 베이징 이외 지역에 등록된 차량은 베이징에서 운행 가능 일수를 연간 최대 84일로 제한했다. 중국은 2018년도 등록된 10만개 자동차 신규 번호판 가운데 6만대는 전기차 4만대는 가솔린차로 배정했고 경유차량을 위한 신규 번호판 배정을 하지 않는 강력한 규제를 시행하고 있다.

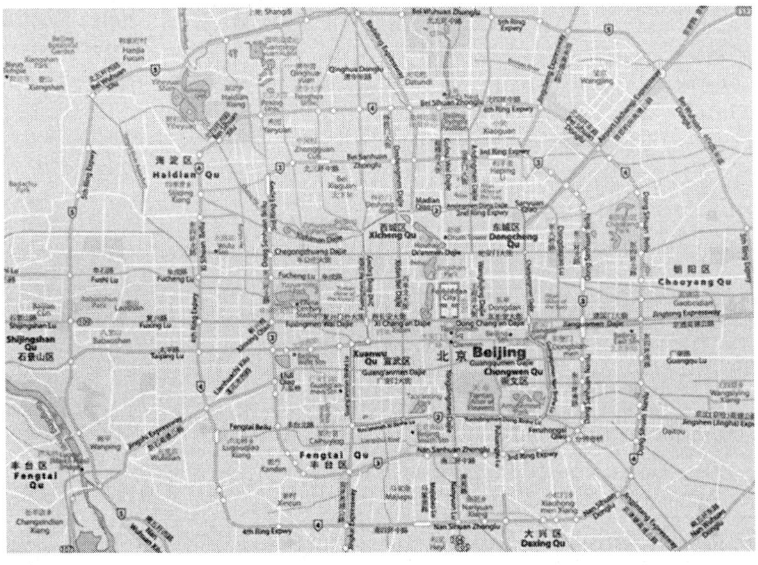

〈그림 39〉 중국 베이징 공해차량 운행제한 지역

01 배기가스뿐만 아니라 블로바이 가스나 증발가스 중에도 포함되어 있는 배기가스는?

① CO ② CO_2 ③ NOx ④ HC ⑤ PM

02 내연기관 자동차에서 연소과정 중 완전 연소 시 발생하는 물질은 무엇인가?

① CO ② CO_2 ③ NOx ④ HC ⑤ PM

03 무색, 무취의 유독가스이며 공기 부족 상태에서 연소될 때 발생하는 배기가스는?

① CO ② CO_2 ③ NOx ④ HC ⑤ PM

04 괄호안에 알맞은 말을 넣으시오.

① 디젤기관은 연료와 공기를 혼합시키지 않고 압축된 공기에 연료를 분사하여 연소에 필요한 공기는 모두 화염의 주변에서 (   )에 의해 공기와 연료를 서서히 혼합시키면서 연소하기 때문에 인젝터 주위는 국부적으로 (   )한 상태에서 생성된다.

② NOx는 엔진의 연소과정에서 (   ) 상태, 연소실온도 약 (   ) 이상에서 생성된다.

③ 배출가스 정밀검사는 그 검사방법으로 (   )방법을 기본으로 적용하고 있다.

05 녹색교통지역의 운행제한 단속 대상은 배출가스 몇 등급 차량인가?

① 배출가스등급 1등급 ② 배출가스등급 2등급
③ 배출가스등급 3등급 ④ 배출가스등급 4등급
⑤ 배출가스등급 5등급

2

친환경 자동차 개요

학습목표

1. 친환경 자동차의 정의와 종류에 대해 이해하고 설명할 수 있다.
2. 친환경 자동차의 산업시장 동향을 이해하고 설명할 수 있다.
3. 국내·외 친환경 자동차 보급 현황 및 미래전망 설명할 수 있다.

1 친환경 자동차의 정의 및 종류

국내외 기후 변화 및 배출 허용량 조정을 통한 자동차 배출가스 억제 등 자동차 부분에서 환경규제 강화에 대응하기 위해 CO_2 배출이 적고 연비가 우수한 환경친화적 자동차 시장이 주요 선진국들을 중심으로 급성장하고 있다.

국내의 경우 2000년 "천연가스버스 보급사업"을 시작으로 친환경차 보급 정책이 실시되었고, 2004년 「환경친화적 자동차의 개발 및 보급 촉진에 관한 법률」의 제정을 통해 친환경차 보급을 위한 정책 기반이 마련되었다.

친환경차는 "에너지 소비 효율이 우수하고 무공해 또는 저공해 기준을 충족하는 자동차"로 유사 개념으로는 저공해 자동차, 그린 전동 자동차 등이 있다. 대표적인 친환경 자동차는 하이브리드(HEV), 플러그인 하이브리드(PHEV), 전기자동차(BEV), 수소연료 전기차(FCEV)로 구분하는 것이 일반이며, 그 외에 태양광 자동차, 천연가스 자동차도 이에 해당된다.

2009년도에 정부는 '녹색성장정책'의 하나로 지구온난화의 주범인 CO_2 배출량이 가솔린 자동차 대비 적게 배출하고, 연료효율이 높은 디젤 자동차를 클린디젤이라 명하여 환경친화적 자동차에 포함시켰다. 그러나 최근 미세먼지로 인한 대기오염의 문제점이 대두되는 가운데 디젤기관의 연소과정에서 PM과 NOx 배출이 미세먼지의 주요 원인으로 인식되면서 2018년 11월 클린디젤 정책을 공식적으로 폐기된다. 한때는 친환경 차라며 다양한 혜택을 주고 소비를 권장했었지만 현재 디젤 자동차는 전 세계적으로 퇴출 수순을 밟고 있다.

구분	하이브리드(HEV)	플러그 인 하이브리드 (Plug-in HEV)	전기차(EV)	수소차(FCEV)
구성	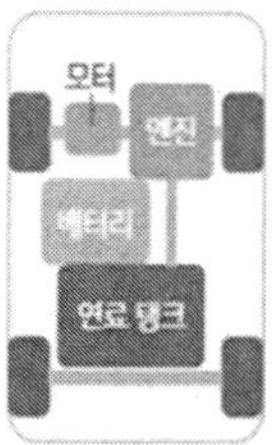	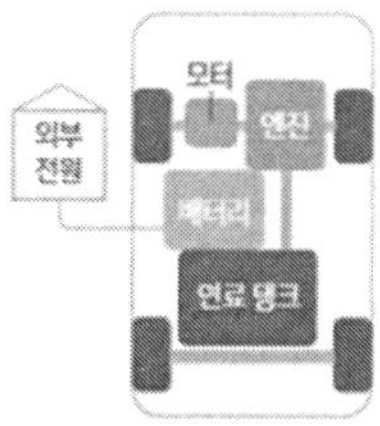	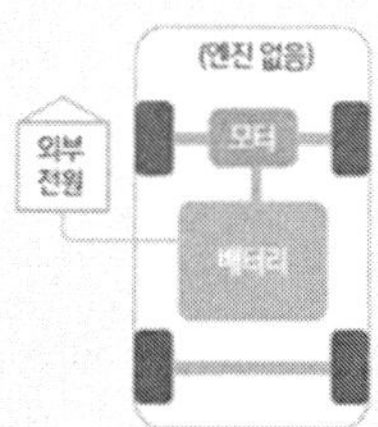	
구동원리	연료 엔진(주)과 모터(보조) 조합	모터(주)와 연료 엔진(보조) 조합	모터(외부에서 전기 충전)	모터(수소와 산소의 전기화학반응으로 전기 발생)
연료	화석연료, 전기	전기, 화석연료	전기	수소
배터리	0.9 ~ 1.8kWh	4 ~ 16kWh	10 ~ 30kWh	0.9 ~ 1.8kWh
특징	- 연비가 내연기관차 보다 우수하고 유해 가스 배출량이 적음 - 내연기관차 대비 구조가 복잡함	- 하이브리드 자동차와 전기차의 장점을 결합한 자동차 - 연비가 내연기관차 보다 우수하고 유해 가스 배출량이 적음 - 내연기관차 대비 구조가 복잡함	- 연료비가 휘발유차 대비 약 20~30% 저렴함 - 엔진이 없어 소음 및 진동이 적고, 배출가스가 발생하지 않음 - 충전시간이 오래 걸림	- 충전 소요시간이 5분 이내로 짧고, 장거리 운행이 가능함 - 배출가스가 발생하지 않음 - 연료공급 인프라의 신규 구축이 필요함

〈그림 40〉 친환경 자동차 종류 및 특징

들어가기 전에 알아두기

자동차 엔진의 원리

자동차 엔진은 연료를 연소시키는 과정에서 발생한 열에너지를 운동에너지로 바꿈으로써 자동차를 움직인다.

자동차 엔진의 4행정

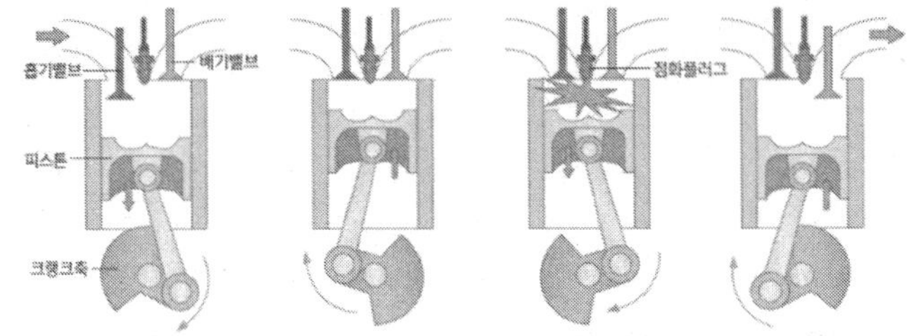

① 흡기 행정

흡기밸브 열림, 배기밸브 닫힘 상태에서 피스톤이 하강하면 실린더 내부는 압력이 감소하여 흡기밸브로부터 공기와 연료가 섞인 혼합기가 흡입된다.(디젤 엔진의 경우 공기만 흡입)

② 압축 행정

흡기밸브 닫힘, 배기밸브 닫힘 상태에서 피스톤이 반전하여 상승하면 실린더 내에 충만한 공기 또는 혼합기를 압축하여 연소실 내에 가두어둔다.

③ 연소·팽창(동력) 행정

흡기밸브 닫힘, 배기밸브 닫힘 상태에서 피스톤이 상부에 이르렀을 때 점화 플러그에서 전기 불꽃이 튀어서 혼합기가 연소함으로써 가스가 팽창하여 피스톤을 밀어 내린다. 디젤 엔진의 경우 점화 플러그 대신에 연료 분사 장치를 통해 실린더 내의 압축된 고온·고압의 공기 중에 연료를 고압으로 분사시켜 자기착화에 의해 연소된다.

④ 배기 행정

흡기밸브 닫힘, 배기밸브 열림 상태에서 피스톤이 반전하여 상승하면서 실린더 내의 팽창한 가스를 배기밸브를 통해 밀어낸다. 그 후에 또다시 흡기행정으로 되돌아간다.

2행정 엔진과 4행정 엔진

자동차에 사용되는 엔진은 작동방식에 따라 '2행정 엔진'과 '4행정 엔진'으로 구분된다.

2행정 엔진은 크랭크축의 1회전(피스톤의 1회 상하운동을 '1행정'이라 하며, 2행정 마다 크랭크축이 1회전을 함) 마다 폭발이 일어나기 때문에 비교적 엔진 구조가 간단하고 출력이 크다. 다만, 저속회전에서는 배기·흡기가 완전히 행해지지 않아 회전이 불안전하고 연료가 배기에 섞여 나오는 문제가 있어 오늘날 이륜차에서만 사용되고 있다.

4행정 엔진은 크랭크축의 2회전 마다 1회의 폭발이 일어나기 때문에 비교적 회전력이 균일하고, 저속회전도 안정적이다. 또한, 연료 경제성도 높아서 오늘날 대부분의 자동차에 사용되는 엔진이다.

가솔린 엔진과 디젤 엔진

가솔린 엔진은 가솔린(휘발유)을 연료로 사용한다. 공기와 연료가 섞인 혼합기를 실린더 내에 유입시킨 후 점화플러그에서 전기 불꽃을 튀어서 혼합기를 연소시킴으로써 동력을 얻는다. 가솔린 엔진에서 압축비는 8~11:1로 디젤 엔진보다 낮다. 가솔린 엔진은 매연 발생이 극히 적고, 후처리 장치로 배출가스 정화가 상대적으로 용이하다.

디젤 엔진은 디젤(경유)을 연료로 사용한다. 가솔린 엔진과 달리 실린더 내에 공기만을 흡입하여 고압으로 압축하여 고온이 된 상태에서 연료를 분사해주면 스스로 불이 붙어 연소하는 자기착화방식이 특징이다.

디젤 엔진의 압축비는 가솔린 엔진의 약 2배인 15~22:1로 높다. 이에 따라 연소효율이 좋아 연비가 높은 장점이 있는 반면, 고압펌프와 튼튼한 엔진 사용 중으로 중량이 증가하고 마찰손실도 많아져 소음과 진동이 커지는 단점이 있다.

가솔린 엔진과 디젤 엔진 비교		
구분	가솔린 엔진	디젤 엔진
연료	휘발유	경유
연료 공급방식	공기와 혼합기 형태로 공급	실린더 내에 직접분사
연료압력	2~3kg/cm^2	120~140kg/cm^2
점화방식	점화 플러그	압축열에 의한 자기착화
소음	작음	큼
압축비	8~11:1	15~22:1
착화(연소)온도	360℃~380℃	360℃

자동차 바퀴의 구동 원리

피스톤의 왕복에 의해 운동에너지가 발생하는데, 이때 피스톤과 연결된 크랭크축이 회전을 하면서 자동차는 구동력을 얻게 된다. 이를 동력전달 장치(클러치 → 변속기 → Propeller shaft → 차동장치 → 바퀴)를 통해 바퀴에 전달하여 자동차를 주행시키게 된다.

자동차 동력전달 개요

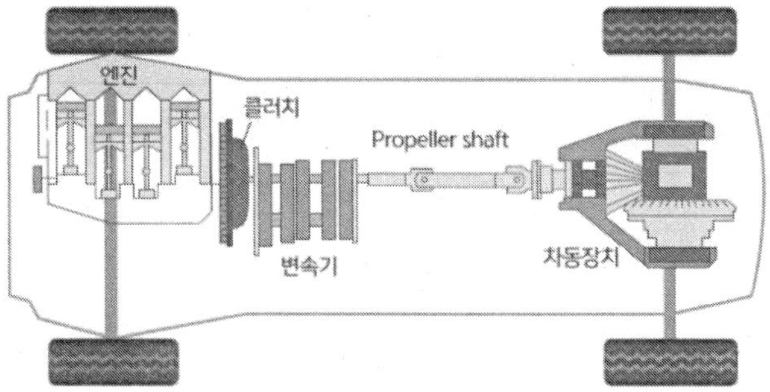

01 하이브리드 자동차

하이브리드차는 엔진과 모터 두 개의 동력원으로 움직인다. 출발과 저속 주행 시에는 내연기관의 특성상 효율이 저하되는 구간으로 엔진 가동 없이 모터 동력만으로 주행한다. 또한 배터리 충전은 '회생제동' 방식을 통해 이루어지는데, 그 원리는 감속이나 제동 시 모터가 발전기로 전환되어 전기를 생성하여 배터리를 충전하는 방식이다. 이러한 부분들로 인해 기존의 내연기관 차량 보다 연비 효율이 40% 이상 높고 배출가스 또한 저감된다.

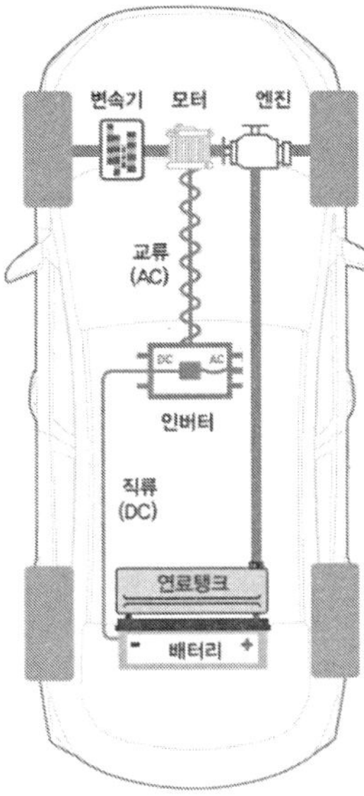

그리고 엔진출력과 모터 출력이 함께 사용할 수 있어큰 구동력이 필요한 오르막길 등에서도 등판 능력 및 가속성능이 우수하고 또한 정숙함을 갖는 장점이 있다.

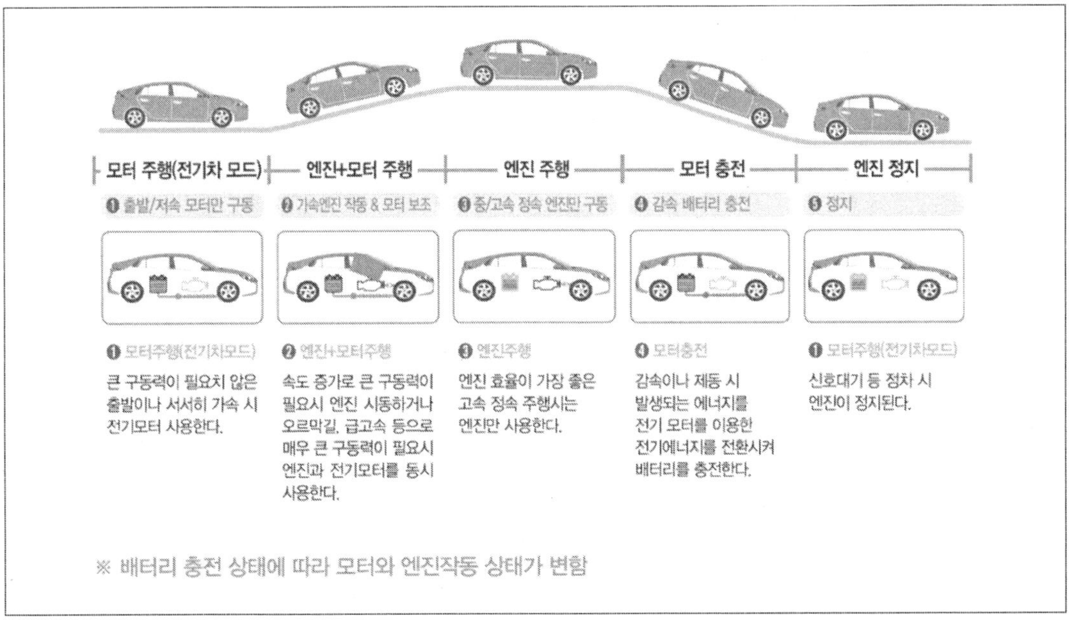

〈그림 25〉 하이브리드 자동차

⓪② 플러그인 하이브리드 자동차 (Plug-in Hybrid Electric Vehicle)

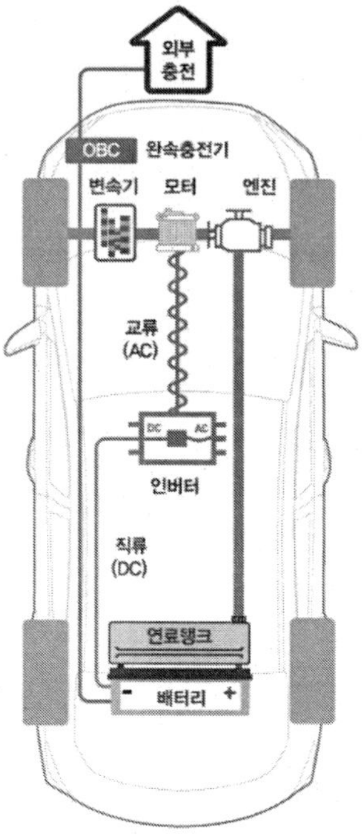

플러그인 하이브리드 자동차는 엔진 동력과 모터 동력 두 개의 동력원을 사용하여 차량을 구동하는 면에서 하이브리드 자동차와 동일하다. 하지만 플러그인 하이브리드 자동차는 기존 하이브리드 자동차과 다르게 모터에 추진 에너지를 공급하기 위해서 외부 전원으로부터 배터리를 충전하여 저장할 수 있는 하이브리드 자동차이다.

플러그인 하이브리드의 장점은 배터리 용량의 증가로 전기 자동차 모드와 하이브리드자동차 모드로 주행이 가능하여 30~40km의 출퇴근 거리를 연료 소모 및 배출가스 배출 없이 전기자동차 모드로만 주행 가능하며, 장거리 이동 시에는 배터리 전력을 소진하더라도 엔진 동력원으로 주행할 수 있다. 전기 자동차 모드의 주행기능 강화되어 하이브리드자동차 대비 배기가스 40~50% 저감하는 효과를 얻었다. 플러그인 하이브리드 자동차는 완속 충전기 및 220V 가정용으로 충전할 수 있다.

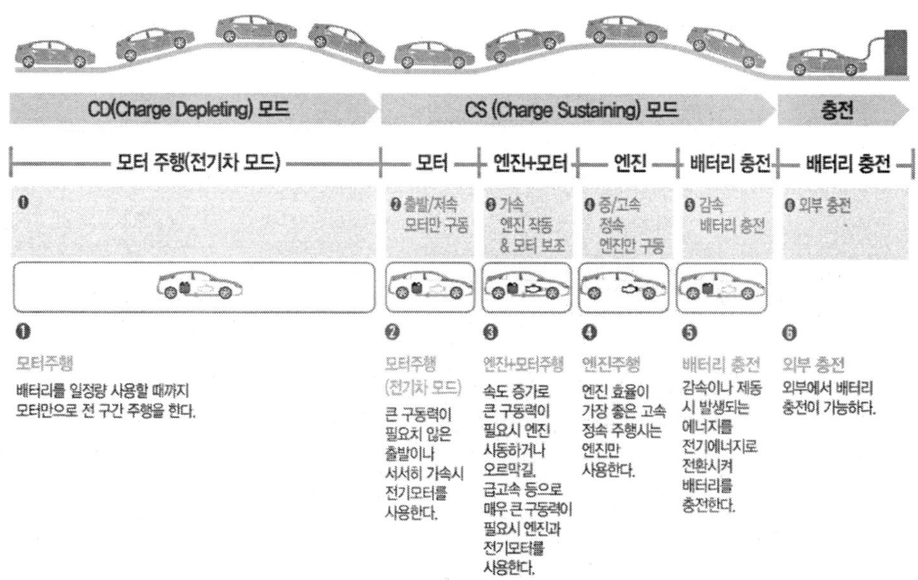

〈그림 26〉 플러그 인 하이브리드 자동차 주행상황 별 제어

03 전기자동차 (Electric Vehicle)

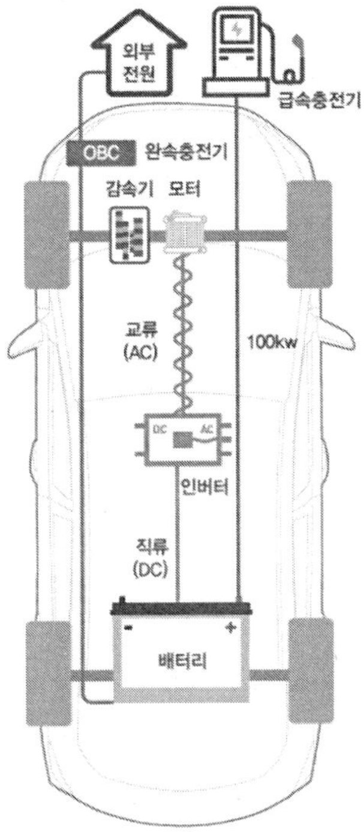

기존 엔진의 동력원 없이 고전압 배터리를 사용하여 전기 에너지를 전기모터로 공급하므로 구동력을 얻는 차량으로, 화석연료를 전혀 사용하지 않기 때문에 차량 주행 중에는 배출가스와 온실가스를 전혀 배출하지 않는 Zero-emission 차량이다.

전기자동차는 1회 충전으로 항속거리가 제한적이며, 특히 겨울철 전기가 이동하는데 저항이 증가됨에 따라 항속거리가 짧아지는 특성이 있다.

전기자동차의 충전은 완속 충전기와 급속충전기를 통해 충전할 수 있으며, 220V 가정용으로도 충전이 가능하다.

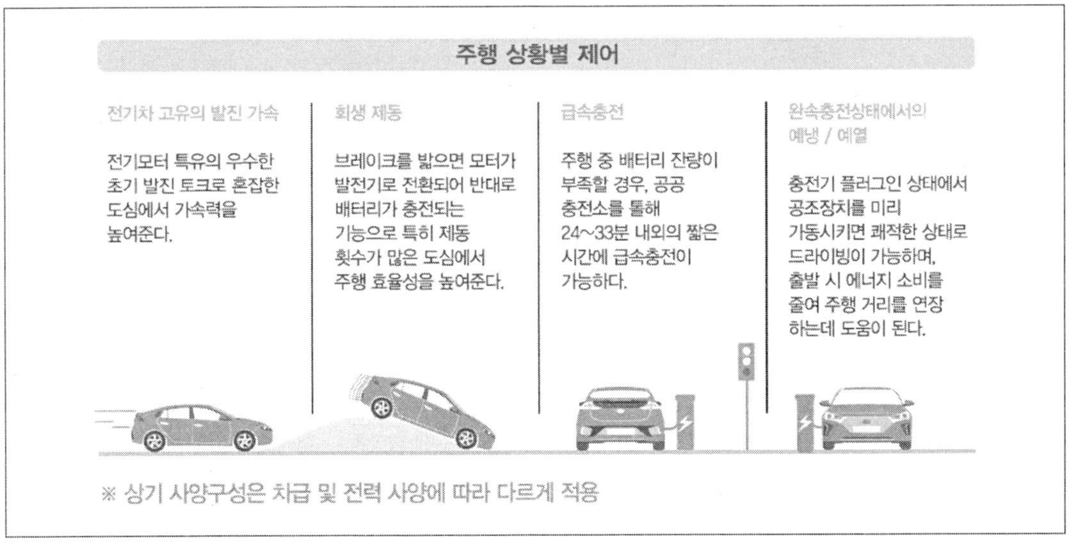

〈그림 27〉 전기 자동차 주행 상황별 제어

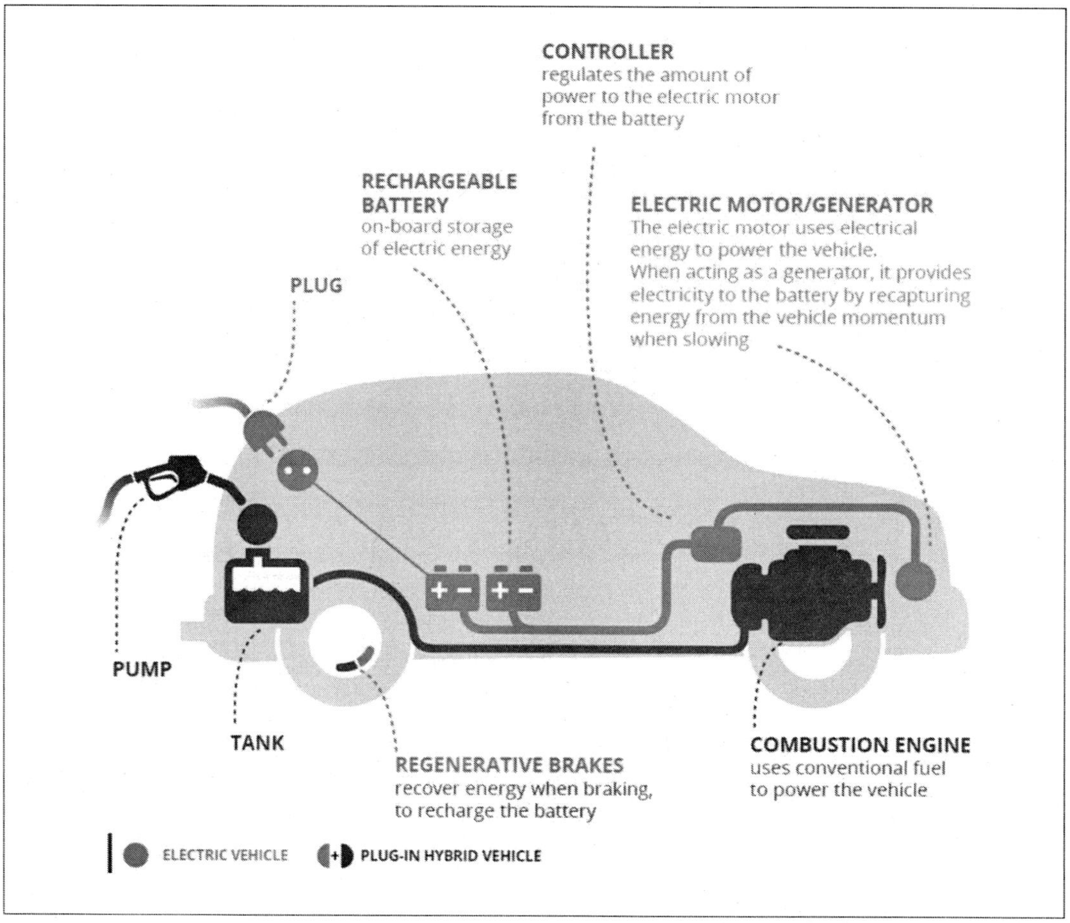

〈그림 28〉 플러그인 하이브리드와 전기자동차의 차이

04 수소 연료전지 자동차 (Fuel Cell Eletric Vehicle)

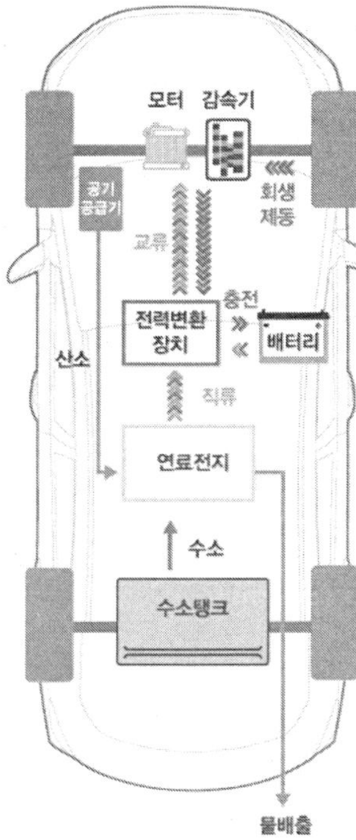

수소 연료전지 자동차는 전기자동차와는 다른 형태로 저장된 전기를 사용하는 것이 아닌 전기를 생성하여 구동하는 자동차이다. 이는 수소와 공기 중의 산소를 반응시켜 얻는 전기를 이용하여 모터를 구동하는 방식의 자동차로서 물 이외의 배출가스를 배출하지 않아 각종 유해물질이나 온실가스로 인한 환경피해를 해결할 수 있는 차세대 친환경 자동차이다.

수소 연료전지 자동차의 발전원리는 수소가 연료전지 스택에 공급되면 수소이온과 전자로 분해되고 이때 발생한 전자들은 외부 회로를 거치며 전류를 발생시키게 된다. 이 전류를 이용하여 연료전지 자동차의 모터를 구동하는 동력원으로 사용된다. 그리고 수소에서 분리된 수소이온들은 전해질 막을 통과해 막 반대편의 연료전지에 공급된 산소와 반응하여 물이 생성된다. 이때 생성된 물은 수소 연료전지 자동차의 유일한 배출물이고, 남은 공기와 함께 대기로 배출된다.

수소 연료전지 자동차는 충전시간이 짧아 3~10분 내로 완전히 충전되고 1회 충전으로 최대 약 400km정도 주행할 수 있다.

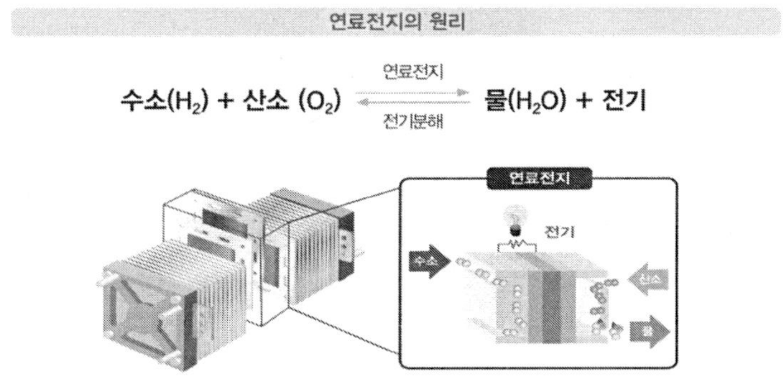

〈그림 29〉 연료전지의 원리

구분	개념도	특징
하이브리드차	■ 구동 : 엔진 + 모터 ■ 연료 : 화석연료 +전기 배터리 0.9 ~ 1.8kWh 	주행 중 대용량 배터리 충전 / 방전
플러그인 하이브리드차	■ 구동 : 엔진 + 모터 ■ 연료 : 화석연료 +전기 배터리 4 ~ 16kWh 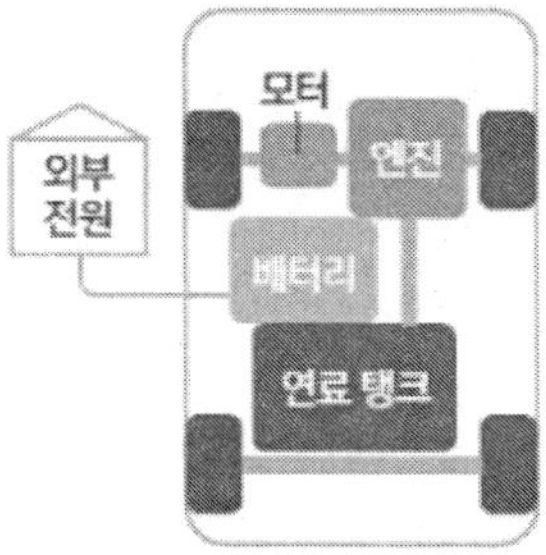	외부 전원에서의 전력 공급
전기차	■ 구동 : 모터 ■ 연료 : 전기 배터리 10 ~ 30kWh 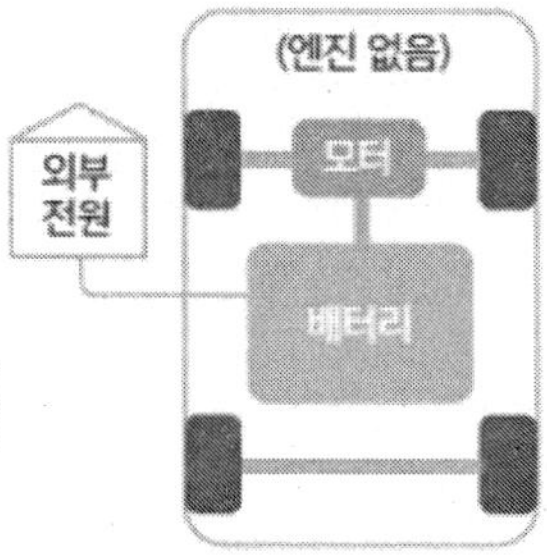	순수 전기 에너지로 구동 (엔진 없음)
수소차	■ 구동 : 모터 ■ 연료 : 수소 배터리 0.9 ~ 1.8kWh 	연료전지 내 수소 / 산소 전기화학 반응으로 전기 생산 / 구동

〈그림 30〉 친환경 자동차별 특징

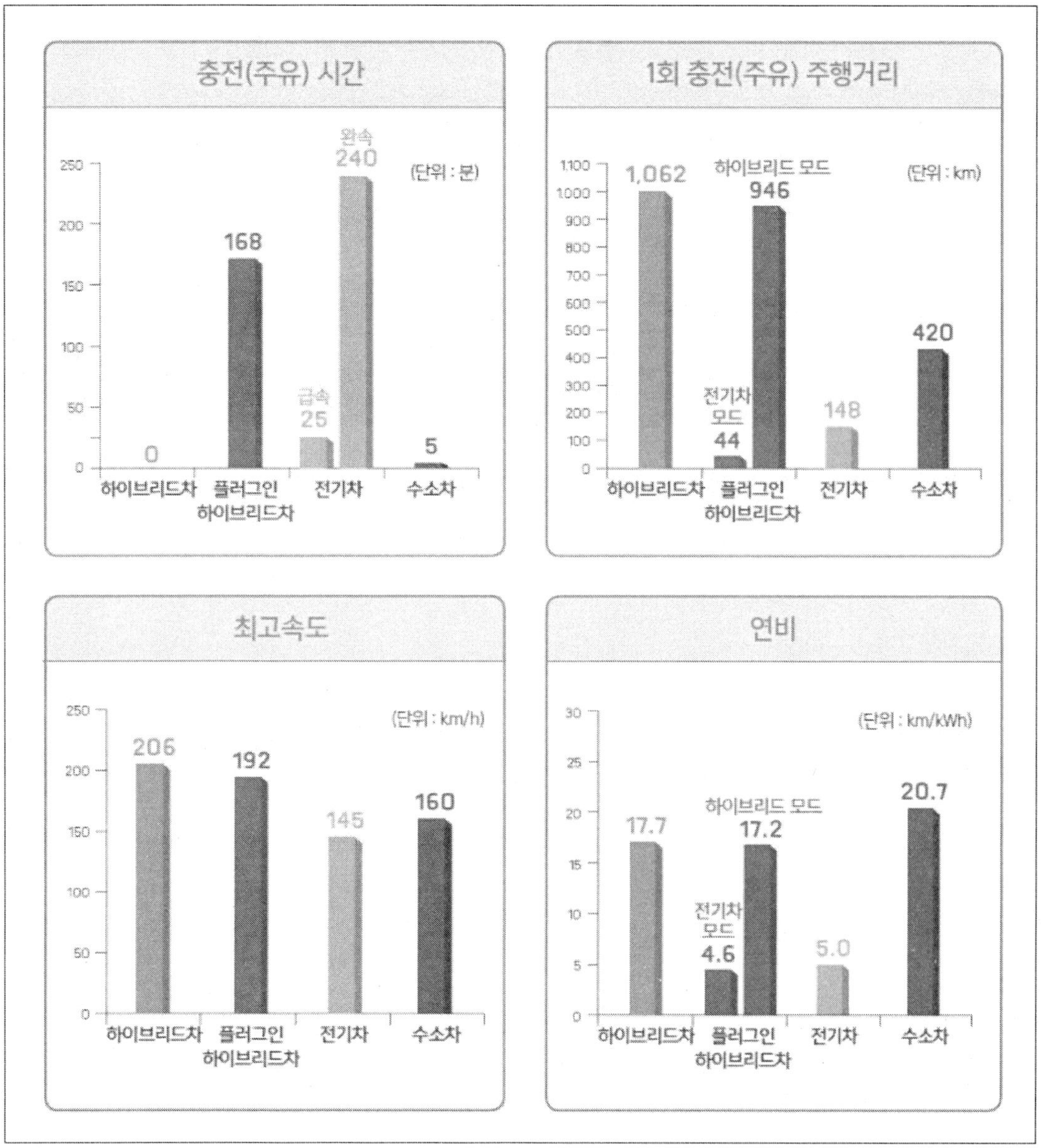

〈그림 31〉 친환경 자동차별 주행특성

구분	장 점	단점
전기차 (EV)	▪ 무공해 ▪ 저렴한 충전비용	▪ 짧은 주행거리 – 한번 충전 후 200km 내외 ▪ 긴 충전시간 – 급속 30분, 완속 4시간 이상
수소차 (FCEV)	▪ 무공해 ▪ 긴 주행거리–한번 충전 후 약 500km 주행 ▪ 짧은 충전시간(5분)	▪ 충전소 부족
플러그인 하이브리드차 (PHEV)	▪ 단거리 주행시 전기로만 주행가능 ▪ 장거리 주행시 충전 불필요	▪ 전기 · 수소차보다 환경개선 효과 적음
하이브리드차 (HEV)	▪ 내연기관차보다 높은 연비 ▪ 충전 불필요	▪ 플러그인하이브리드차 보다 환경개선 효과 적음 ▪ 전기차, 플러그인하이브리드차 보다 비용저감효과 적음

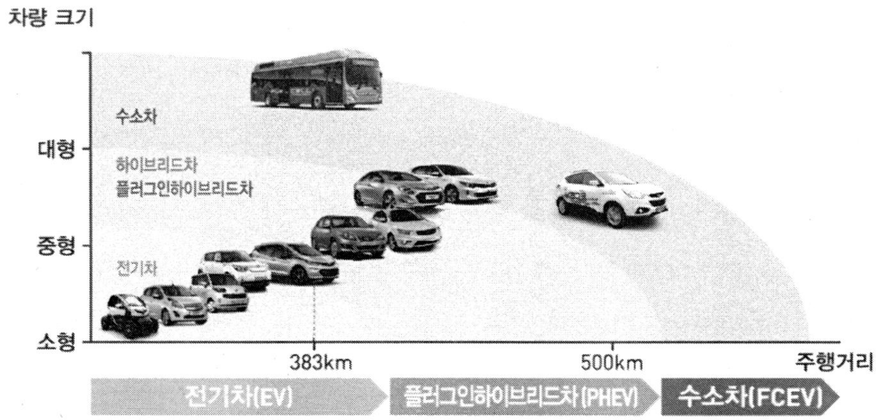

〈그림 32〉 친환경 자동차별 장단점

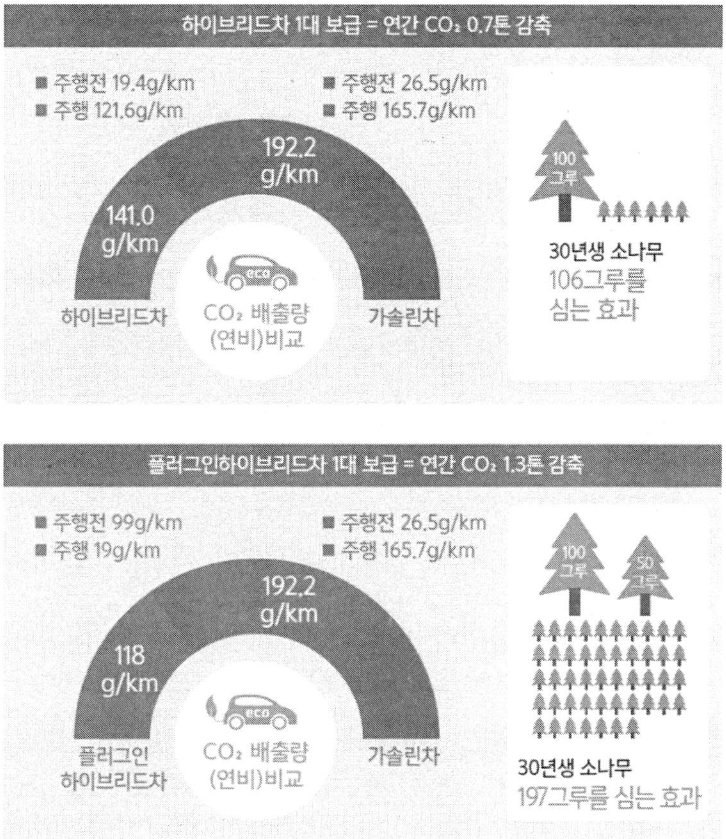

※ 30년생 소나무 1그루 당 연간 CO_2 흡수량 : 6.6kg
– 근거 : 「주요 산림수종의 표준 탄소흡수량」 (2013년 11월, 국립산림과학원)

〈그림 33〉 친환경 자동차 배기가스 저감 효과

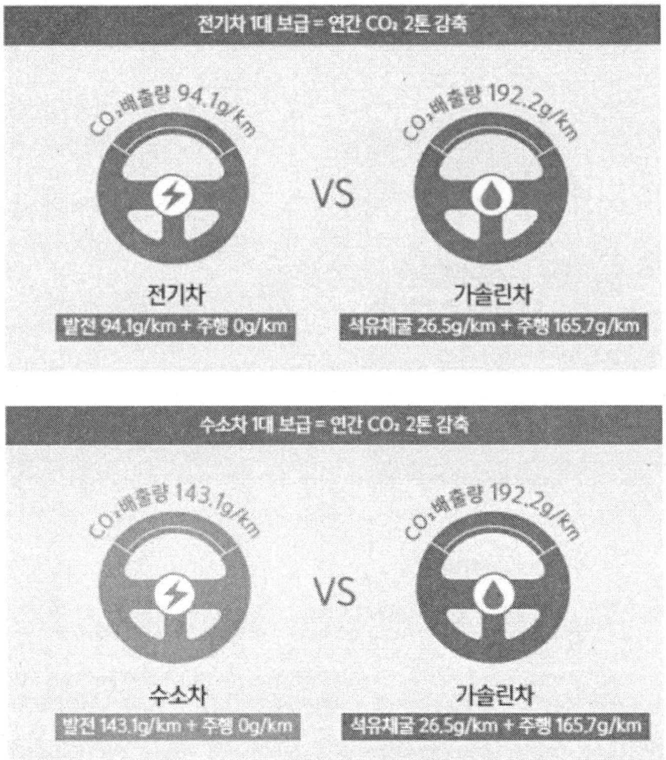

〈그림 34〉 친환경 자동차 배기가스 저감 비교

2 친환경 자동차 시장 전망

01 국내 친환경차 시장 현황 및 전망

국내 친환경 자동차 판매 규모는 지속적인 성장세를 보이고 있으며 예전에 미비한 판매량에서 점차 친환경 자동차가 차지하는 규모도 점점 확대되고 있다. 친환경 자동차의 최근 판매 추이를 살펴보면 내수의 경우 2020년 1월 대비 2021년 1월에 126.4% 증가한 17,992대를 판매하였으며, 수출은 2020년 1월 대비 2021년 1월에 76.5% 증가한 32,035대로 내수 및 수출이 모두 증가하는 상황이다. 내수시장의 차종별 증감률은 HEV가 128.6% PHEV가 484.5% FCEV가 75.3% BEV가 50.6%의 성장세를 보이고 있다. 특히 국산 HEV와 PHEV가 내수 판매에 호조세를 견인하고 있는 실정이다.

수출의 경우 친환경 자동차 수출액이 역대 최고 기록인 9억 불을 달성하여 전체 자동차 수출의 약 25%를 차지하여 수출구조 전환이 가속화 되고 있다. 이는 전체 승용차 수출량의 17.3% 전체 승용차 수출액의 22.6%를 차지하는 수치이다. 또한 2021년 차종별 수출액 비중은 전기·수소자동차가 9.9% 상승하여 4억불, HEV가 10.2% 상승하여 4.1억불, PHEV 2.5% 상승하여 1억불의 비중을 차지하고 있다. 차종별 수출대수 증감률은 HEV 81.4%, BEV 57.7%, PHEV 133.8% FCEV 25.3% 증가하였으며, 특히 BEV 수출이 42개월 연속 증가하여 새로운 수출 동력으로 부상하고 있다.

이처럼 최근 친환경 자동차 시장이 급속하게 성장하는 추세로 향후 점차 내연기관이 차지하고 있는 비중이 줄어들고, 친환경 자동차로의 성장 확대가 예상되는 상황이다.

| 표 19 | 2021년 1월 친환경 자동차 차종별 내수 현황

(단위 : 대, %)

구분	'21.1월	'20.1월	'20.12월	전월비	전년동월비
합계	17,992	7,946	25,692	△30.0	126.4
하이브리드(HEV)	15,883	6,948	19,693	△19.3	128.6
전기차(EV)	313	634	2,329	△86.6	△50.6
플러그인하이브리드(PHEV)	1,654	283	3,337	△50.4	484.5
수소차(FCEV)	142	81	333	△57.4	75.3

* 자료 : 한국자동차산업협회, 한국수입자동차협회(재구성)

| 표 20 | 2021년 1월 친환경 자동차 차종별 수출 현황 (단위 : 대, %)

구분	'21,1월	'20.1월	'20.12월	전월비	전년동월비
합계	32,035	18,153	21,739	47.4	76.5
하이브리드(HEV)	16,611	9,156	10,839	53.3	81.4
전기차(EV)	11,454	7,264	8,977	27.6	57.7
플러그인하이브리드(PHEV)	3,876	1,658	1,793	116.2	133.8
수소차(FCEV)	94	75	130	△27.7	25.3

* 자료 : 한국자동차산업협회(재구성)

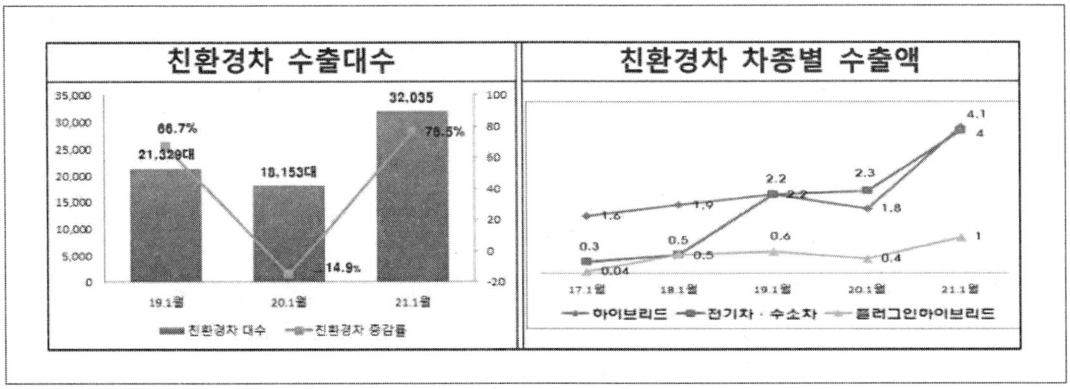

〈그림 35〉 친환경 자동차 수출 추이(대, %, 억불)

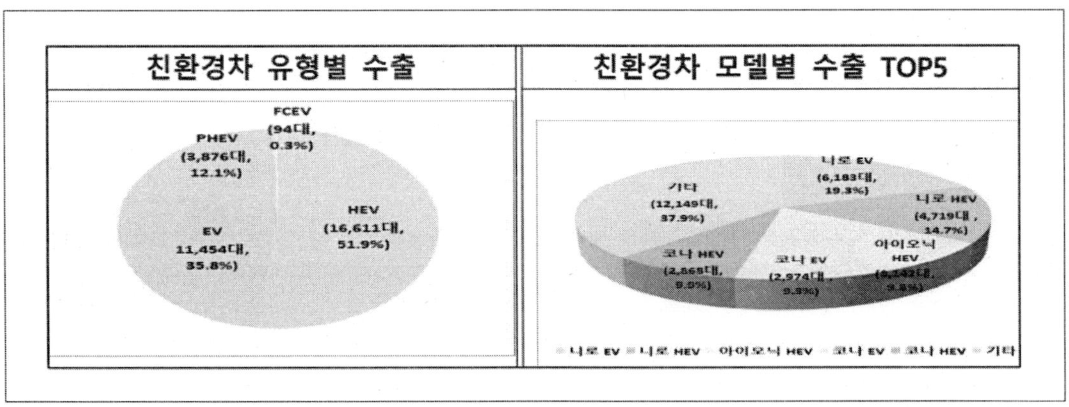

〈그림 36〉 친환경 자동차 유형별·모델별 수출 현황(대, %)

| 표 21 | 친환경 자동차 내수 판매 추이

	2015	201	2017	2018	2019	2020
전체	31,703	52,058	74,728	96,051	110,343	129,900
HEV	29,017	46,525	61,018	62,136	75,966	97,671
BEV	2,557	5,296	13,303	29,441	29,807	26,907
PEV	128	157	346	730	376	234
FCEV	-	80	61	744	4,194	5,088

* 주 1월~10월 실적

| 표 22 | 업체별 친환경차 생산 및 수출 현황

구분	현대		기아		르노삼성	
	생산	수출	생산	수출	생산	수출
BEV	70,478	51,989	55,553	45,900	2,461	1,357
PHEV	7,325	5,346	17,087	16,387	-	-
FCEV	5,793	889	-	-	-	-
HEV	107,956	61,108	95,085	41,281	-	-
합계	191,552	119,332	167,725	103,568	2,461	1,357

02 세계 친환경차 시장 현황 및 미래전망

2019년도 전 세계 HEV 시장은 100여 차종의 모델이 판매되며 2018년도 대비 17.9% 성장하여 약 276만 대가 판매됐다. HEV 시장은 토요타가 수십 년 동안 주도하면서 66%의 점유율을 기록했다. 토요타의 코롤라 하이브리드가 31만대 판매되어 최고 판매량을 갱신하였다. 뒤를 이어 토요타 RAV4 하이브리드가 24만 9,891대, 프리우스 17만 5,434대, C-HR 하이브리드 16만 2601대, 야리스 하이브리드 12만7,759대, 프리우스 C 10만 3,138대, 캠리 하이브리드 9만 9,963대, 기아 니로 하이브리드 8만 6,311대, 닛산 노트 하이브리드 8만 2,103대, 렉서스 ES300h 하이브리드 7만 2,777등의 순으로 판매되었다.

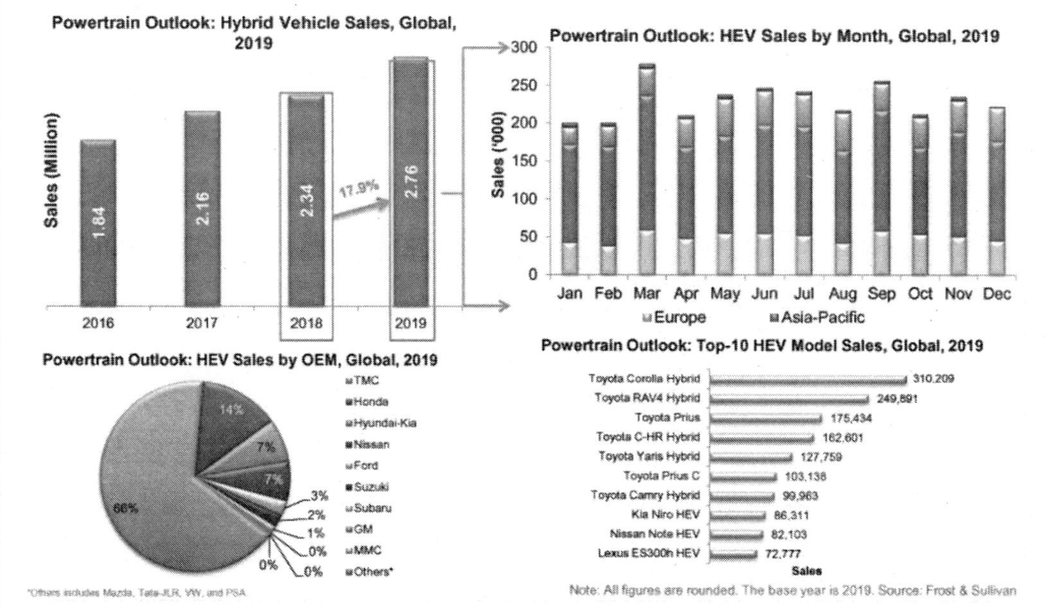

풀 하이브리드 시장 현황

출처 | Frost & Sullivan(2020. 5)

〈그림 37〉 세계 HEV 시장 현황

48V 마일드 하이브 리드 시장도 확대되는 추세이다. 2018년도 30만 대에서 2019년도 135만 대로 309.1% 급격하게 성장했다. 이로 인해서 자동차 업계 배출가스 규제를 준수하는데 기여하였다. 폭스바겐과 FCA가 시장의 리더인 만큼 2021년에는 48V 마일드 하이브리드 시장의 표준이 될 것으로 기대되고 있다. 48V 마일드 하이브리드의 모델은 이산화탄소 배출량이 기존 내연기관의 변조에 대비해 약 25~30g/km가 감소하는 것으로 나타났다. 완성차 업계는 연비 규제 준수를 위해 내연기관 차량의 하이브리드화에 초점을 두어 48V 마일드 하이브리드 시스템의 적용이 확대될 것이다. 현재 48V 마일드 하이브리드 시장에는 50여 종 이상의 모델들이 출시되었고 향후 점차 이 시장은 확대될 것으로 전망된다.

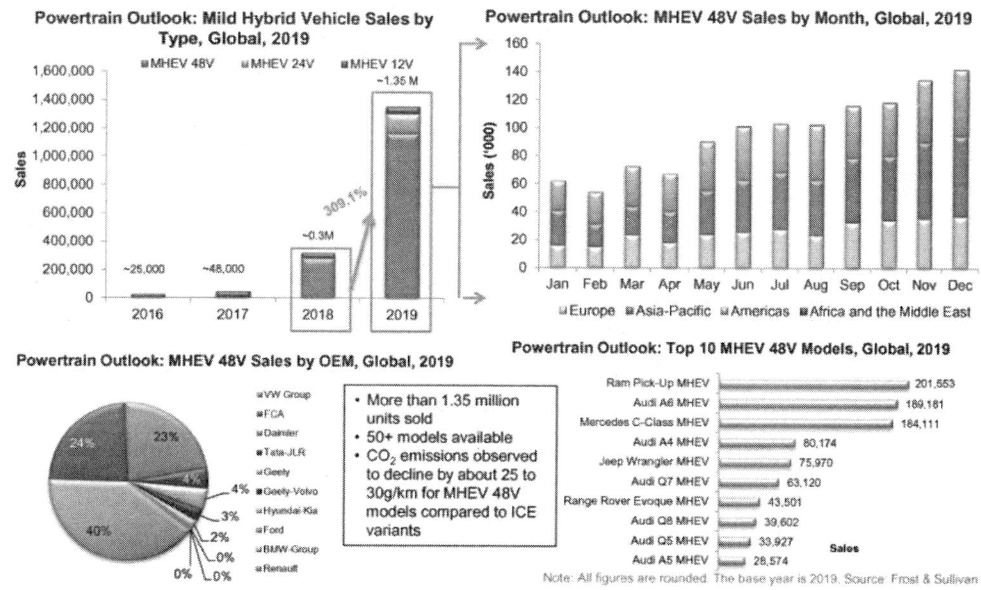

마일드 하이브리드 시장 현황

출처 | Frost & Sullivan(2020. 5)

〈그림 38〉 세계 48V 마일드 하이브리드 시장 현황

2020년도 코로나19에도 불구하고 전기자동차 판매가 급증하였다. 2020년도 자동차 시장은 20% 축소하였지만 전기차 비중은 2019년도 2.5%에서 2020년도 4.2%로 증가하였다. 탄소 감축 정책과 기술의 발전으로 인한 요인으로 해석된다. 2019년도 전기차 판매량은 226만 대였고, 2020년도에는 43% 증가한 324만 대가 판매 되었다. 유럽의 전기차 시장이 급격히 증가하였다. 2019년도 대비 137% 성장하면서 140만대가 판매되어 2015년도 이래 처음으로 중국의 전기 수소차 판매를 뛰어넘었다. 이는 새로운 전기차 모델 출시와 그린 뉴딜 정책 자금인 유럽의 신차판매 제한 기준 2021년도 이산화탄소 배출을 1km당 95g, 2030년도에는 59g을 제시하는 정책과 전기차의 성능 향상, 대대적인 홍보 등에 따른 것으로 분석된다.

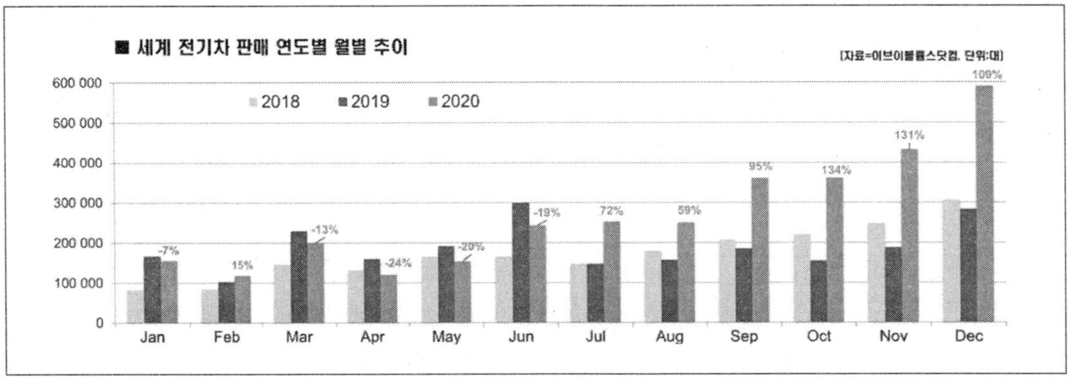

〈그림 39〉 세계 전기차 판내 연도별, 월별 추이

유럽(영국 포함)하여 전체 차종 가운데 BEV와 PHEV가 차지하는 비중이 2019년도에 3.3%에서 2020년도에 10.2%로 높은 성장세를 보였다. 중국의 전기수소차 비중은 2019년도 5.1%에서 5.5%로 상대적으로 소폭 증가하였다.

미국은 자동차 시장이 15% 축소되는 상황에서 BEV는 4% 성장을 하였는데 대부분 테슬라의 새모델 (Y) 덕택이었다. 일본의 경우 정기차 판매량은 3만1천대로 2019년도 대비 28% 성장하였으며, 캐나다는 4만7천대로 7% 감소된다. 대만은 7천대가 판매되어 308% 성장했다.

현재 유럽을 중심으로 해외 주요국들이 10년안에 내연기관 자동차의 퇴출을 예고하고 있는 상황과 그린뉴딜 정책등으로 인해 향후 친환경차 시장은 확대될 것으로 예상된다.

2021년도에 150여개의 새로운 BEV와 PHEV 모델이 출시 예정이고, 더욱 친환경 자동차 시장이 팽창될 것으로 기대된다.

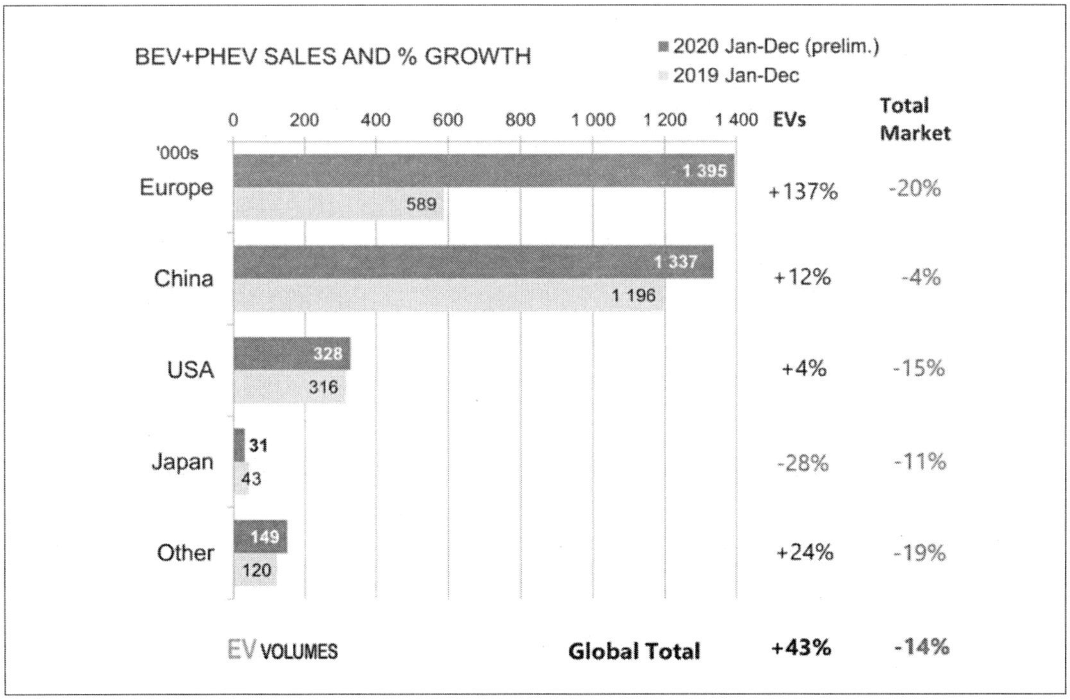

〈그림 40〉 전세계 BEV+PHEV 판매량

01 친환경 자동차의 종류를 쓰시오.

02 국내 친환경차 중 가장 많은 판매 비중을 차지하는 차종을 쓰시오.

03 괄호 안에 알맞은 말을 넣으시오.

① 하이브리드 자동차의 (　　　　)은 감속이나 제동 시 모터가 발전기로 전환되어 전기를 생성하여 배터리에 충전하는 시스템이다.

② 플러그인 하이브리드의 장점은 (　　　　) 모드와 하이브리드자동차 모드로 주행이 가능하여 배터리 전력을 소진하더라도 엔진 동력원으로 주행이 가능하다.

③ 전기자동차는 (　　　　) 배터리에서 전기에너지를 전기모터로 공급하여 구동력을 발생시키는 차량으로, 주행 중 배출가스와 온실가스를 전혀 배출하지 않는 Zero-emission 차량이다.

④ 수소 연료전지 자동차는 수소와 공기 중의 (　　　　)를 직접 반응시켜 전기를 생산하는 연료전지를 이용하는 자동차로서 (　　　　) 이외의 배출가스와 온실가스를 발생시키지 않는다.

04 PHEV와 HEV의 차이점에 대해 서술하시오.

05 BEV에 대비하여 PHEV의 장점에 대해 서술하시오.

하이브리드자동차 개론

Ⅱ

이번 단원 하이브리드자동차 개론에서는 하이브리드자동차의 탄생한 배경, 역사 통하여 하이브리드자동차의 필요성과 시장현황 및 기술동향을 알아보고 시스템 구성 개요를 전체다이어그램으로 제시하여 기본시스템 구성의 요목별 학습하여 하이브리드 시스템을 이해하고자 한다.

1 하이브리드자동차의 등장배경

학습목표

1. 하이브리드자동차가 필요성을 설명할 수 있다.
2. 하이브리드자동차의 개발역사를 이해하고 설명할 수 있다.
3. 하이브리드자동차의 시장현황 및 기술동향을 설명할 수 있다.

1 하이브리드자동차의 필요성

하이브리드의 뜻은 서로 다른 성질을 가진 요소가 둘 이상 뒤섞임을 말한다. 즉 다른 조건의 조합으로 이루어진 형태의 결과물을 의미하는 말이다.

각종 국제회의에서는 지구 환경문제에 대한 많은 규제들을 제시하고 있는 실정이다.

특히 지구 온난화, 오존층 파괴, 산성비의 피해 등은 자동차에서 배출되는 가스로 인한 밀접한 관계가 있음이 인식되고 있다.

자동차의 배기가스 성분 중 이산화탄소(CO_2)는 지구온난화에 가장 큰 영향을 미치고 있고 황산화물(SOx) 및 질소산화물(NOx)에 의해 발생되는 산성비는 직접적인 피해를 입히며, 입자상 물질(PM)과 질소화합물(NOx)는 미세먼지에 주요인이라 할 수 있다.

스톡홀름에서 1972년 세계 최초로 국제적 차원에서 UN의 '인간 환경 선언'이 공고된 이후 지구 온난화 및 산성비, 오존층 파괴 등 지구환경 문제가 심각해지고 그로 인해 문제가 어느 한 국가에 국한되지 않고 지구 전체에 영향을 미치게 됨으로 1980년대 중반부터 지구환경 보존에 대한 부분이 세계적으로 이슈가 되고 있다.

아울러 지구 환경 오염에 대처하기 위해서 구속력을 갖는 환경 협약이 체결되어야 한다는 인식이 선진국을 중심으로 증폭되면서 국제 환경 협약들이 속속 발효되고 있어서 환경에 대한 문제들을 더 이상 양보할 수 없는 문제로 인식되고 있다.

또한 유럽을 중심으로 선진국들이 자국의 환경 보호를 위하여 환경 기준을 강화하고, 관련 기준을 충족하지 못하는 제품은 수입을 금지하거나 생산자에서 기공해 물질의 회수 여부를 부과하는 일방적 규제 조치를 하는 등 환경에 대한 인식이 점차 확대되고 우리의 인식도 변화되어야 할 것이다.

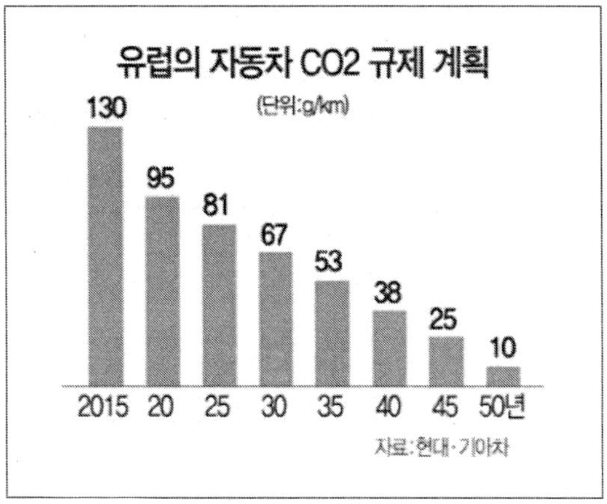

〈그림 1〉 유럽의 자동차 이산화탄소(CO_2)규제계획 현황

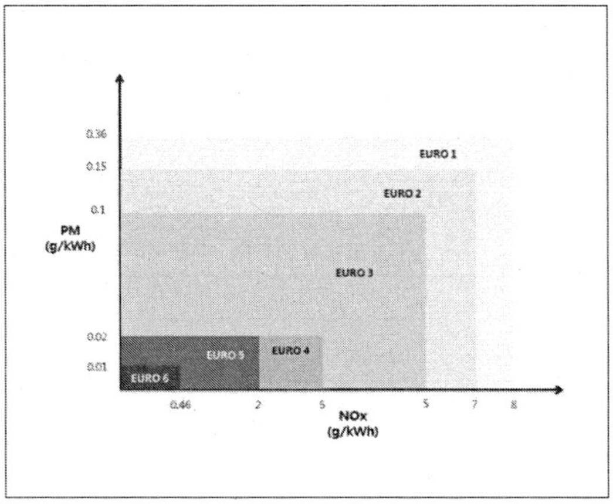

〈그림 2〉 유럽 배출가스 규제현황

EU 위원회가 요구하는 유해 배기가스 배출수준(Euro 6d temp in 2017)으로 미세먼지는 DPF(Diesel Particulate Filtre)을 통해, 질소산화물(Selective Cataltyic Reduction)으로 맞추었지만 계속되는 규제 강화로 RDE(Real Driving Emission) 측정값과 한층 더 강화될 Euro7에 대한 유럽의 자동차브랜드에서 질소산화물 배출한계를 40mg/km 정도로 예상되는 가운데 후처리 장치만으로는 대응이 어려울 것으로 예측 되고 있다.

2 하이브리드자동차 개발역사

최초 하이브리드 자동차는 지금으로부터 100년 이상을 앞선 1899년, 페르디난트 포르쉐 박사가 만든 '로나 포르쉐 믹스네(Lohner Poreche Mixte)'라는 자동차이다. 이 자동차는 휘발유 연료로 전기를 생성하여 2개의 전기모터가 바퀴를 구동하는 시스템이며, 최고 56km/h의 속력을 내어 당시 오스트리아에서 가장 빠른 자동차로 기록되었다.

〈그림 3〉 세계 최초의 하이브리드 자동차

<그림 4>에서 보면 1911년 미국의 전기차 전문업체인 Woods Motor Vehicle에서 더 듀얼 파워 모델 44 쿠페(The Dual Power Model 44 Coupe)라는 모델명으로 하이브리드카를 생산했다.

이 하이브리드카는 배터리와 전기모터의 동력으로 시속 24km/h 정도의 속도로 주행이 가능했으며, 짝을 이루는 4기통 엔진은 최고 56km/h 속도로 주행이 가능했다.

이후 내연기관의 비약적인 발전으로 인하여 하이브리드자동차 개발은 후 순위로 밀리면서 결국 1970년대까지는 상징적인 차량들만을 선보이는 수준에 머무르게 되었다.

〈그림 4〉 1911-1918 Woods Dual Power Model 44 Coupe

1970년대 초에 하이브리드카의 대부로 꼽히는 전기기술자 빅터 우크는 <그림 5>에서 와 같이 1974년 친구인 화학자 찰스 로젠과 함께 페트로-일렉트릭 모터스 사를 설립하고, 뷰익 스카이란(Buick Skylark)을 개조한다. 이는 21마력의 전기모터를 추가 탑재하여 가속할 때 엔진과 함께 전기모터가 동력을 보조하는 하이브리드 시스템을 완성하였다. 전기모터가 동력을 보조하는데 사용되지 않고 주행 중 배터리를 수시로 충전할 수 있다는 점에서 현대의 하이브리드 시스템의 초기 모델이라고 할 수 있다. 하지만 미국 주요 자동차 제조사와 환경 보호국은 관심을 보이지 않아 결국 이들은 회사를 해체 시키게 된다.

〈그림 5〉 뷰익 스카이락 개조로 빅터우크에 의해 탄생한 하이브리드

데이비드 아처가 경량 스포츠가 Opel GT를 개조하여 6마력 출력의 잔디 깎는 엔진에 6볼트 배터리와 전기모터를 적용하여 연비를 75mpg(약 32km/l)까지 끌어올렸으며, 최고 속도 90마일(약 145km/h)의 속도를 발위하는데 성공하였다.

〈그림 6〉 1979년 Opel GT에서 75 mpg의 직렬 하이브리드 모델

이후로 19997년 10월 14일 도요타에서 세계 최초 양산형 하이브리드카 프리우스가 출시되었다. 프리우스는 1993년 9월 당시 도요타 에이지 명예회장이 '머지않아 21세기가 되니 중장기적으로 자동차 본연의 모습을 고민하는 게 좋지 않겠냐'는 한 마디에서 연구되었으며, G21 프로젝트 팀을 신설하여 개발에 착수하게 되면서 개발되었다. 프리우스의 탄생으로 세계 자동차 업계에 지대한 영향을 미치게 된다.

〈그림 7〉 1997 1세대 Prius

프리우스 이후 혼다에서 1997년 도쿄모터쇼에서 하이브리드카 컨셉 모델인 J-VX를 출품하고 컨셉 모델을 기반으로 세계 최고 수준의 연비를 목표로 개발에 성공한 인사이트를 1999년 11월 양산 출시하면서 하이브리드 시장에 진입에 성공하였다.

〈그림 8〉 1999 1세대 Insight

하이브리드 사장은 세계 최초로 양산차량을 출시한 토요타가 시장 점유율을 선두로 2세대 3세대 등으로 발전을 거듭해오고 있으며, 다양한 브랜드와 새로운 모델들이 앞다투어 시장에 진입하면서 하이브리드 시장 점유율은 점차 높아지고 있다. 그리고 지구온난화 등 세계적인 환경문제의 해결하고자 하는 움직임과 맞물리면서 하이브리드자동차가 시기적절한 대안으로 환영 받을 수 있었으며, 국내 브랜드 또한 이에 발맞춰 하이브리드자동차 개발에 영향을 미치게 됐다.

이제 국내 하이브리드자동차 시장의 히스토리에 대해 알아보자. 1995년 제 1회 서울모터쇼에서 <그림 9>에서 보듯 현대자동차에서 FGV-1(Future Green Vehicle)의 SUV 스타일의 하이브리드 컨셉트카를 선보였다. 전기모터와 가솔린엔진을 사용하고 동력은 30kw(41마력)의 AC 인덕션 모터와 경차 전용으로 개발된 800cc 휘발유 엔진을 충전용으로 적용하였다. 배터리는 정부의 G7 프로젝트의 일환으로 개발된 일반 납축전지의 2배의 용량을 가진 Ni-MH(니켈-메탈 하이드라이드) 배터리를 탑재하는 등 친환경 그린 자동차를 만들겠다는 의지를 표방하였다.

〈그림 9〉 1995 FGV-1 (Future Green Vehicle)-제1회 서울모터쇼 컨셉카

2000년도에 현대자동차는 베르나 하이브리드 자동차를 개발하면서 기존 차량의 모델명에 'hybid'를 붙인 모델명의 하이브리드 자동차를 출시하기 시작하였다. 하지만 실제 일반인에게 판매하는 목적이 아닌 시범차량 이었다.

2004년도 현대자동차가 클릭 하이브리드카 50대를 생산하여 환경부에 납품하였다. 이 차들은 경찰청 업무용 차로 지원돼 서울 거리를 누비며 시범운행에 들어갔다. 뒤이어 2005년 2세대 베르나, 프라이드 하이브리드 350대를 조달청에 납품하였다.

〈그림 10〉 2004 클릭 hybrid/프라이드 하이브리드

2009년 현대자동차가 3년 7개월의 연구개발을 거쳐 세계 최초로 LPG 연료를 사용하는 하반떼 하이브리드 LPi 모델을 출시하였다. 연비가 17.8km/l로 값싸고 친환경적인 LPG 연료를 사용한 친환경 자동차라는 평은 받았다. 뒤이어 포르테 하이브리드가 출시되었다.

〈그림 11〉 2009 아반떼 LPI하이브리드/포르테 LPI하이브리드

현대자동차는 2011년에 쏘나타 하이브리드를 출시하면서 독자 개발한 '병렬형 하드타입 하이브리드 시스템'을 적용하였으며, 기아자동차 역시 K5 하이브리드 모델을 출시하면서 국내 중형급 하이브리드의 출시로 시장에서 공격적인 판매가 시작되었다.

〈그림 12〉 2011 소나타 하이브리드/K5 하이브리드

2014년 기아자동차는 K5 500h, K7 700h라는 새로운 하이브리드 모델명을 사용하기 시작하였다. 뒤이어 현대자동차도 2015년 LF 소나타 하이브리드를 출시하게 된다.

〈그림 13〉 LF 소나타 하이브리드/K5 500h, K7 700h

Tip

700h의 7은 차급을 가운데 0은 친환경을 의미하고, 다음 0은 배기가스 0를 목표로 한다는 것을 의미한다. 다음 h는 하이브리드를 의미한다.

같은 해 2015년에 HG 그랜저 하이브리드가 출시하였으며, 뒤이어 2018년도 IG그랜저 하이브리드가 출시하면서 중대형급까지 하이브리드 시장이 확대되었다.

〈그림 14〉 2015 그랜져하이브리드/2018 IG그랜져하이브리드

2016년 1월 14일 현대자동차 아이오닉이 출시하였다. 국내 최초로 하이브리드 전용 차종이다. 하이브리드가 먼저 출시되었고, 나중에 플러그인 하이브리드가 출시되었다. 이때부터 국내 플러그인 하이브리드가 시장에 진출하게 된다.

〈그림 15〉 아이오닉 하이브리드

〈그림 16〉 니로 하이브리드

뒤이어 2016년 3월 29일 기아자동차의 니로가 출시하게 된다. 승용차 일색이었던 국내 하이브리드 시장에 SUV 하이브리드가 출시되면서 각광받았으며, 2017년 5월 15일에는 플러그인 하이브리드를 추가로 출시하였다.

〈그림 17〉 코나 하이브리드

현대자동차에서 첫 SUV 하이브리드로 2017년 6월 27일 코나 하이브리드가 출시되었다. 이로써 국내 하이브리드 시장의 다양한 형태의 하이브리드가 출시되면서 국내 하이브리드 시장의 규모도 점차 성장하는 계기가 되었다.

3 하이브리드자동차 기술 및 시장 동향

01 내연기관 및 자동차산업 부정적 요인에 대한 고찰

① 가계부채의 증가함에 따른 소비심리 위축, 중소형 경유 승용차 배출가스 기준 강화에 따른 SCR(Selective Catalyst Reduction) 장착 등에 의한 경유 자동차 가격 상승 및 요소수 등에 의한 유지비가 증가되었다.

② 국제유가 변동에 의한 국내 유류 가격 변동도 악재로 작용할 가능성이 있다.

③ 노후 경유차 조기폐차 지원정책 기저효과도 나타날 것이다.

④ 노후 경유차 운행제한 구역 및 그 대상의 확대로 경유 자동차의 판매량 영향을 미칠 것이다.

⑤ 현대자동차 2021년 1월 디젤엔진 개발 중단 및 가솔린엔진 개발 단계적으로 개발중단 발표로 내연기관 시장이 축소될 것이다.

⑥ 한국의 자동차 산업은 약 70% 이상이 수출에 의지하고 있어서, 글로벌 시장 변화에 따른 불안 요소 발생할 수 있다.

⑦ 코로나19로 인한 세계 자동차 시장 성장률 둔화로 자동차 생산대수가 떨어질 것으로 전망된다.

02 친환경 자동차시대 자동차 세제정책 현황과 변화전망

2018년 3월 1일 전국 156개 지자체에서 전기자동차(이하 전기차) 구매 보조금 신청 접수가 시작되었으며 지자체 보조금 함께 국비 지원금을 지원받을 수 있다. 지원금은 차량에 따라 상의하고 점차 지원금이 줄어들고 있지만 보급 물량이 점차 증가하고 있다.

1회 충전 주행거리 400km가 넘는 제2세대 전기차와 전고체 배터리 기술 등의 발전으로 전기차 시장을 확대될 것으로 전망하고 있다.

03 EU와 美 캘리포니아 규제 강화와 친환경 자동차의 시장가치 전망

① 美 캘리포니아 -무공해차 의무 판매 비율 : 5%(2018년) → 10%(2020년) → 22%(2025년)

② EU - 기업 평균 온실가스 규제 : 130g/km(~2019년), 95g/km(2020년~2024년)

Exxon Mobil Corporation(미국 석유회사), IEA(국제에너지기구)와 Frost & Sullivan(글로벌 리서치 & 컨설팅 조직) 등의 주요 기관에서 2025년 30%, 2030년 50%의 자동차 시장이 친환경차가 될 것으로 전망하였으며 2025년도를 기준으로 하여 분석한 친환경차의 시장가치가 1850억 달러(215조 원)로 전망되고 있다.

04 친환경 자동차의 분야별 개발동향

1) 하이브리드카

성능과 연비가 향상된 (HEV, PHEV)의 신모델들이 연구 및 출시가 점차 증가하고 향후 친환경차 시장의 약 80%(~2025년)를 차지할 걱으로 기대된다.

2) 전기차

고전압 배터리의 성능 향상이 주요한 핵심 기술로 점차 향상되고 있으며, 전고체 배터리 등 항속거리의 늘리기 위한 차량이 정부의 보급정책을 통해 성장세를 유지한다. 특히 테슬라, BYD와 더불어 배터리 핵심 기술을 보유한 LG, 삼성, 등 기업들이 향후 시장에 뛰어들면서 전기차 시장 경쟁이 혼전 양상을 보일 것이다.

3) FCEV

2013년 한국과 유럽을 중심으로 보급이 시작되었으며, 주요 업체들의 차량 출시인 2020년을 기점으로 성장하고 있고 특히 현대자동차가 시장을 주도하고 있다.

FCEV(Fuel Cell Electric Vehicle)브랜드별 개발 동향

- 현대자동차 투싼 FCEV : (2013년 세계최초 FCEV 양산)
- 토요타 미라이(2014년), 혼다 클래리티(2017년)
- 르노-닛산(바이오에탄올 연료전지차 개발플랫폼)·포드·다임러 : 2013년 FCEV개발 동맹 체결(2018년 르노-닛산 동맹에서 탈퇴 전기차 개발에 집중)
- 벤츠 : 2017년 프랑크푸르트 모터쇼에서 선보인 GLC F-CELL EQ (세계 최초의 SUV 수소 연료 전지 플러그인 하이브리드)

• 현대자동차 · 아우디 : (2018년6월 FCEV개발동맹 체결)
• BMW · 토요타 : (2017년 3월 2021년 양산목표 FCEV개발동맹 체결)
• 현대자동차 넥쏘 FCEV : (2017년 제네바 모터쇼에서 넥쏘 콘셉트카 'FE' 공개 이후 2018년 넥쏘로 양산)

PHEV와 BEV 시장이 지속적으로 확장되고 수소 연료전지자동차 모델의 양산 판매 하는 것도 전 세계적인 친환경 자동차의 연구개발 노력이 활발하게 진행되고 있음을 알 수 있다.

글로벌 시장의 주요 자동차 산업 기업들도 친환경차 시장에 적극적으로 투자 개발하고 있는 지금 우리는 무엇을 준비해야 할까?

자동차용 2차 전지의 발전이 전 세계적인 메이커들의 개발 참여로서 발 빠르게 연구 진행되고 있으며 리튬 폴리머, 리튬 이온, 공기아연전지 그리고 전고체 배터리 등 단위 면적당 용량이 크고, 보다 효율적이며 보다 안전한 고전압 배터리들로 연구 개발될 것이며, 특히 차량 충돌로 인한 화재가 발생되지 않고 화재의 상황에서도 안전한 폭발 위험이 없는 배터리를 개발하기 위해 부단히 노력될 것이다.

하이브리드자동차와 전기자동차는 같이 발전해 가고 있다. 이러한 측면은 완전한 전기자동차의 시스템, 항속거리 연장, 인프라가 완성되기 이전까지는 추가적인 동력원과 유기적으로 역할분담을 통하여 복합적인 전기자동차의 역할을 수행하는 하이브리드자동차가 충분한 대안으로 작용하였기 때문이다.

긴 충전시간 짧은 항속거리 무거운 중량의 배터리 등을 해결하기 위해서 많은 시간과 노력 연구 비용들이 투입되어 전기자동차 개발에 힘써왔다.

하지만 지구 환경에 대한 심각성이 대두되고 지구의 이산화탄소 배출에 의한 온난화 현상이 인류의 생존 부분까지 위협하면서 그 대안의 긴급한 요구가 더 이상 외면될 수 없었던 것이 친환경 자동차 개발에 주요했다고 본다.

그럼에도 2030년까지는 내연기관 자동차와 하이브리드자동차가 병존하며 자동차 시장에 중추적으로 형성될 것이라는 지론이 우세적이라 할 수 있다.

단 내연기관은 향후 더 엄격해지는 Euro 7규제를 만족할 수 있는 자동차만이 생존할 것이다.

특히 PHEV는 항속거리 및 충전 인프라에 영향을 덜 받는 부분이라 하겠으며 수요가 점차 능가하고 있으며, 향후 완벽한 인프라만 구축되면 전기자동차와 함께 수요가 빠르게 증가될 것으로 예측되고 있지만 향후 미래 환경에서는 전기차와 연료전지차량이 시장을 주도해갈 것임이 지배적인 견해다.

사실 더 빠른 내연기관의 퇴출을 예상하는 관측도 많은 부분이며, 이러한 부분으로 내연기관의 부품 협력 벤더 등과 같은 문제로 자동차 산업의 대혼란이 야기될 것이라는 우려와 이에 따른 고민도 필요한 부분이다.

물론 4차 산업혁명 시대의 끊임없는 변화로 자율주행, 카 Sharing 등을 대비해서 우리는 최선의 노력을 기울여야 한다. 하지만 그 변화의 방향은 인간을 중심으로 이루어져야 하고 관련 법규 및 주행 안전과 보행자를 보호하는 기술이 선행돼야 할 것이다.

결국 국가의 발 빠른 환경정책과 함께 국내 자동차 기업의 적극적인 투자 개발이 요구되고 환경의 중요성에 대한 국민들의 인식 변화가 필요한 부분이다.

기업은 이익을 추구하는 것이 목적이지만 환경에 대한 부분에서는 그 어떤 요령이나 상술 없이 적극적인 투자로 국민들에게 보답해야 할 것이며 그리하면 국민들은 메이커의 수요자들로서 기업의 이익에 자연스럽게 화답할 것이다.

이제 <표 1>과 <표 2>에서와 같이 연도별 친환경차가 차지하는 비중은 지속적으로 증가하는 추세를 확인할 수 있으며, 특히 친환경차중 하이브리드차가 차지하는 비중이 매우 큰 것을 알 수 있다. 전기차와의 격차가 점차 좁혀지고 있는 것 또한 사실이다. 하지만 앞으로도 당분간 하이브리드차가 친환경차를 주도해 나갈 것으로 예측되고 있다.

| 표 1 | 연료별 친환경차 등록대수

구분	'13말	'14말	'15말	'16말	'17말	'18말	'19말	'20말
합계	105,044	140,297	180,361	244,158	339,134	461,733	601,048	820,329
HEV	103,580	137,522	174,620	233,216	313,856	405,084	506,047	674,461
BEV	1,464	2,775	5,712	10,855	25,108	55,756	89,918	134,962
FCEV	-	-	29	87	170	893	5,083	10,906

| 표 2 | 연도별 친환경차 등록비중

구분	'13말	'14말	'15말	'16말	'17말	'18말	'19말	'20말
전체자동차	19,400,864	20,117,955	20,989,885	21,803,351	22,528,295	23,202,555	23,677,366	24,365,979
친환경차	105,044	140,297	180,361	244,158	339,134	461,733	601,048	820,329
친환경차 등록비중(%)	0.5	0.7	0.9	1.1	1.5	2.0	2.5	3.4

05 친환경차 국가별 시장전망

유럽의 경우에는 배출가스 규제가 가장 엄격하기 때문에 ISG 장착만으로도 연비 개선 효과를 쉽게 얻어낼 수 있는 48V 마일드 하이드리드 시장 비중이 가장 높게 나타날 것으로 예상되며, 궁극적으로는 Hard HEV 보다 향후 PHEV, EV 비중이 높게 차지할 것으로 예상된다.

미국 시장은 중·대형차의 비중이 높게 차지하고 있어서 향후 배출가스 규제치를 맞추기 위해 HEV, PHEV, EV의 위주의 성장이 지속될 것으로 예측된다.

중국은 미세먼지로 인한 대기환경 문제가 사회적으로도 심각한 수준의 상황으로 인식되면서 경유 자동차를 퇴출하려는 움직임이 커지고 있고 배출가스 규제 또한 강화되고 있는 추세이며 BYD 등을 통한 배터리 분야의 강점을 가진 기업을 통해 전기차의 지원이 커지고 있기 때문에 향후 하이브리드 시장보다 전기차 위주의 시장이 강세가 될 것으로 전망되고 있다.

일본의 경우 배출가스 규제는 유럽과 비슷한 수준이며, 토요타, 혼다 등의 기업에서 전 세계전으로 하이브리드차 시장을 선두하고 있는 상황이고 Soft/Hard HEV 차량의 두 세그먼트가 시장의 주류를 차지할 것으로 예상한다.

우리나라의 경우에는 환경규제가 유럽의 수준보다는 완화하는 추세이지만, 앞으로는 미국 수준 이상의 규제 강도가 예상되고 있다. 또한 친환경차에 대한 모든 경우의 수를 염두에 두고 대응하겠다는 방침으로 HEV, PHEV, BEV, FCEV 등이 전반적으로 고르게 성장할 것으로 예상된다.

2

하이브리드자동차 시스템 개요

학습목표

1. 하이브리드자동차의 시스템 원리를 이해하고 설명할 수 있다.
2. 하이브리드자동차의 동력방식에 따른 분류방식을 이해하고 설명할 수 있다.
3. 하이브리드자동차의 엔진작동조건 및 구성품을 이해하고 설명할 수 있다.

1 HEV 시스템개요

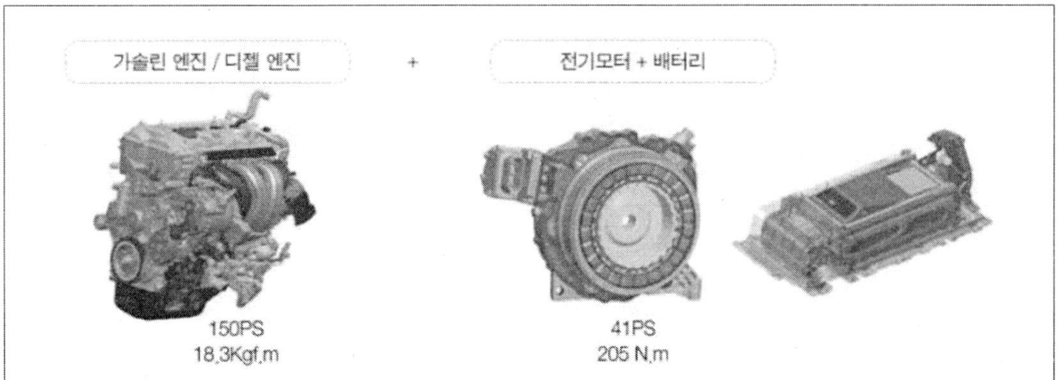

〈그림 18〉 HEV 기본구성

동력원이 2개인 통상적으로 내연기관과 전기모터을 이용하여 구동하는 자동차를 말하며, 가솔린엔진, LPG 엔진과 전기모터, 연료전지차, 디젤엔진과 전기모터 등 2개의 동력원을 함께 쓰는 차를 의미한다. 주로 가솔린엔진 , LPG 엔진 및 디젤엔진과 전기모터를 함께 결합하는 방식을 주류를 이루고 있다.

즉 엔진의 동력과 전기모터의 동력을 결합하여 사용함으로써 배출가스 및 연비를 향상시킨 자동차로 정의 할 수 있다.

2 HEV 분류

01 하이브리드자동차의 에너지 사용률에 의한 분류

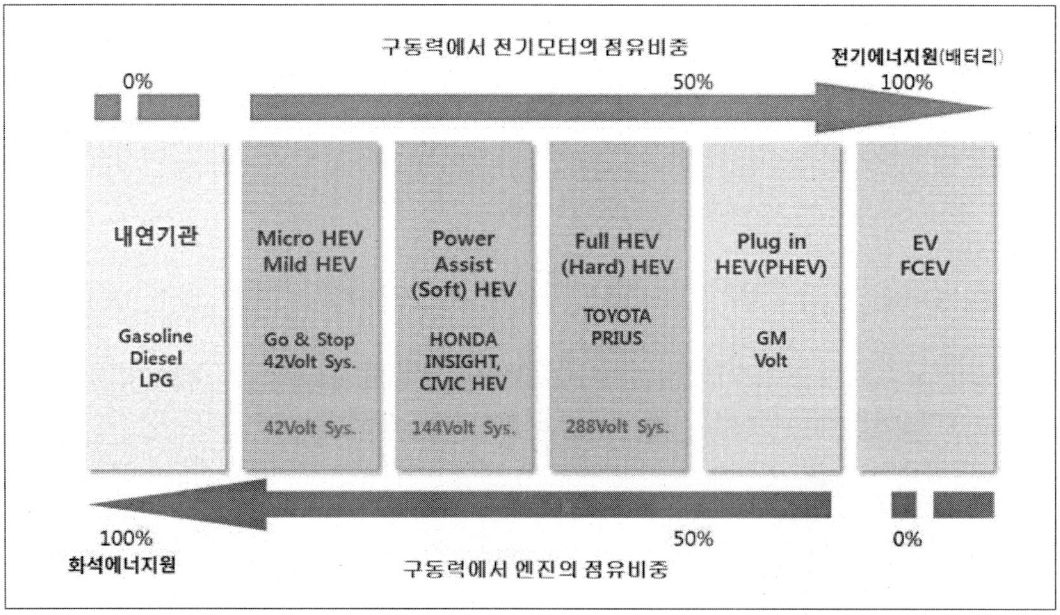

〈그림 19〉 에너지사용률에 따른 분류

① 내연기관

가솔린, LPG, 디젤을 연료로 사용하는 엔진을 동력원으로 사용하는 방식

② Micro, Mild HEV

차량이 정차 시 엔진 정지 출발 시 모터로 보조하여 연료를 저감 시키는 방식

③ Power assist(Soft) HEV

엔진이 동력의 주가 되고 모터는 주행상태에 따라 구동 에너지를 보조 해주는 방식

④ Hard(Full) HEV

전기모터가 출발과 가속 시에만 역할을 하는 것이 아닌 주행의 주된 역할을 하는 방식

⑤ Plug-in(PHEV) HEV

배터리를 외부전원으로 충전이 가능하고 배터리를 주동력원으로 사용하며, 배터리가 일정량 이상 소모되면 엔진을 구동하여 발전을 하는 방식

⑥ BEV, FCEV

순수 배터리의 동력원으로 운행하는 BEV, 연료전지 방식의 FCEV

하이브리드카는 엔진과 모터 등 두 개 이상의 동력원을 사용하는 자동차로서 정의될 수 있고, 전기차는 순수 배터리의 동력원으로 구동하는 자동차로 정의될 수 있다.

02 하이브리드자동차의 동력전달 방식에 의한 분류

1) 직렬형(Series Type)

엔진의 동력은 배터리를 충전하는 발전기 역할로 사용하고 모터로만 차량을 구동하는 방식이다. 엔진은 배터리의 SOC 저하 시 배터리를 충전시키기 위한 구동이 주요 목적이며 엔진과 구동축에 기계적으로 연결되어 있지 않다. 즉 구동축의 동력원에는 관여하지 않는다. 에너지 변환 손실이 크고 대용량 구동용 모터 필요한 방식이다.

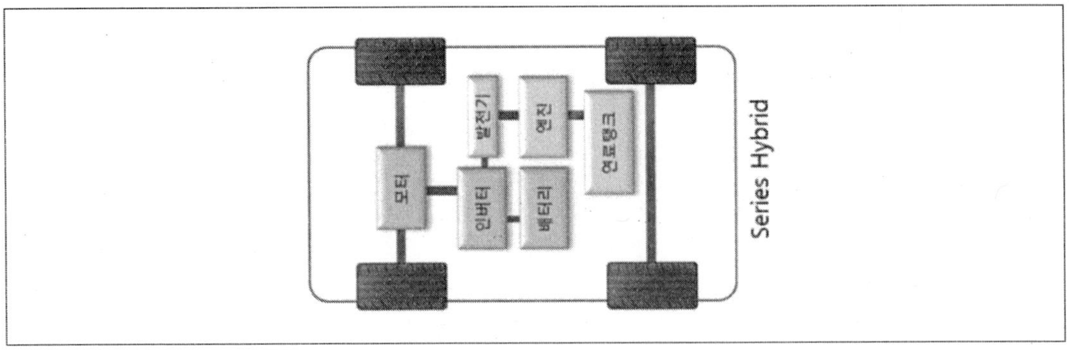

〈그림 20〉 직렬형 타입

Tip

SOC(State Of Charge) : 충전량, 충전상태

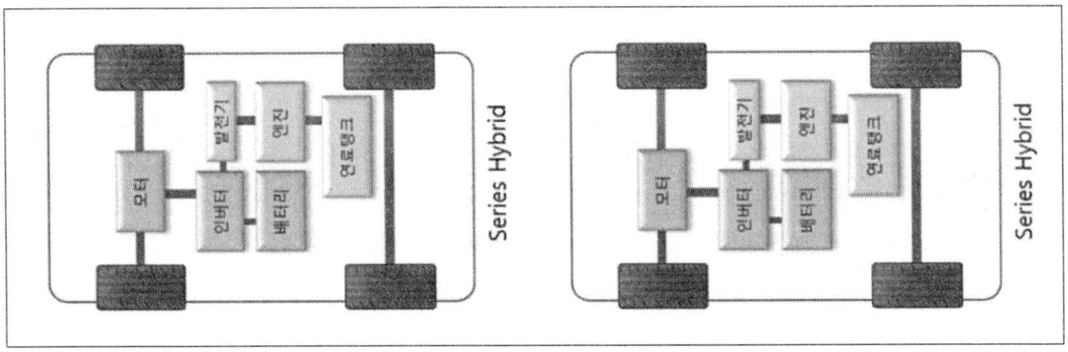

〈그림 21〉 직렬형 타입 구동방식

직렬형 타입은 많이 사용되지는 않지만 원리가 매우 간단하여 초기 하이브리드자동차에 많이 적용되었다. 엔진은 구동과 관련 없이 오로지 발전을 하여 전기를 충전하는 방식이고 충전된 전기로 모터만을 이용해 구동하는 방식이다. <그림 23>에서 보면 주행모드 시 엔진에 의해 모터가 구동하는 모습을 나타내고 회생제동 시 모터에 의해 배터리가 충전된다.

적용 차종으로는 GM의 Volt(2010) 등이 있다.

2) 병렬형(Parallel Type)

병렬형 타입은 엔진, 모터의 동력을 이용해 주행상태에 따라서 엔진 또는 모터 동력을 이용하여 차량을 구동하는 방식이다.

① FMED(Flywheel Mounted Electric Device) - Soft type(소프트타입)

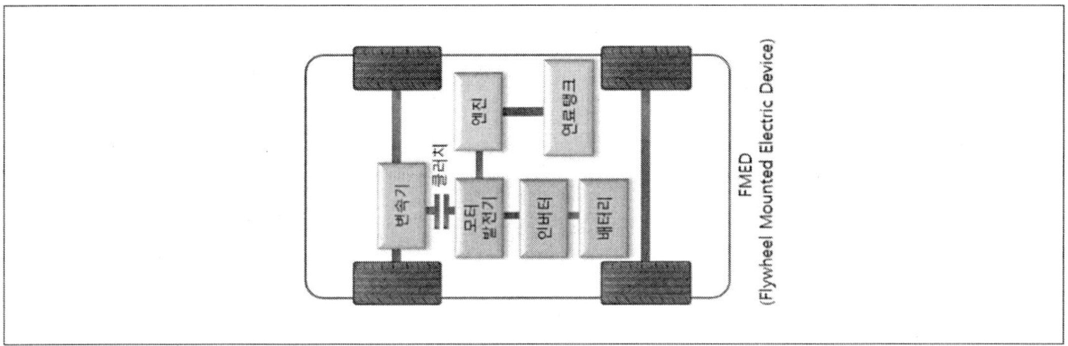

〈그림 22〉 병렬형 FMED 소프트타입

FMED는 변속기와 모터 사이에 클러치 제어를 통해 동력이 전달되며, 소형 모터는 엔진 시동 및 동력 보조용으로 사용된다. 즉 모터로만 주행하는 EV 모드가 없는 구조이다.

적용 차종으로 현대 아반떼 LPI, 혼다 시빅, 인사이트 등이 이에 해당한다.

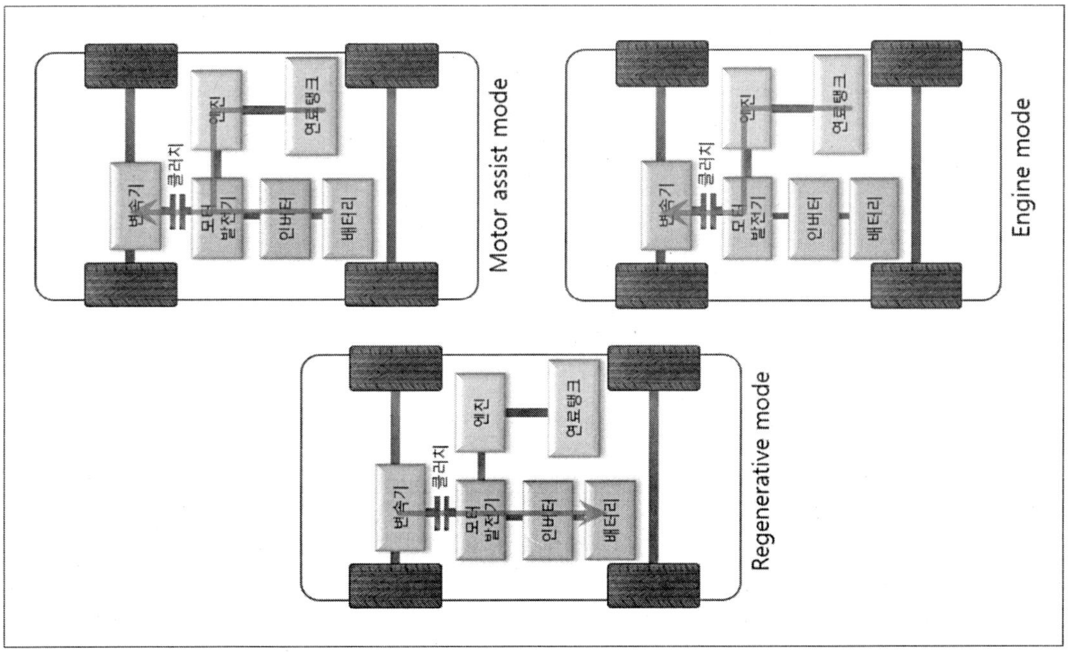

〈그림 23〉 병렬형 FMED 소프트타입의 구동방식

<그림 25>에서 보면 출발, 저속 주행, 가속, 등판 시에는 Motor assist mode로 모터와 엔진 동시에 구동하게 된다. 부하가 적은 평지 주행 등에서는 엔진으로만 주행하고 제동 및 가속 시에는 회생제동 모드로 충전을 하게 된다.

② TMED(Transmission Flywheel Mounted Electric Device) - Hard type(하드타입)

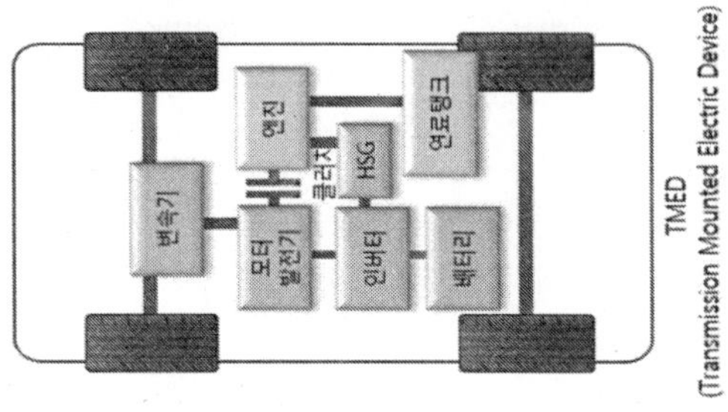

〈그림 24〉 병렬형 TMED 하드타입

TMED는 모터와 엔진 사이에 클러치가 위치하고, 클러치 제어를 통해 모터로만 주행하는 EV 모드가 가능하다. 모터는 대용량 구동용 모터가 장착되고 엔진의 시동용(발전 겸용) HSG (Hybris Starter Generator)를 사용하므로 클러치를 통해 엔진과 모터가 분리되어 있다.

적용 차종으로 현대 쏘나타 하이브리드 아이오닉 하이브리드, 푸조, 폭스바겐 등에 적용하고 있다.

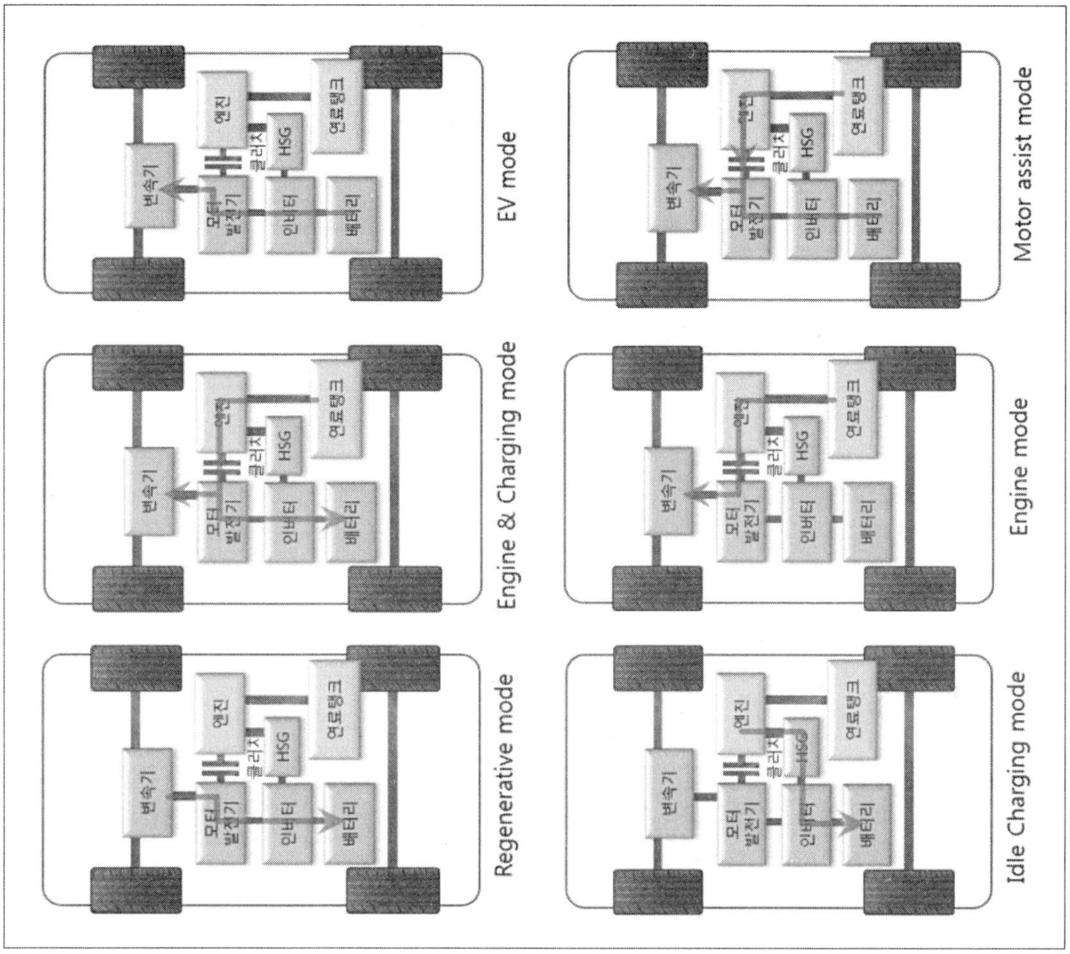

〈그림 25〉 병렬형 TMED 하드타입의 구동방식

TMED 방식은 <그림 26>에서 보듯 출발 및 저속 주행에서는 모터로만 주행하는 EV 모드로 구동한다. 그리고 고속주행과 가속, 등판 주행 시에는 모터가 엔진을 보조하여 모터와 엔진이 동시에 구동하게 된다. 엔진이 효율이 좋은 평지 정속 주행 시 엔진만으로 주행하고, 주행 시 배터리가 부족할 경우 엔진을 통해 배터리를 충전하면서 주행하는 모드로 전환된다. 그리고 제동 시 및 감속 주행 시 회생제동 모드로 충전하게 된다. 또한 공회전 상태에서 고전압 배터리를 충전할 때는 HSG를 통해서 충전하게 된다.

3) 복합형(Power Split Type)

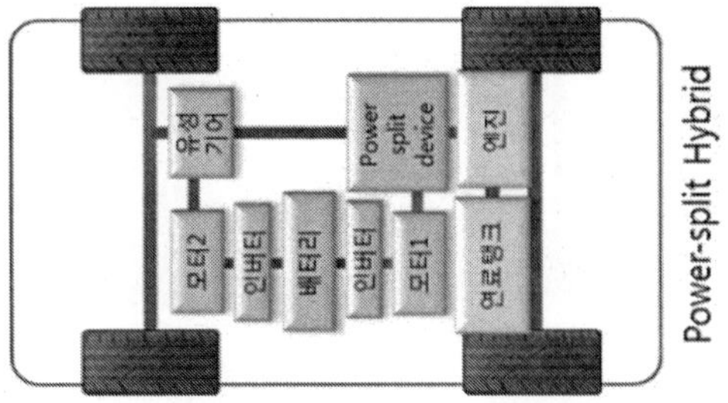

〈그림 26〉 복합형(Power Split) 타입

전기모터와 엔진을 복합적인 동력원으로 사용하면서 중저속 운전은 전기모터로 구동하고 고속 운전 및 급가속 등 큰 힘이 필요로 할 때는 엔진과 모터를 함께 병용하므로 연료 절감의 효과가 15∼50%에 달하며, 그에 따른 배출가스 배출이 훨씬 적다.

- 복합형 하이브리드자동차는 직렬형과 병렬형의 융합된 시스템
- 도요타의 Prius의 구동방식 시스템
- 타 Hybrid 방식의 차량에 비해 향상된 시스템으로 동력성능이 매우 뛰어나다.
- 배기가스 저감이 용이하고, 고효율을 얻을 수 있는 장점을 가짐
- 하이레벨 제어기술이 필요함

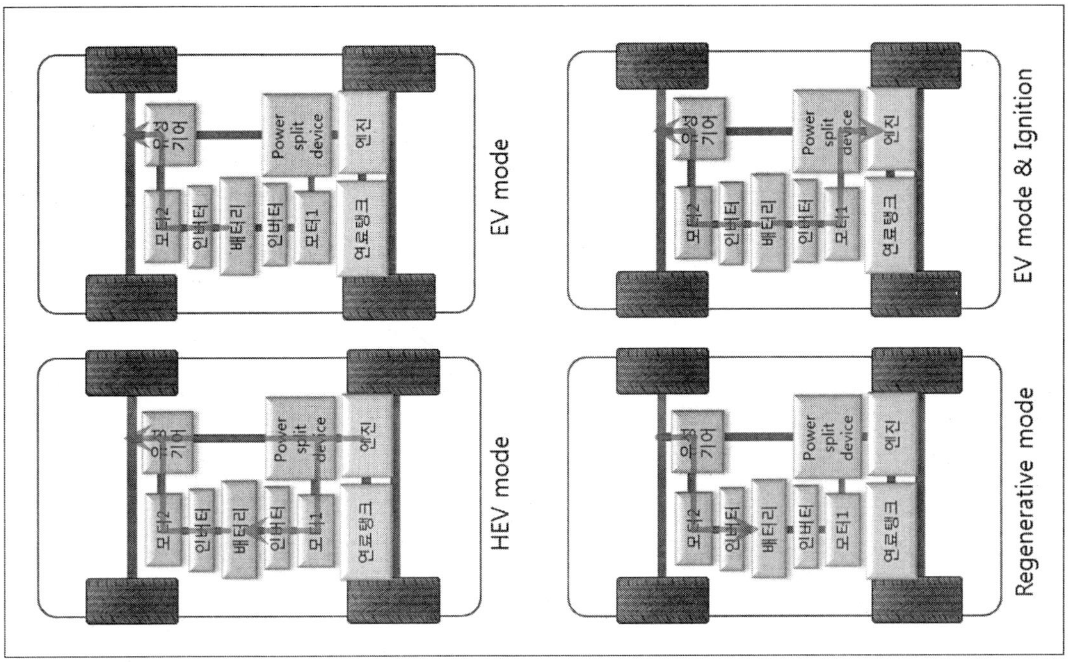

〈그림 27〉 복합형(Power Split) 타입의 구동방식

복합형(Power Split) 방식은 모터를 2개 이용하고, 동력 분기를 위해 유성기어를 사용한다. 모터 1은 주로 시동, 발전용으로 사용하며, 모터 2는 차량을 구동하는 모터이다.

EV 모드는 저속 운행할 때 적용되고 충전된 배터리에서 모터 2로 전기를 공급하게 되어 모터 2로만 차량을 구동 시킨다. 엔진 시동을 걸리 위해서는 모터 1이 회전하여 시동을 걸어 엔진 구동이 시작된다. HEV 모드 에서는 엔진과 모터 2를 병용을 사용하여 차량을 구동시키고 엔진을 통해 회전된 모터 1은 발전기가 되어 조금씩 충전을 할 수 있으며 회생 모드는 모터 2에 의해서만 작동되어 충전된다.

3 HEV 엔진작동조건

01 하이브리드 자동차의 타입 별 주행모드

1) 소프트 타입 주행모드

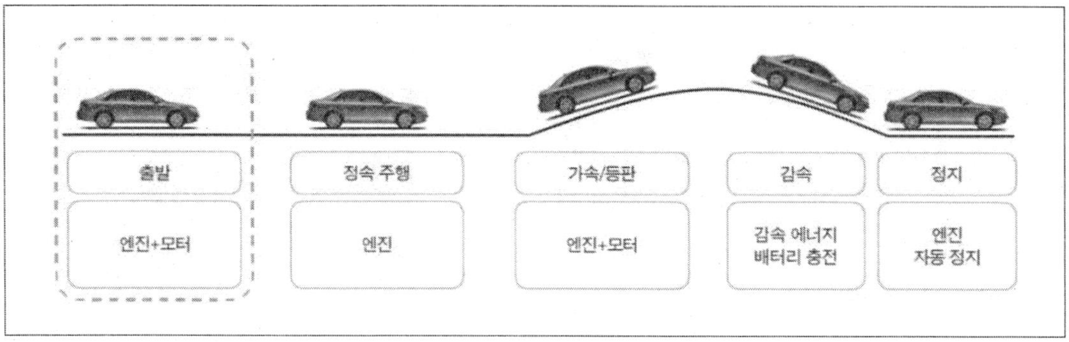

〈그림 28〉 소프트타입 주행모드

① 모터로 시동을 원칙이지만 냉간 상태 및 배터리 잔량 부족 등 시에는 엔진으로 시동을 한다.

② 일반적인 주행모드에서는 엔진으로만 구동하고 여유 구동력이 발생하면 고압 배터리를 충전시킨다.

③ 가속/등판 주행 시에서는 부하에 대응하는 모터의 보조 동력원을 사용하여 엔진과 함께 동력을 사용함으로 구동력이 증대된다.

④ 제동 시 및 엑셀 페달 조작이 없이 관성의 힘으로 주행하는 내리막길이나 감속 시에는 모터가 발전기로 전환되어 고전압 배터리를 충전한다.

⑤ 신호 대기나 정차 시 엔진을 정지하여 연료 및 배출가스를 줄이고, 출발 시에는 모터에 의해서 엔진을 시동하여 주행하게 된다.

2) 하드 타입 주행모드

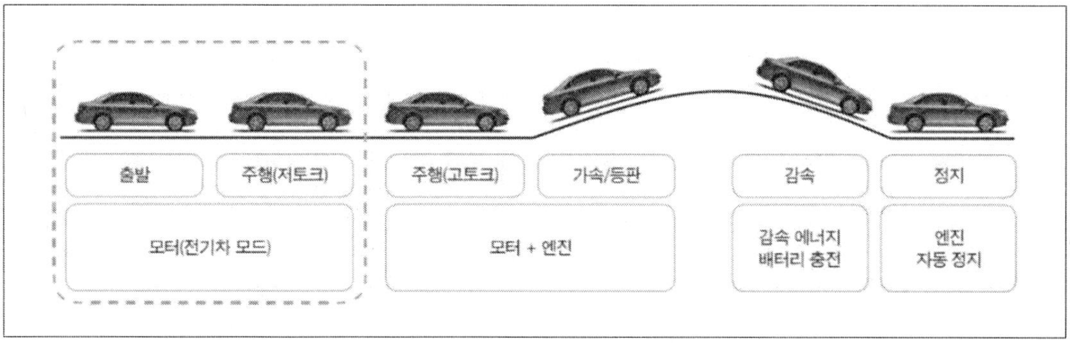

〈그림 29〉 하드타입 주행모드

① 출발 및 저속 주행 시 모터의 힘으로만 구동하는 EV 모드로 주행한다.

② 고속주행 및 가속 등판 주행 시 엔진과 모터가 함께 구동하여 큰 부하에 대응하여 주행한다.

③ 제동 시 및 엑셀 페달 조작이 없이 관성의 힘으로 주행하는 내리막길이나 감속 시에는 모터가 발전기로 전환되어 고전압 배터리를 충전한다.

④ 신호 대기나 정차 시 엔진을 정지하여 연료 및 배출가스를 줄이고, 출발 시에는 모터에 의해서 엔진을 시동하여 주행하게 된다.

02 엔진의 동작 조건 정리

1) 엔진의 상태에 따른 동작 조건

① 엔진 과열 및 엔진냉각이 필요한 경우

② 엔진 웜업 및 촉매 활성화 온도로의 히팅 필요한 경우

2) 배터리의 상태에 따른 동작 조건

① 보조 배터리의 전장부하 사용량이 많은 경우

② 메인 배터리의 SOC가 낮은 상태

③ 메인 배터리 방전 종지전압이 규정값 이하인 상태

3) 운전자의 요구에 따른 동작 조건

① 운전자가 주행에 필요한 높은 토크를 필요할 때

② 140km/h 이상 고속주행 모드에 진입했을 경우

③ 운전자 엑셀 조작에 의해 킥 다운 신호가 입력될 경우

④ 차 실내 냉·난방에 대한 요구 신호가 입력될 경우

4) 기타 동작조건

① 고전압 시스템의 고장 등으로 림프 홈 모드에 진입하였을 경우

② 모터 레졸바보정 및 엔진클러치를 학습하는 경우

③ 진단 장비에 의해 강제 구동 신호가 입력될 경우

4 READY LAMP와 EV LAMP

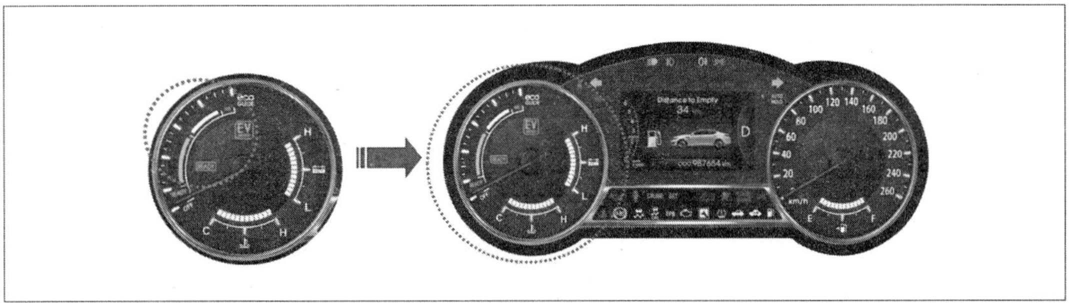

〈그림 30〉 REDY LAMP/EV LAMP

01 READY 램프로 알 수 있는 것

1) READY 램프점등

① 스타트 버튼을 눌러 주행 준비가 되면 점등한다.

② 차량 주행이 가능한 상태임을 의미한다.

2) READY 램프점멸

① 시스템 이상 등의 원인으로 림프 홈 모드에 진입하면 점멸된다.

② EV모드 주행이 불가능하고 엔진구동 으로만 주행 가능하다.

3) EV 램프 점등

① 차량이 정차상태 또는 주행 중 엔진이 구동을 멈추면 EV 모드 램프가 점등되어 차량이 EV 모드로 주행 중임을 표시한다.

② 하드타입에서는 엔진이 작동 중이어도 엔진의 클러치가 해제된 조건에서 모터로만 주행 시는 EV 모드 램프가 점등한다.

4) READY 램프 점등 시 안전수칙

① 차량이 READY 상태일 경우 차량 점검하는 행위는 매우 위험하다. 그 이유는 엔진이 꺼져있는 상태에서 엔진룸에서 작업 중 고전압 배터리 SOC 저하 등의 원인으로 엔진 시동이 걸릴 수 있기 때문이다.

② 엔진룸 점검 시 Ignition off 상태를 반드시 확인하고 점검을 할 수 있도록 한다.

③ 점검을 위해 부득이한 상황에는 벨트의 회전부 등을 각별히 주의하여 점검한다.

〈그림 31〉 REDY LAMP점등 상태에서 주의사항

5 HEV 시스템 구성품

01 시스템 구성요소

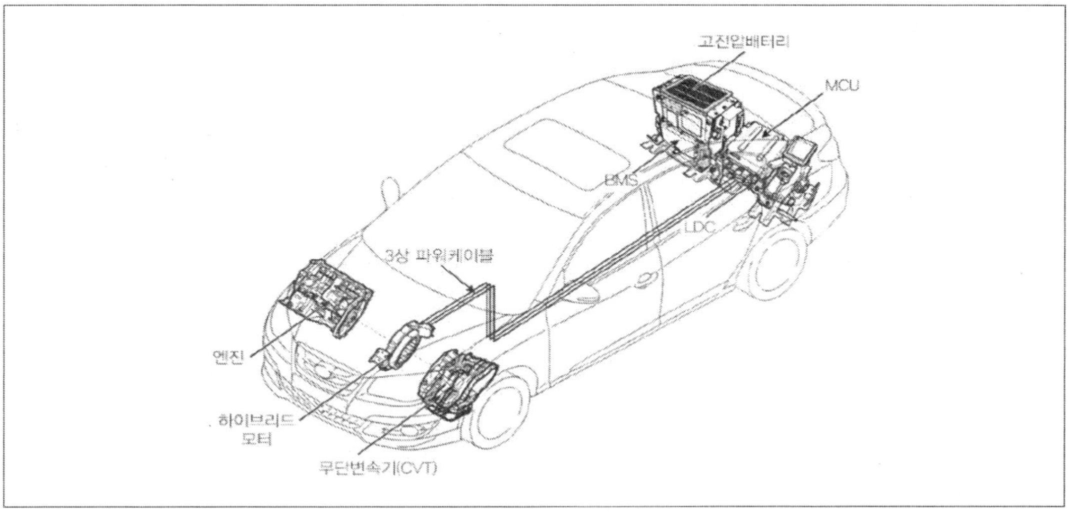

〈그림 32〉 Soft type 시스템 구성품

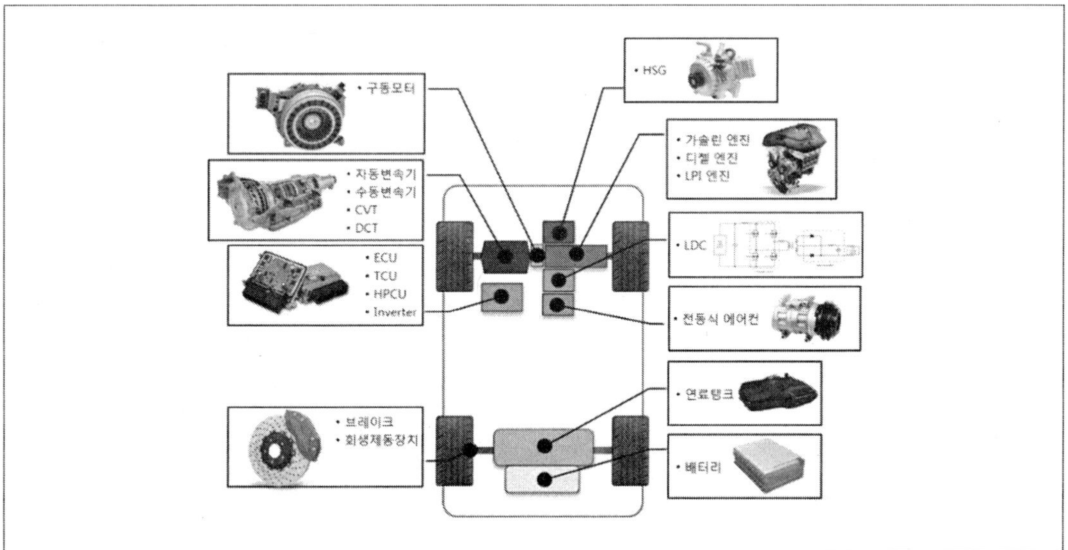

〈그림 33〉 Hard type 시스템 구성품

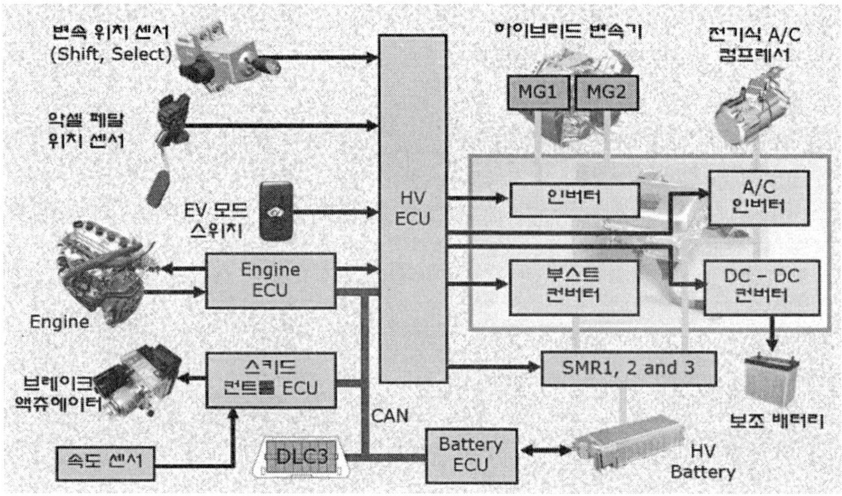

〈그림 34〉 복합형 시스템 구성품

위 그림에서 같이 하이브리드자동차는 내연기관 엔진과 고출력 전기모터를 통해 동력을 통해 차량을 구동하는 시스템으로써 내연기관 차량보다 추가적인 시스템이 필요하다. 그 구성품으로는 고출력 전기모터, 고전압 배터리, 인버터, DC-DC 컨버터, BMS, 등과 같은 구성 부품들이 적용된다.

02 하이브리드 시스템 용어

용 어	영 문	국 문
HEV	Hybrid Electronic Vehicle	하이브리드자동차
HPCU	Hybrid Power Control Unit	하이브리드 파워 제어기
HCU	Hybrid Control Uni	하이브리드 총합 제어기
MCU	Motor Control Unit	모터 컴퓨터(인버터 : Inverter)
BMS	Battery Management System	고전압 배터리 관리 시스템
LDC	Low DC-DC Converter	DC-DC 변환기
ECU	Engine Control Unit	엔진 컴퓨터
IFB	Inter Face Box	LPI 컴퓨터
TCU	Transmission Control Unit	변속기 컴퓨터
TMK	Tire Mobility Kit	타이어 펑크 수리 킷트

용 어	영 문	국 문
CAS	Creep Aid System	밀림 방지 시스템
CVT	Continuously Variable Transmission	무단 변속기
MDPS	Motor Driven Power Steering	전동식 모터 조향 장치
PRA	Power Relay Assembly	고전압 릴레이 어셈블리
IPM	Intergreated Package Module	통합패키지 모듈(배터리, 인버터, LDC)
SOC	State Of Charge	배터리 충전 상태
레졸버	Resolver	모터 위치 센서
안전플러그	Safety Plug	고전압 차단 플러그
HSG	Hybrid Starter Generator	스타트 & 충전 모터
FMED	Flywheel Mounted Electric Device	모터가 플라이 휠에 장착
TMED	Transmission Mounted Electric Device	모터가 변속기에 장착
EV모드	Electric Vehicle Mode	순수 전기모터 구동
HEV모드	Hybrid Electric Vehicle Mode	엔진구동 + 전기모터 구동
PHEV	Plug-In Hybrid Electric Vehicle	• 외부전원으로 고전압배터리를 충전 • 일정 주행거리는 전기차모드로 주행. • 고전압배터리 잔량이 기준 이하일 경우 HEV 모드로 주행
NI-MH	Nickel-Metal Hybride	니켈-수소 배터리
LI-PB	Lithium-Polymer	리튬-폴리머 배터리
AHB	Active Hydraulic Booster	엑티브 유압 부스터
AAF	Active Air Flap	엑티브 에어 플랩
EWP	Electric Water Pump	전동식 워터펌프
전동식 보조 워터펌프	Heater Electric Water Pump	히터 전동식 워터 펌프
VESS	Virtual Engine Sound System	가상 엔진소음 발생장치
OPU	Oil Pump Unit	전동식 오일펌프 유닛(변속기)
병렬형	Parallel Type	모터의 동력흐름과 엔진 동력흐름이 별도
복합형	Power Split Type	유성기어를 사용하여 모터와 엔진동력을 분배하여 동력 전달(프리우스, 캠리)
CPS	Clutch Pressure Sensor	엔진 클러치 압력 센서
워머	Warmer	A/T 오일 워머
전동식 에어컨 컴프레셔	Electric Air-Con Compressor	전동식 에어컨 컴프레셔

실습 과제 1. 그랜저 hybid(IG HEV) 고전압단자 전압측정

1. 부품 및 장비

부품 및 기기	규격	수량
안전 보호구	절연보호구	1개
실차량 그랜저 IG HEV	완성차	1대
멀티데스트기	UT61C	1개
개인공구	스캐너, 안전보호구, 메가옴 테스터, 종합진단기	1세트

2. 실습 전 준비사항

① 고전압 시스템을 점검, 정비하기 전 반드시 안전 플러그를 분리하여 고전압을 차단하도록 하고, 분리한 안전 플러그는 반드시 작업 담당자가 보관한다.

② 고전압 시스템 관련 작업 전에는 항시 절연 장갑 등 개인보호 장비를 착용 및 절연 공구를 사용한다.

③ 금속성 물질은 고전압 단락을 유발하여 인명과 차량을 손상시킬 수 있으므로, 작업 전에 반드시 몸에서 제거한다.(금속성 물질 : 시계, 반지, 기타 금속성 제품 등)

3. 실습 방법 및 결과

① 점화 스위치를 OFF 하고, 보조 배터리(12V)의(-) 케이블을 분리한다.

② 러기지 커버링 매트를 탈거한다.

③ <그림 39>에서와 같이 장착 볼트(A)를 탈거한다.

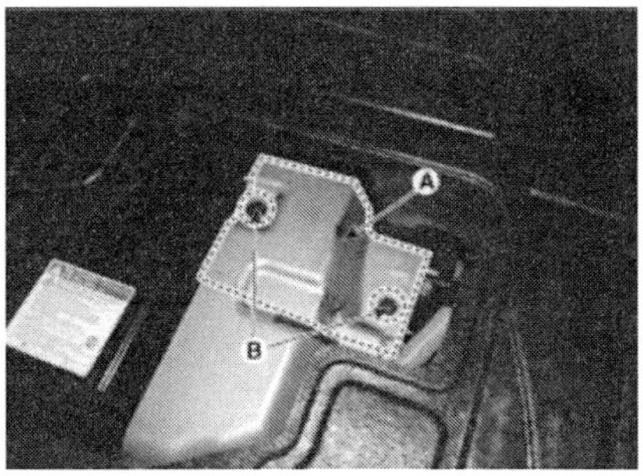

〈그림 35〉

④ <그림 37>에서와 같이 안전 플러그를 탈거 후 인버터 내에 있는 캐패시터의 방전을 위해 5분 이상 반드시 대기한다.

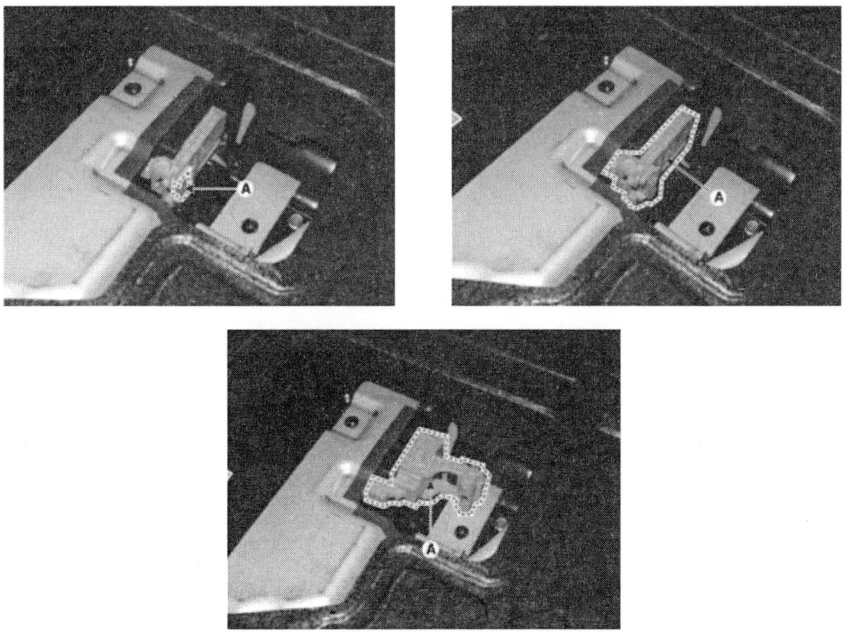

〈그림 36〉

⑤ 에어 클리너 어셈블리와 덕트를 탈거하고, <그림 37>에서 와 같이 HCU & MCU 통합 커넥터를 분리 후 HPCU로부터 인버터 파워 케이블을 분리한다.

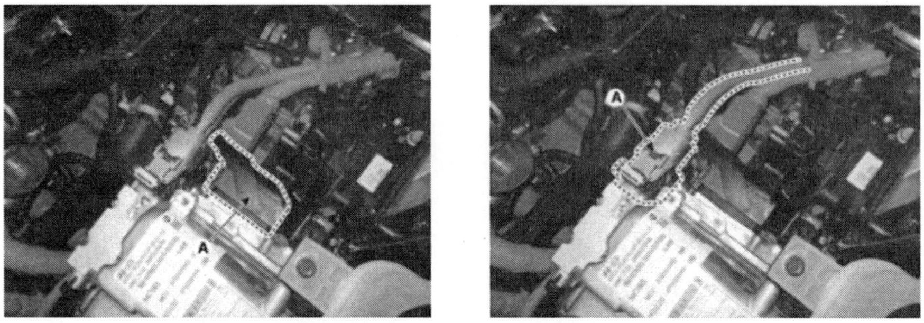

〈그림 37〉

⑥ <그림 42>에서 와 같이 인버터의 (+) 단자와 (-) 단자 사이의 전압 값을 측정한다.

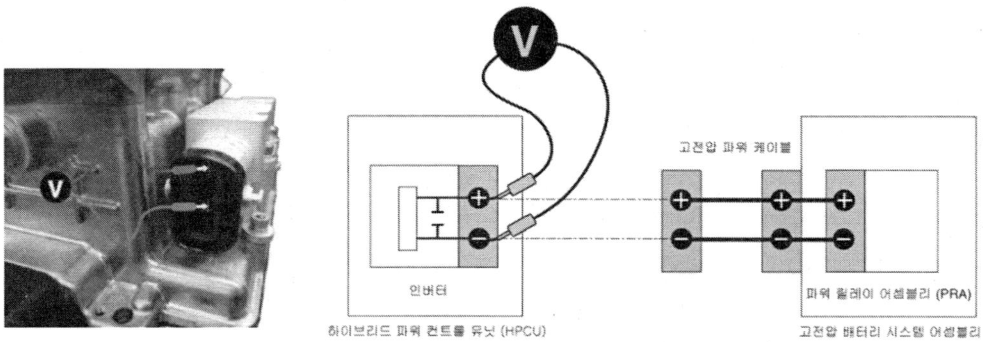

〈그림 38〉

측정값이 30V 미만으로 측정하였는지 확인한다. 만약 30V 이상으로 측정된 경우, 안전 플러그 탈거 상태를 재확인하고, 정상적으로 탈거 되었다면 고전압 회로에 중대한 문제가 발생했을 수 있으므로 DTC 고장진단 점검을 실시하고, 고전압 핀 부분은 건드리지 않는다.

01 다음은 HEV 동력전달방식에 따른 분류 방법에 대한 설명이다. 물음에 답하시오.

> 변속기와 모터 사이에 클러치 제어를 통해 동력이 전달되며, 소형모터는 엔진 시동 및 동력 보조용으로 사용된다. 즉 모터로만 주행하는 EV 모드가 없는 구조이다.

윗글에 나타난 분류방식의 타입으로 옳은 것은?

① Soft type ② FMED ③ Hard type
④ TMED ⑤ Power split

02 READY 램프가 점멸상태인 경우 차량은 어떠한 상태인가?

① 시동불가 상태 ② EV 모드 상태
③ 엔진 과열상태 ④ 림프 홈 모드

03 소프트타입의 특징에 대해 서술하시오.

04 하드타입의 특징에 대해 서술하시오.

하이브리드 자동차 주요구성품 개론 및 정비가이드 Ⅲ

이번 단원 하이브리드 자동차 주요구성품 개론 및 정비가이드에서는 하이브리드자동차의 주요 구성품의 학습함으로써 시스템제어 요소들에 대해 알아보고 차량 점검 · 진단에 함에 있어 용이할 수 있도록 구성하였으며, 차량 정비 시 주의사항에 대하한 설명과 안전에 중요성을 알아보는 시간을 가지고자 한다.

1

HEV 엔진

학습목표

1. 국내 출시된 HEV 엔진 제원을 알아보고 주요제원, 사양을 설명할 수 있다.
2. HEV 엔진의 특징을 설명할 수 있다.
3. 밀러 사이클을 이해하고 설명할 수 있다.

1 국내 개발된 주요 HEV 엔진 제원

이번 장에서는 국내 출시된 하이브리드 차량에게 적용된 엔진들의 주요한 특징과 제원을 알아보도록 한다.

01 아반떼 HEV LPI 엔진

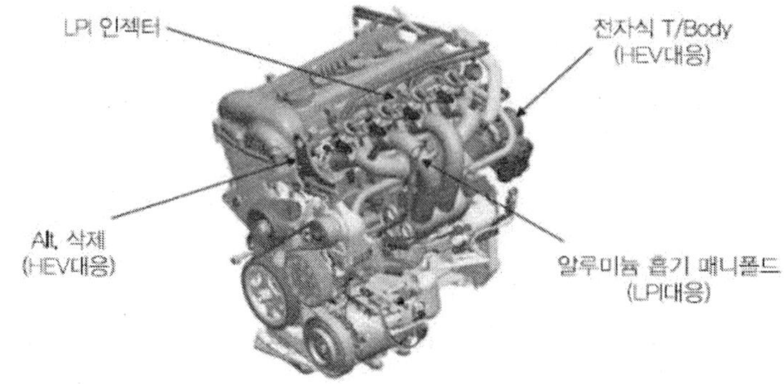

〈그림 1〉 아반떼LPI HEV엔진

LPG 엔진으로 LPI(Liquid Propane Injection) 연료분사 시스템을 적용하여 연비 및 출력을 향상시켰다.

LPG엔진 특성상 역화 발생 시 흡기매니폴드의 파손을 막기 위해 알루미늄 재질을 사용하였고, 플라이휠과 발전기가 삭제되었으며 배기 매니폴드 중량을 감량하고 촉매의 길이를 축소시켜 배기 효율을 증대함으로 연비를 개선하였다.

| 표 1 | 아반떼 HEV LPI 엔진의 주요 제원

항 목	제 원
형 식	직렬, DOHC
실린더 수	4
실린더 내경	77mm
실린더 행정	85.44mm
배기량	1,591cc
압축비	12.0 : 1
점화순서	1-3-4-2
최대출력	114PS
최대토크	15.1kgf·m

02 YF소나타, K5 HEV - 누우2.0 엔진

〈그림 2〉 누우2.0엔진 BASIC

YF 소나타, K5에 적용된 누우 2.0 엔진은 HEV 용으로 사용하기 위해 압축비에 비해 팽창비가 큰 밀러 사이클을 적용하여 펌핑로스를 줄임으로써, 기관의 효율을 증대시켜 연비를 향상하였으며, 이로써, 압축비가 12.5 : 1로 상대적으로 높다.

피스톤 표면부가 돌출된 고압축비의 피스톤을 적용하고 저하중 밸브 스프링을 적용하였다.

| 표 2 | 소나타 HEV 누우2.0 엔진의 주요 제원

항 목	제 원
형 식	직렬, DOHC
실린더 수	4
실린더 내경	81.0mm
실린더 행정	97.0mm
배기량	1,999cc
압축비	12.5 : 1
점화순서	1-3-4-2
최대출력	150PS
최대토크	18.3kgf·m

03 IG그랜저, K7 HEV - 세타 2.4 엔진

〈그림 3〉 세타 2.4엔진 BASIC

세타 2.4 MPI 엔진은 기존 세타 엔진을 HEV 용으로 일부 보안 변경되었으며, 체인 Type을 사일런트 Type인 롤러 타입으로 변경 적용하였으며, 저중량 밸브 스프링을 사용하고 ISG에 대응한 부품의 형상을 변경하고 연비 향상을 위해 고압축비 생성과 피스톤의 형상을 변경하였다.

| 표 3 | IG그랜저, K7 HEV-세타2.4 엔진의 주요 제원

항 목	제 원
형 식	직렬/DOHC
실린더 수	4
실린더 내경	88.0mm
실린더 행정	97.0mm
배기량	2,359cc
압축비	12.5 : 1
점화순서	1-3-4-2
최대출력	159PS
최대토크	21.0kgf·m

04 아이오닉, 니로 HEV - 카파1.6 엔진

〈그림 4〉 카파1.6 HEV엔진

아이오닉, 니로에 적용된 HEV-카파1.6 엔진은 밀러 사이클을 적용하고 GDI(Gasoline Direct Injection)의 최대 연료 분사 압력을 200bar로 향상시켜 연소효율을 개선했으며, 흡기 측에 OCV 일체형 액추에이터를 사용해서 연비 향상 및 응답성을 개선하였다.

| 표 4 | 니로, 아이오닉 HEV-카파1.6 엔진의 주요 제원

항 목	제 원
형 식	직렬, GDI/DOHC
실린더 수	4
실린더 내경	72.0mm
실린더 행정	97.0mm
배기량	1,580cc
압축비	13 : 1
점화순서	1-3-4-2
최대출력	105PS
최대토크	15.0kgf · m

2 HEV 엔진의 주요특징

01 세타 2.4 MPI엔진 시스템 특장점

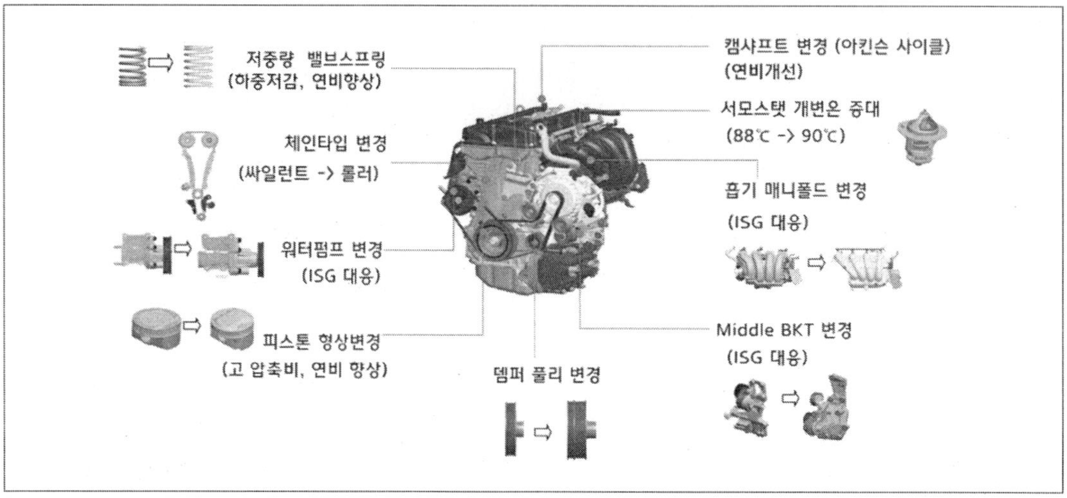

〈그림 5〉 세타 2.4 MPI HEV엔진

<그림 5> 에서와 같이 세타 2.4MPI HEV 엔진은 밀러 사이클이 적용되면서 기존 엔진 대비 압축행정을 짧게 하여 압축 시 발생되는 펌핑로스를 줄이고 폭발행정은 길게 하여 출력적인 면보다는 연비 중심적 설계를 하여 연소 시 형성되는 에너지를 최대로 활용하였다. 대부분의 개선 사양은 연비 및 ISG 대응하는 부분을 중점으로 개선하였다.

연비 향상을 위해 저중량 밸브 스프링과 캠샤프트 변경, 피스톤 형상변경 등을 하였으며, ISG 대응으로는 워터펌프 변경 및 흡기 매니폴드 변경, Middle BKT(브래킷) 등을 변경하여 HEV차량에 보다 효율적으로 개선하였다.

02 카파1.6 HEV 엔진 시스템 특장점

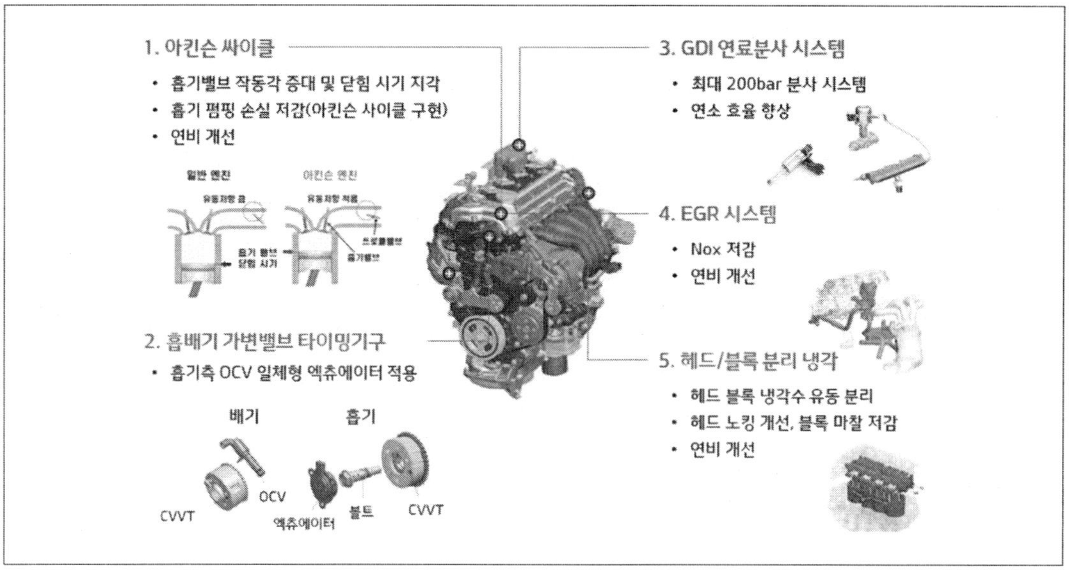

〈그림 6〉 카파1.6 엔진 주요특징

<그림 6>에서와 같이 밀러 사이클을 적용하여 압축 행정을 짧게 하므로 압축 시의 펌핑로스를 줄이고, 팽창행정을 증대해서 폭발 시 형성되는 에너지를 최대한 활용하는 형태를 적용하였다.

흡·배기 가변 밸브 타이밍 기구로는 CVVT시스템의 적용과 흡기 측 OCV 유로를 고정볼트에 형성하여 액튜에이터를 통해서 볼트 내부 로드를 움직이는 형태로 지각 제어를 한다. 이로써 OCV를 통해 유로가 형성되는 방식에 비해 응답성이 향상되었다.

고압 연료 펌프를 적용하여 최대 연료분사 압력을 200bar로 향상해서 연료의 분사 시에 연료 무화가 향상되었으며, 연소 효율이 높아질 수 있었다. 이로써 출력 및 연비의 개선효과를 얻게 되었다.

EGR 시스템은 저속 저부하 시 EGR을 개방하여 흡기 부압을 낮추므로 펌핑로스를 저감시켰으며, 중속 중부하시 낮아진 연소실 온도에 맞추어 적절하게 연료를 분사하여 점화시기 및 분사량을 최적화 하고 노킹 발생을 최적화 하였다.

3 아킨슨 사이클과 밀러 사이클

01 아킨슨 사이클 개요

아킨슨 사이클은 1882년에 영국의 아킨슨이라는 사람에 의해 개발되었다. 일반적인 엔진과 기본구조는 같지만 크랭크샤프트와 커넥팅로드 부분에 이어주는 링크 기구가 추가된 복잡한 구조로 이 엔진에 의해 실현된 연소의 사이클을 아킨슨 사이클이라고 한다. 아킨슨 사이클은 높은 효율을 증명되었지만 구조가 복잡하고 고회전에 대한 대응이 어려워서 널리 보급되지는 못하였다.

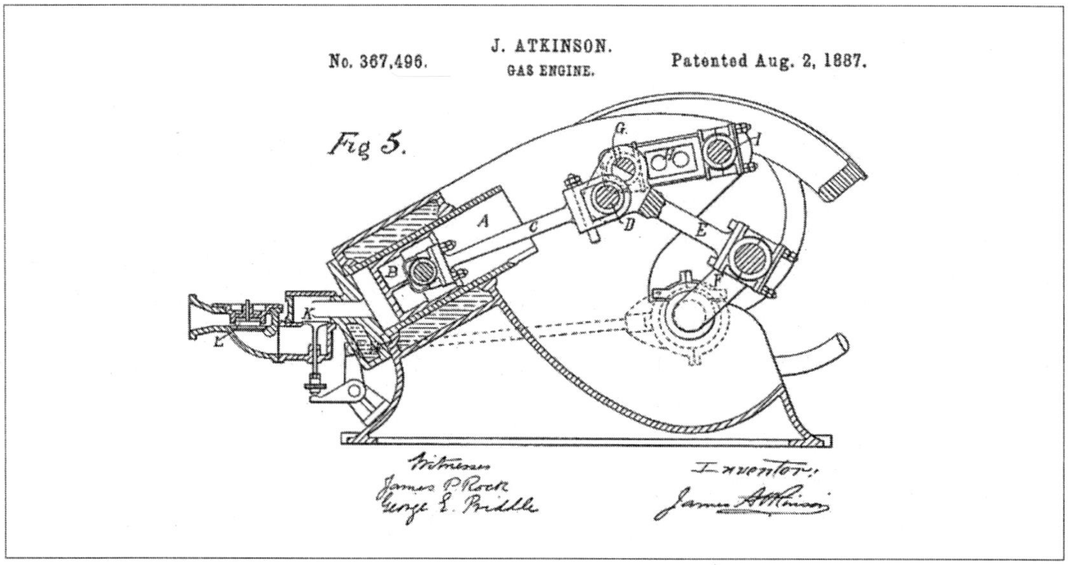

〈그림 7〉 아킨슨 사이클 엔진 설계도

02 밀러 사이클 개요

1947년 미국의 밀러라는 사람이 흡기밸브의 개폐 타이밍을 바꿔서 아킨슨 사이클과 같은 효과를 낼 수 있는 밀러 사이클이 고안되었다. 하지만 가변 밸브 타이밍 기술의 접목 부족으로 실용화까지는 시간이 더 필요했기에 세계 첫 밀러 사이클 엔진의 탄생은 1990년대 마쯔다 가 유노스 800에 탑재한 엔진이었다. 최근에는 GDI 엔진과 특히 HEV 엔진에 밀러 사이클이 적용된다.

밀러 사이클은 아킨슨의 복잡한 링크 구조를 '가변밸브타이밍' 기술로 대체하여 응용한 사이클이라 할 수 있다. 구조는 오토 사이클과 같은 형태이다.

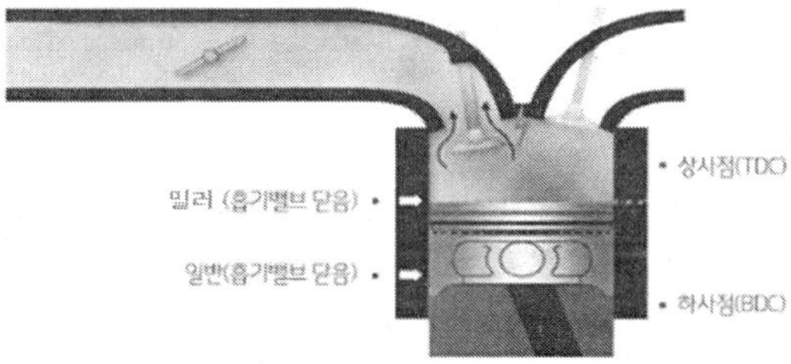

〈그림 8〉 미러사이클

<그림 8>에서 같이 밀러 사이클은 흡기밸브의 열림 타이밍을 증대시켜 피스톤이 하강하여 하사점에 도달 한 후 다시 피스톤이 상승 압축행정 시 흡기 일부를 흡기 포트로 밀어서 되돌린 후 피스톤이 일정부분 상승 후에 흡기밸브를 닫음으로써 펌핑 로스를 줄이고, 팽창비를 최대한으로 하여 효율을 증대한다.

하지만 밀러 사이클의 경우 치명적인 단점이 있는데 압축되는 혼합기가 적어서 엔진의 출력이 떨어지며, 피스톤을 끝까지 밀어 내리므로 인해서 1사이클 이후의 토크는 동일 배기량의 가솔린 엔진 대비 현저히 떨어지고 저속 구간에서는 RPM의 가용 범위가 좁다.

하지만 하이브리드카의 경우 모터와 병행 또는 보조 역할로 엔진이 사용되기 때문에 토크가 부족한 부분을 전기모터가 보완하게 되어 토크 보다는 엔진 효율을 증대할 수 있는 밀러 사이클이 더욱 적합하다는 결론을 얻을 수 있으므로 현재 가솔린엔진을 사용하는 하이브리드카는 밀러 사이클이 적용되고 있다.

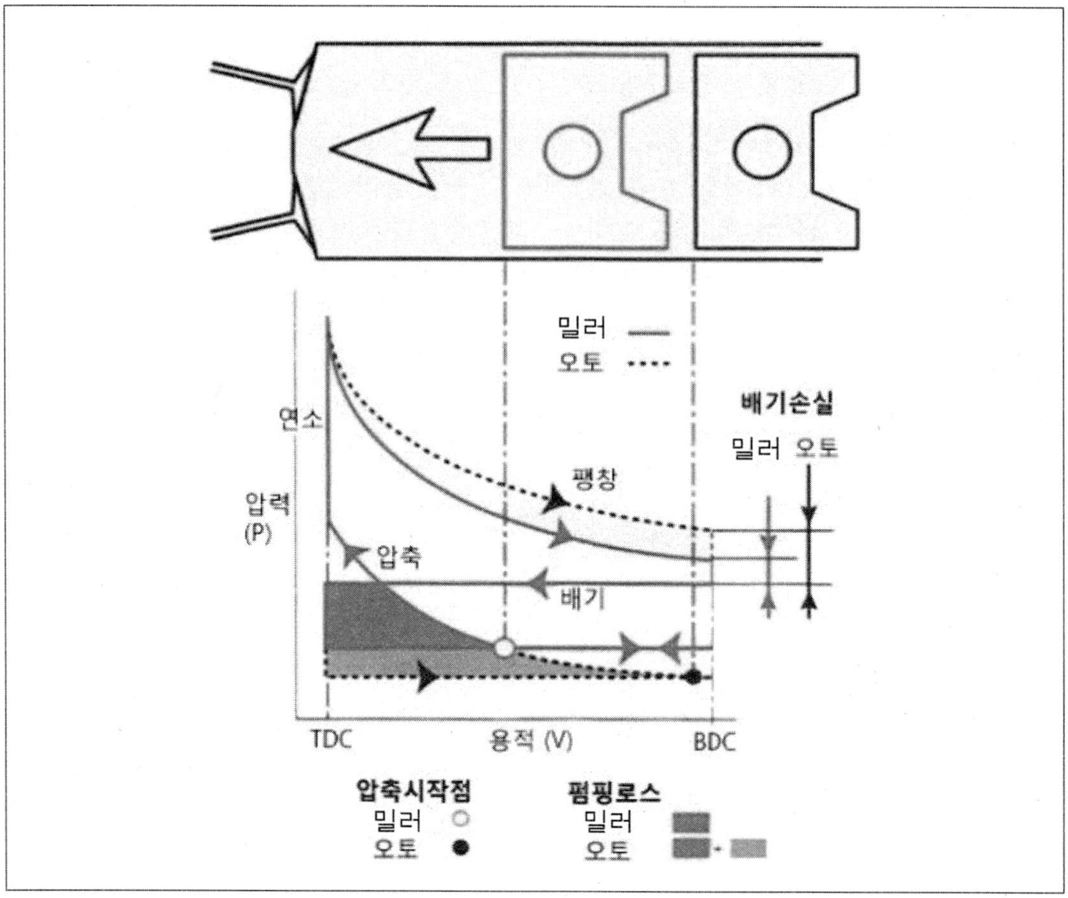

〈그림 9〉 밀러사이클 PV선도

03 밀러 사이클과 밸브타이밍

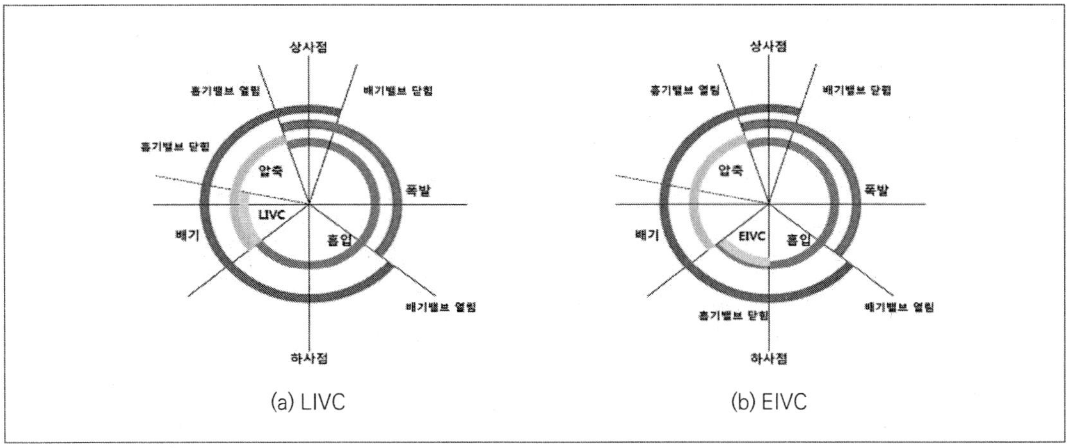

〈그림 10〉 밀러사이클 적용 밸브타이밍

1) LIVC(Late Intake Valve Closing)

흡기밸브의 닫힘 시기를 지각시켜 그로 인한 효과를 얻으려 할 때, 즉 흡기밸브를 늦게 닫도록 제어하는 것을 LIVC 라고 한다.

밀러 사이클에서 가장 핵심적인 부분이 바로 LIVC 제어다. 흡기밸브를 늦게 닫아서 펌핑로스를 최소화 하여 이를 통해 연비 향상 기술을 구현한다.

2

고전압 배터리

학습목표

1. 고전압 배터리 구조와 주요구성품을 이해하고 설명할 수 있다.
2. 고전압 배터리 회로를 이해하고 설명할 수 있다.
3. 고전압 배터리 시스템 주요제어를 설명할 수 있다.

1 고전압 배터리 구조와 제어시스템

하이브리드 시스템에서 고전압 배터리는 주요 핵심요소라 할 수 있다. 고전압 배터리는 모터 구동에 필요한 전기에너지를 공급하고, 감속 시 및 주행 과정에서 엔진에 의해 발생되는 에너지를 회수 저장하는 하이브리드카의 가장 중요한 핵심 부품이다.

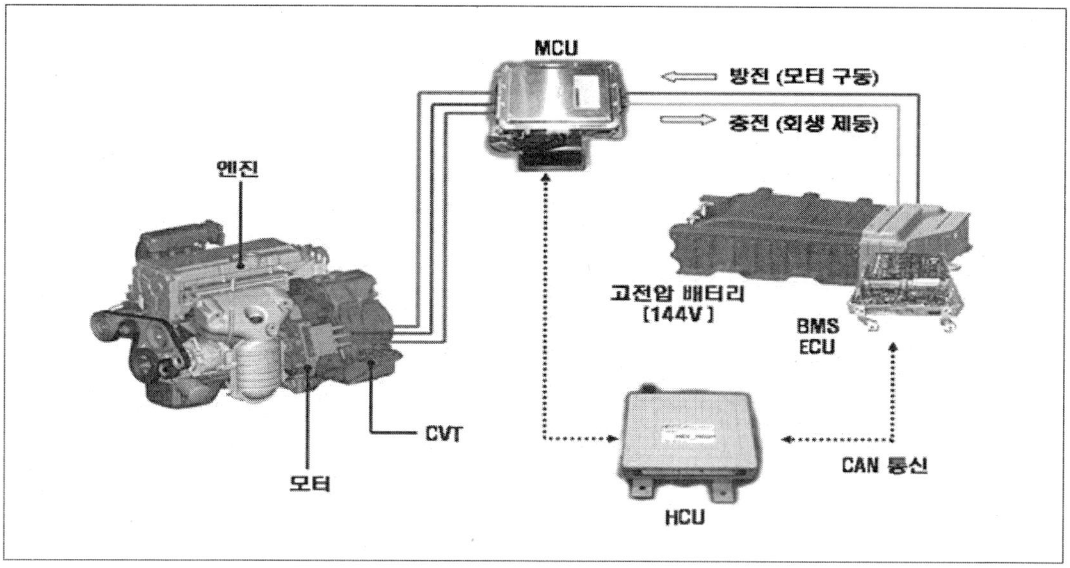

〈그림 11〉 고전압 배터리 에너지 입/출력 개요

2 배터리 분류

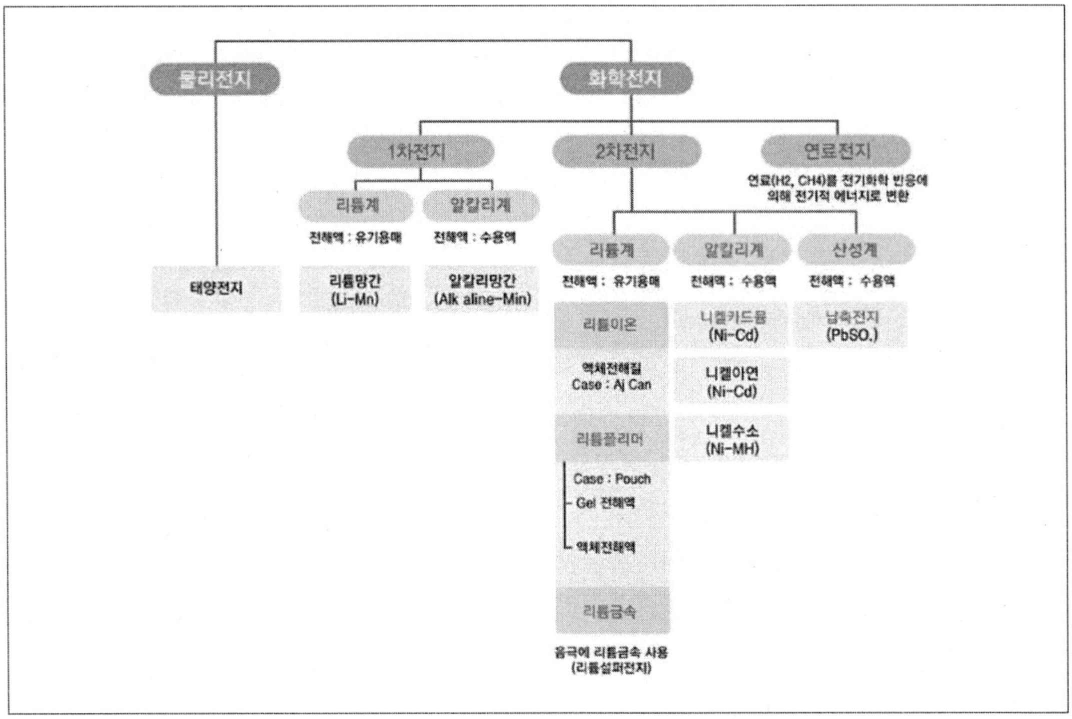

〈그림 12〉 1차전지, 2차 전지 분류

<그림 12>에서와 같이 배터리는 1차 전지와 2차 전지로 나눌 수 있다. 1차 전지는 한번 사용하고 용량이 모두 소모되면 폐기하는 전지를 말하며, 2차 전지는 에너지를 사용한 후에도 계속 충·방전을 하여 재사용할 수 있는 전지를 말한다. 자동차에 사용하는 전지는 2차 전지에 해당한다.

2차 전지는 리듐계, 알칼리계, 산성계가 있으며, 하이브리드 자동차용 배터리로는 알칼리계와 리튬계의 배터리가 적용되고 있다. 그중 가장 가볍고 큰 에너지 밀도를 구현하는 리튬계의 배터리가 그 대부분을 차지하고 있다.

3 리튬이온 배터리 충·방전 원리

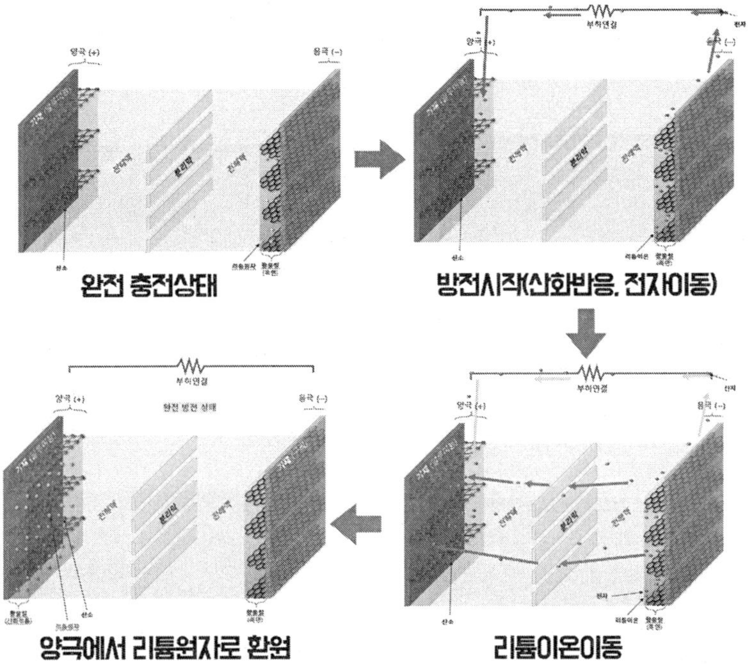

〈그림 13〉 리튬이온 배터리 방전상태

① 충전상태인 리튬 원자는 '음극'에 위치하고 있다.

② 방전 시, 음극에 저장되어 있던 리튬 원자가 리튬 양이온과 전자로 분리되어 '양극'으로 이동한다.

③ 전자는 연결된 배선을 따라 이동하며, 이때 전자의 이동에 의해 전기가 발생하여 연결된 부하에 전기를 공급한다.

④ 리튬 양이온은 '전해액을 통해 양극'으로 이동한다.

⑤ 양극으로 이동된 리튬양이온과 전자가 만나 다시 리튬 원자로 결합한다. 리튬 이온과 전자가 합쳐지는 과정은 '환원반응'에 해당한다.

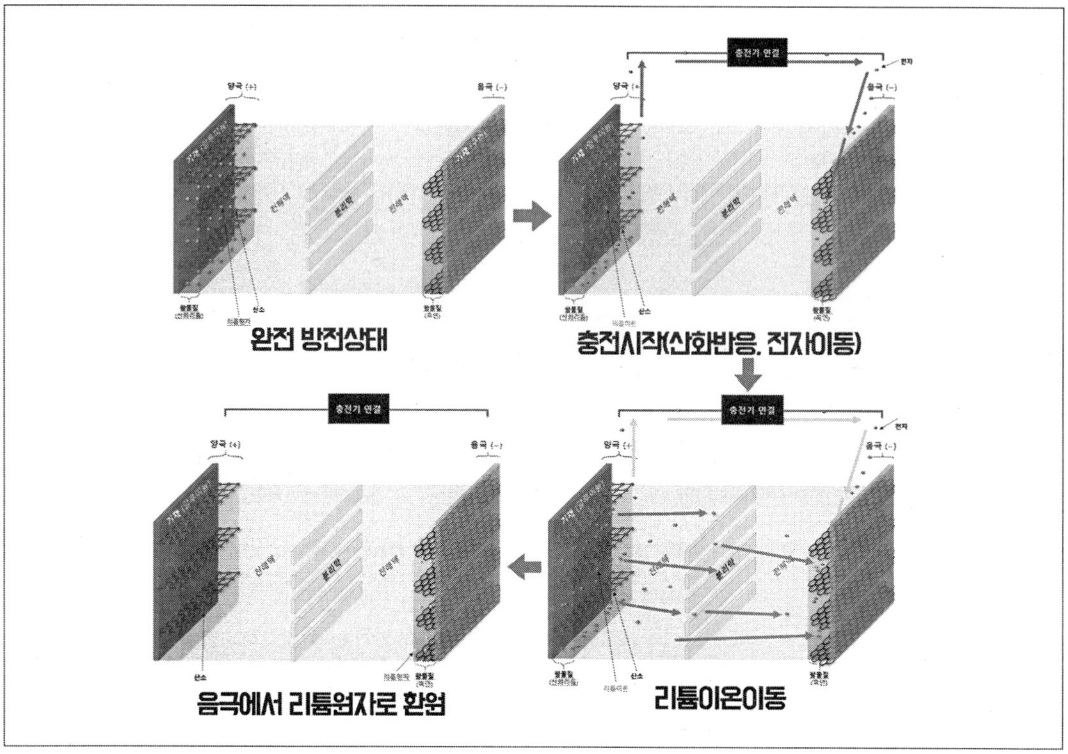

〈그림 14〉 리튬이온 배터리 충전상태

① 방전 상태에서는 리튬 원자가 '양극'에 위치하고 있다.

② 방전 상태에서 충전 시, 양극에 있던 리튬원자가 '리튬 양이온'과 '전자'로 이온화된다.

③ 전자는 연결된 배선을 따라 '양극에서 음극'으로 이동한다.

④ 리튬 양이온은 '전해액을 통해 음극'으로 이동한다.

⑤ 음극으로 이동된 리튬 양이온과 전자는 음극의 활물질인 흑연의 구조 속에 층층이 저장된다. 이때 리튬 원자와 전자가 합쳐지는 과정이므로 '환원 반응'에 해당한다.

4 배터리 팩

〈그림 15〉 고전압 배터리팩

배터리팩은 사양에 따라 여러 개의 모듈로 구성되고 1개의 모듈은 또한 여러 개의 셀로 구성되어 있으며 직렬로 연결되어 있다.

배터리팩에는 외부 온도 센서가 장착되어 있어서 배터리팩의 주변 온도를 측정하고, 내부 온도 센서는 배터리팩의 온도를 측정하여 BMS로 입력시킨다.

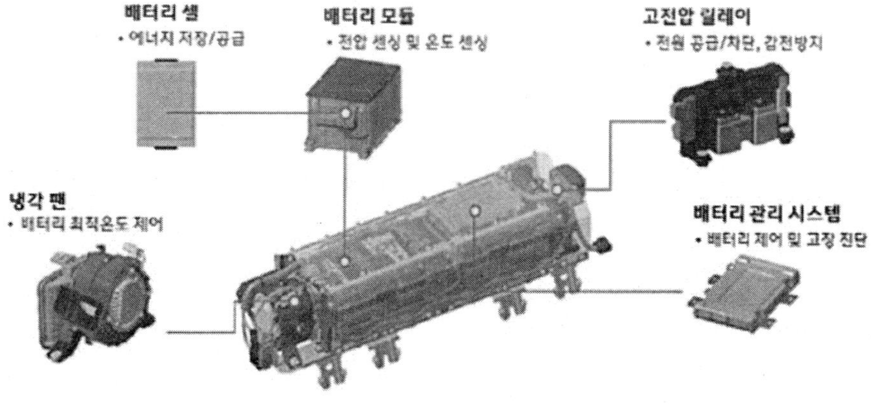

〈그림 16〉 고전압 배터리 시스템 구성

<그림 16>에서와 같이 고전압 배터리시스템 구성을 확인할 수 있다. 각각의 구성품에 대해 알아보자.

① 고전압 배터리 : 전기 에너지 저장 및 고전압 부품에 에너지 공급함
② BMS : 배터리 SOC 예측 및 PRA(고전압 릴레이), 고전압 배터리 냉각 팬제어함
③ PRA(고전압 릴레이) : 배터리의 고전압과 고전압 부품 사이의 전원 연결 및 차단과 현재 흐르는 전류를 측정함
④ 냉각팬 : 고전압 배터리 냉각 및 PWM 제어
⑤ 냉각 덕트 : 냉각 유량 확보 및 소음 저감
⑥ 안전 플러그 : 냉각 유량 확보 및 소음 저감
⑦ VDP : 배터리 과충전 시 고전압 차단

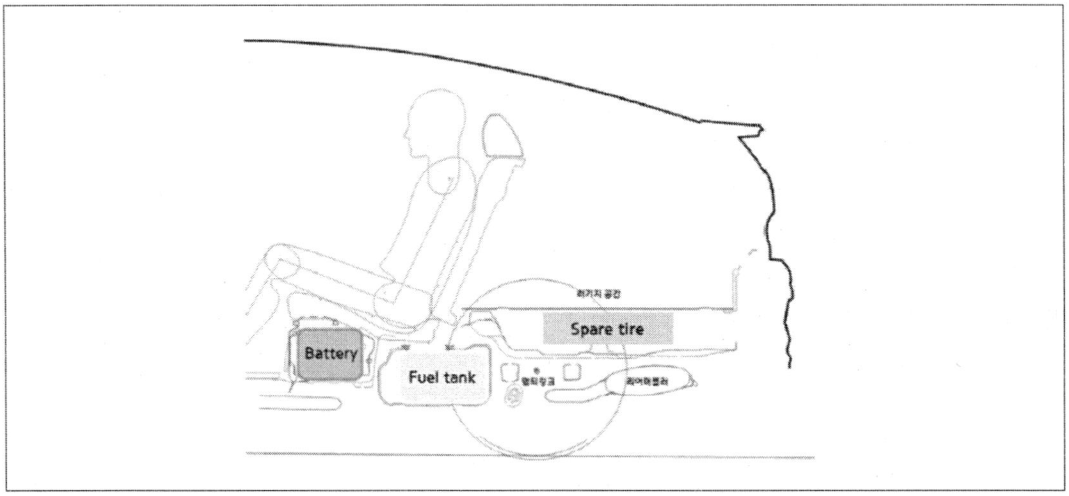

〈그림 17〉 고전압 배터리 패키지 사례

<그림 17>에서 보여지듯이 배터리를 시트하부에 탑재하여 러기지룸을 기본차와 동등한 수준을 획보하는 것이 가능하다. 또한 후방충돌 싱황시 보다 인진하게 배터리시스템을 보호할 수 있다. 후석시트 하부에 배터리를 탑재함으로써 연료탱크 공간은 기본차 대비 줄어들지만 차량 연비가 개선되어 항속거리는 기본차 이상으로 확보가 가능하다.

5 BMS(Battery Management System)

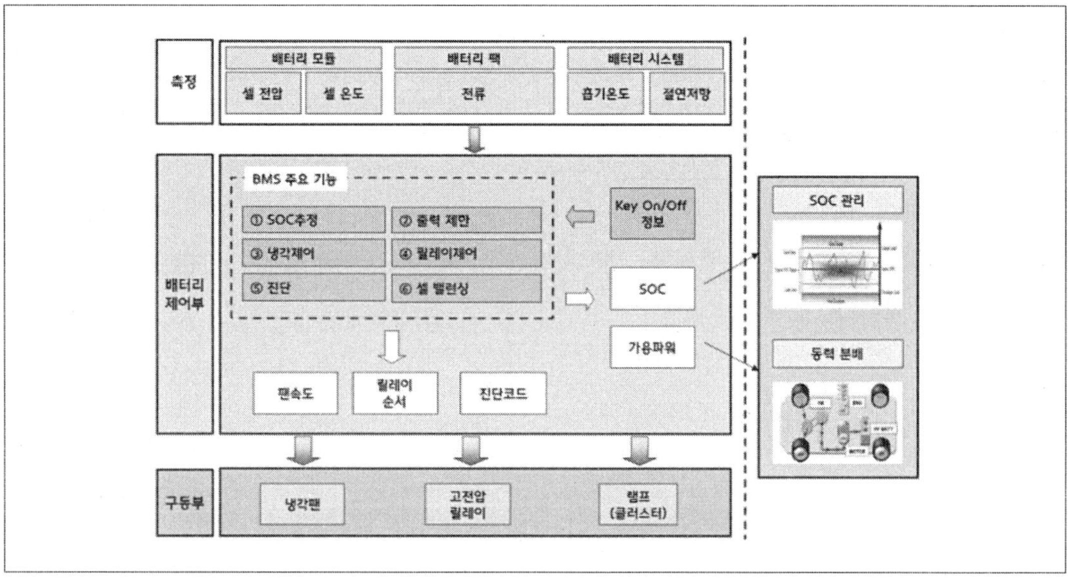

〈그림 18〉 BMS 주요기능

BMS는 고전압 배터리 제어와 모니터링을 하며 종합적으로 연산 된 배터리 에너지 상태 정보를 HCU 또는 MCU로 송신하는 역확을 한다. 주요 기능은 다음과 같다.

① SOC 추정

배터리의 전압, 전류, 온도를 측정하여 배터리의 SOC를 계산하고 차량 제어기에 전송하여 적정 SOC 영역관리 및 배터리의 사용 가능한 에너지를 추정한다.

② 셀 밸런싱

배터리 충/방전 과정에서 전압 편차가 생긴 셀을 동일한 전압으로 매칭시킴으로 배터리 내구수명 증대와 사용 가능 에너지 용량을 증대, 배터리의 에너지 효율을 증대 한다.

③ 파워제한

배터리 보호를 위해 상황 별 입/출력 에너지 제한 값을 산출하여서 차량 제어기로 정보를 제공하고, 배터리의 가용 파워를 예측하여 배터리의 과도한 충·방전 방지 및 내구성 확보와 배터리 충·방전 에너지를 극대화 한다.

④ 냉각 제어

최적의 배터리 동작 온도를 유지하기 위해서 냉각 팬을 이용하여 배터리 온도를 유지 관리한다.

⑤ 진단

Fail-Safe Level을 분류하여 출력 제한치를 규정하고, 배터리 시스템의 고장 진단 및 데이터 모니터링, 소프트웨어를 Rewrite 한다. 그리고 차량 측 제어 이상 및 전지 열화에 의한 배터리의 안전사고를 방지하기 위해 릴레이를 제어한다.

⑥ 고전압 릴레이 제어

고전압을 사용하는 구성품에 전원공급 및 차단한는 역할을 수행하고, 고전압계 고장으로 인한 안전사고를 방지한다.

1) BMS 절연 파괴 부품 검사

〈그림 19〉 니로 하이브리드 경고등

[검사 시작]

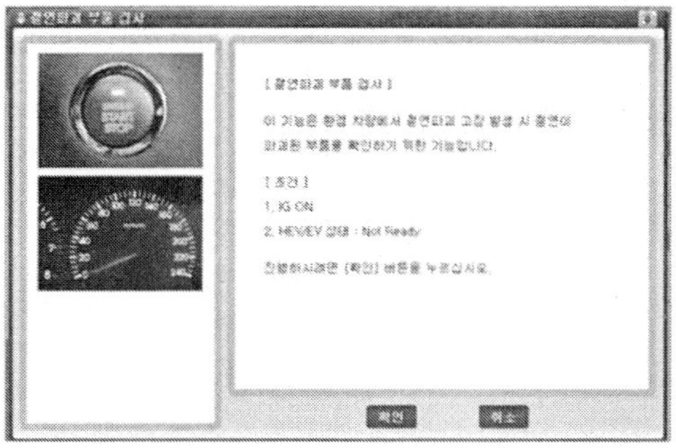

- 고전압을 사용하는 모든 부품에 대한 절연 검사 수행
- 배터리와 각 제어기간 고전압 폐회로 구성 후 진단 수행

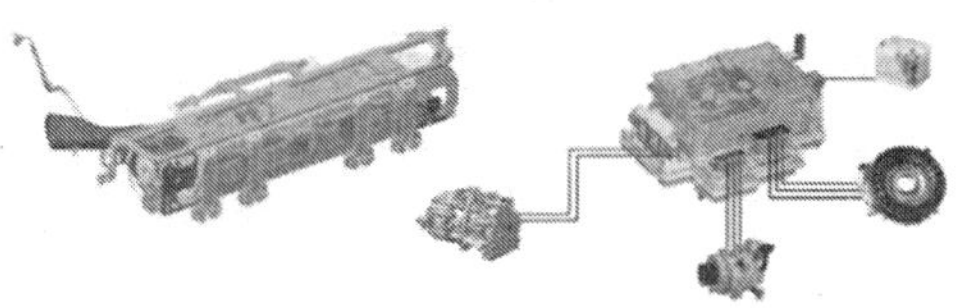

[검사 완료]

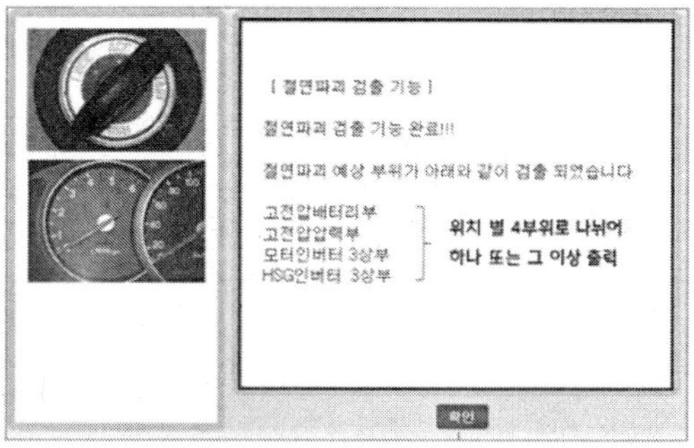

- 각 검사 부위 별 40초씩 검사 수행
- 전압 인가 방식으로 고전압 배터리(240V)를 활용하여 절연도 검사(메가 옴 테스터기와 유사)
- 고전압 라인 및 각 제어기가 제어하는 3상 라인의 절연도 검사

〈그림 20〉 니로, 아이오닉 BMS 절연 파괴 부품검사 진행순서

[IGN On 상태에서 실행]

검사 진행 순서(자동으로 다음 단계로 이동)

① 고전압 배터리 자체 절연파괴 검사 실시 → 파괴 시 '고전압 배터리부' 문구 표시

② PRA(메인 +, -)릴레이 On

③ 고전압 배터리~직류 고전압 라인 검사 → 파괴 시 '고전압 입력부' 문구 표시

④ 고전압 배터리~MCU 3상 라인 검사 → 파괴 시 '모터인버터 3상부' 문구 표시

⑤ 고전압 배터리~HSG 3상 라인 검사 → 파괴 시 'HSG 인버터 3상부' 문구 표시

6 셀 밸런싱

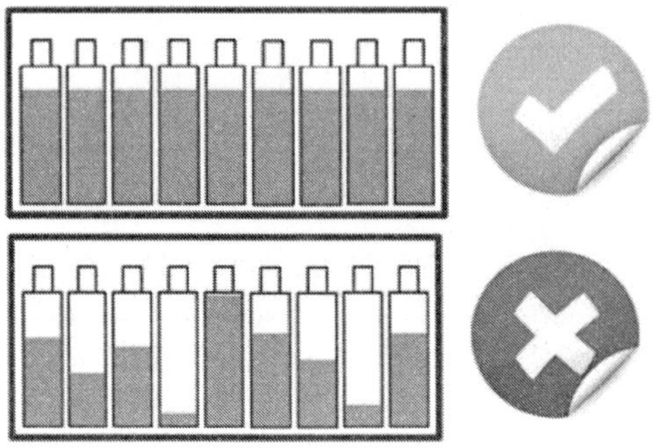

〈그림 21〉 셀 밸런싱

01 셀 밸런싱이란

셀 밸런싱은 배터리의 보호 기능 중 하나로서 리튬 계열 배터리를 직렬로 연결 시 매우 중요한 부분인데 그 이유는 배터리의 수명과 직결되기 때문이다.

리튬 계열 배터리의 경우 과전압이 생길 경우에 셀 성능이 급격히 저하하는 특성이 있다. 또한 여러 개의 셀을 모아서 고전압의 배터리를 구성하고 있기 때문에 각 셀들이 지니고 있는 잔류 전하량이 다르면 충전 전압 또한 편차가 생겨 일부 셀이 다른 셀보다 먼저 최대 전압에 이르는 현상이 발생하게 되는데 이로 인해서 셀의 균형이 깨지고 셀 충전 및 용량의 불일치가 야기되므로 항속거리에 대한 신뢰도도 성능이 매우 떨어지게 된다. 이러한 부분을 막기 위해서라도 셀 밸런싱은 고전압 배터리에서 매우 중요한 부분이다.

셀간 전압 차가 최대 2% 이내가 되도록 제어하며 1.0V 이상이 되면 DTC가 출력되면서 경고등이 점등된다.

02 패시브 셀 밸런싱

패시브 셀 밸런싱은 전압이 높은 셀의 용량을 각 셀과 연결된 저항을 이용해 에너지를 열로 소산 시켜 나머지 셀이 충전을 계속할 수 있도록 하고, 배터리 사용 시에는 가장 낮은 셀 전압에 맞추어 다른 셀의 방전을 유도함으로써 셀의 균형을 맞추게 하는 방식이다. 이 방법은 신뢰성이 높고 구조가 간단하지만, 에너지가 열로 손실되기 때문에 효율이 떨어진다.

03 액티브 셀 밸런싱

액티브 셀 밸런싱은 패시브 방식에서 열로 소산되였던 용량을 아직 완충되지 않은 다른 셀을 충전하는데 사용하는 방식이다. 배터리 방전 시에도 셀 간 전압 균형을 맞추기 위해 전력을 옮길 수 있어서 효율성 측면에서 장점이 크지만 구조가 복잡해지고 비용이 상승한다.

7 SOC(State of Charge)와 SOH(State of Health)

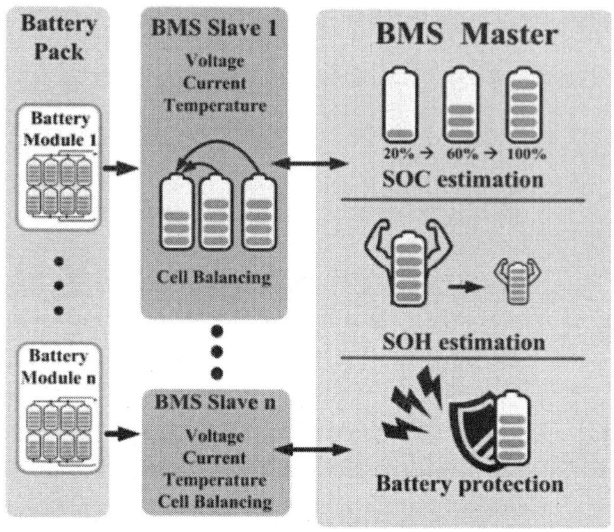

〈그림 22〉 SOC, SOH

01 SOC

SOC는 배터리의 현재 잔존 용량을 의미한다. 즉 현재 사용할 수 있는 배터리 용량을 전체 용량으로 나누어 %로 나타낸 값이다. SOC 값을 기준으로 충전 또는 방전의 시점 및 종료를 결정하게 된다. SOC는 측정값이 아닌 추정된 값이기 때문에 얼마만큼의 오차를 줄이느냐가 핵심적 기술이라 할 수 있다.

BMS는 배터리의 전압, 전류, 온도를 측정하여 배터리의 SOC를 연산하고 이 연산된 값을 HCU에 전송하여 적정한 SOC 영역으로 지속적 관리한다.

02 SOH

SOH는 배터리의 노화 상태를 의미하며 일반적으로 새 배터리 기준 노화 정도를 %로 표현한다. 리듐 계열 배터리는 충·방전을 반복하면 내부저항의 증가로 인해 용량이 감소하게 된다. 이러한 정보를 바탕으로 SOH를 추정한다. 자동차용 고전압 배터리의 경우 SOH량이 80% 이하로 저하되면 교환은 권장한다.

8 PRA(Power Relay Assembly)

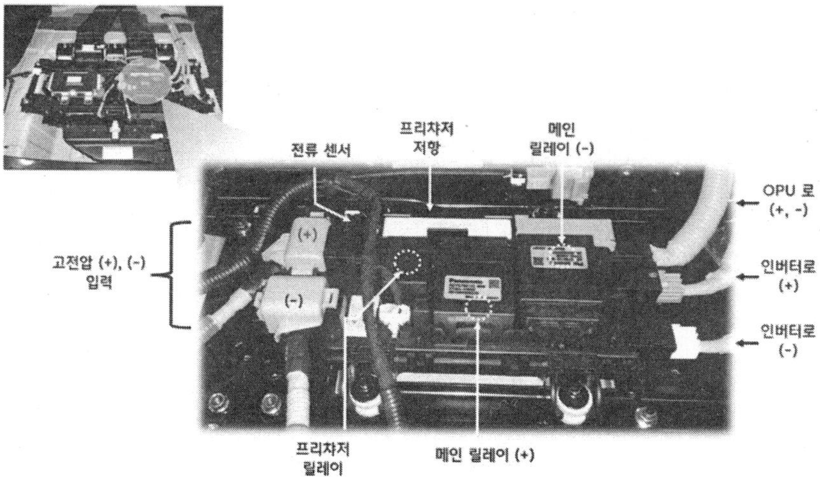

〈그림 22〉 YG쏘나타 PAR 구성

01 PRA의 구성품 역할

① 메인 릴레이(+. -)

고전압 배터리에서 공급되는 전원을 인버터에 공급 또는 차단하고 (+) 릴레이에서 출력된 전원은 (-) 릴레이를 통해 고전압 배터리로 접지된다.

② 프리챠저 릴레이, 프리챠저 저항

메인 릴레이 구동전, 먼저 구동되어 고전압을 프리챠저 저항을 통해 인버터로 공급하고 급격한 고전압 입력에 따른 돌입전류(서지입력전류)를 방지한다. 프리챠저 릴레이는 (+) 전원만 릴레이를 통해 공급하고, 공급된 전원은 (-) 메인 릴레이를 통해 고전압 배터리로 접지한다.

③ 전류 센서

배터리를 통해 공급되는 전류량을 검출한다.

1) 고전압 릴레이 점검 방법

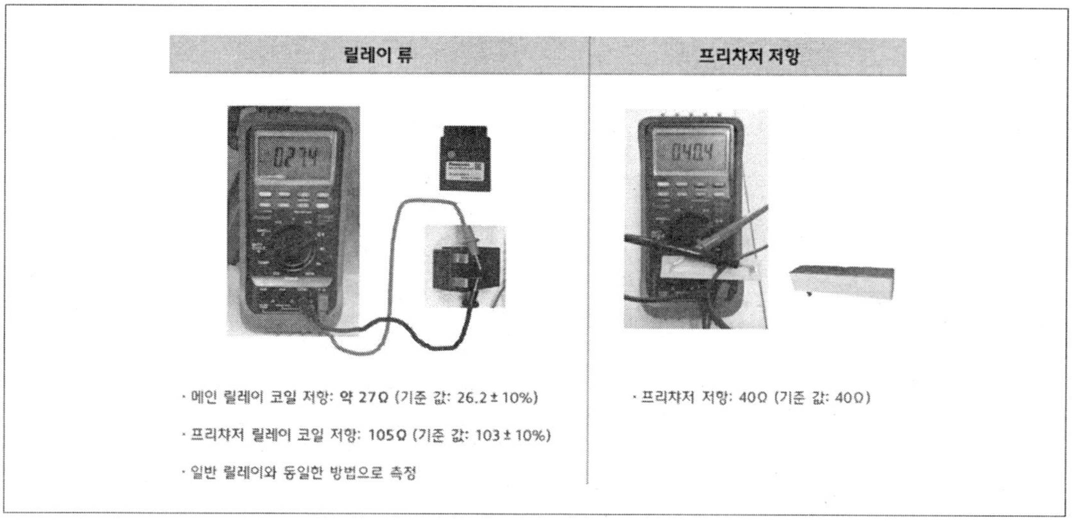

〈그림 24〉 고전압 릴레이 점검예시

고전압 릴레이는 일반 릴레이와 동일한 방법으로 점검한다. <그림 24>에서와 같이 릴레이 코일은 BMS가 인가하는 저전압(12V)을 통해 구동되며, 릴레이가 구동되면 접점을 통해 고전압(240V)이 HPCU 측면의 고전압 정션 블록으로 인가된다.

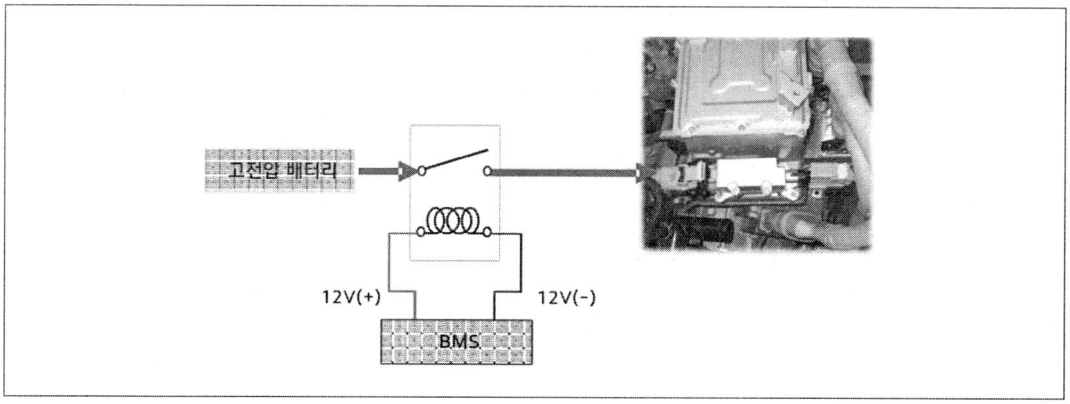

〈그림 25〉 고전압 릴레이 회로

9 고전압 배터리 냉각 시스템

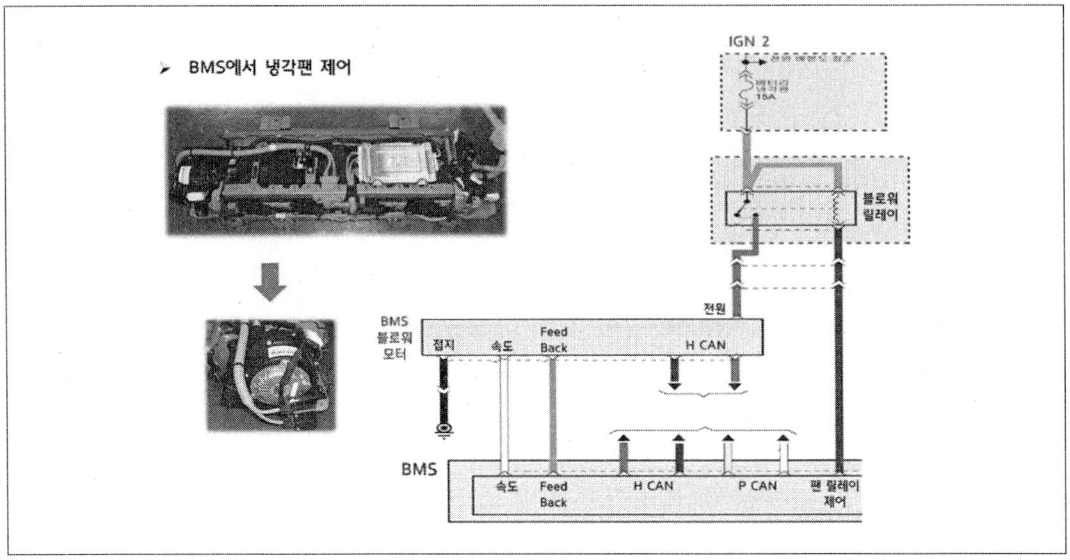

〈그림 26〉 니로, 아이오닉 고전압 배터리 냉각시스템 회로구성

고전압 배터리 냉각 팬은 BMS 단독으로 제어한다. HCU에서 Ready 신호를 수신한 후 배터리 온도가 상승할 경우 블로워 릴레이를 구동하며, PWM 신호를 통해 팬 속도를 제어한다. 그리고 Feed Back 라인을 통해 팬의 상태를 판단하여 고장진단을 수행한다.

고전압 배터리는 팬 제어를 통해 평균 30℃ 이하를 유지하며, 배터리의 온도가 32℃를 초과하면 동작을 시작한다.

블로워 모터 각 단자의 역할은 살펴보자.

① H CAN

팬이 구동되지 않을 경우 모터 불량인지 외부 커넥터 접촉 불량인지 판단하기 위해 적용되며, PWM 라인과 동일한 모터 속도 신호를 출력한다.(둘 중 하나가 정상일 경우 팬 정상 동작됨)

② 속도 제어

BMS에서 블로워 모터로 팬 속도 신호를 전송하고 총 9단계 속도를 제어한다.

③ Feed Back

블로워 모터에서 BMS로 팬 속도를 Feed Back 한다.

10 고전압 인터록 회로

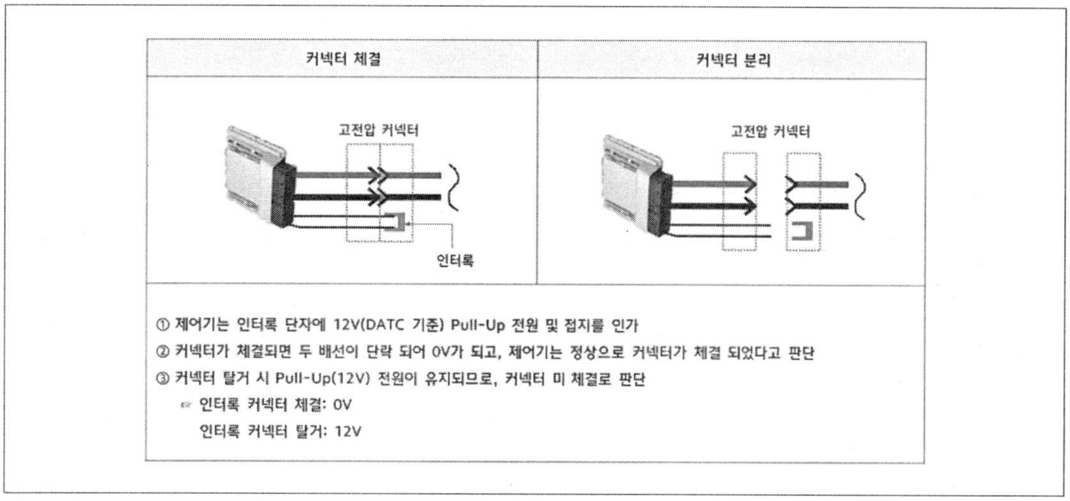

〈그림 27〉 고전압 인터록 커넥터

고전압 케이블의 체결 상태를 확인하기 위해 각 제어기가 감지하고, 전압의 변화를 감지하며, 고전압 커넥터 체결/해제 시 함께 체결/해제된다.

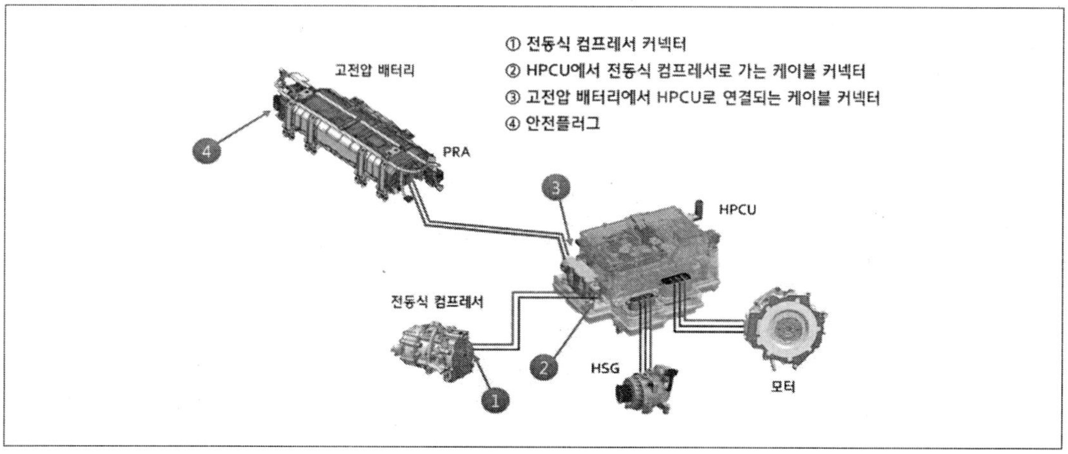

〈그림 28〉 니로, 아이오닉 고전압 인터록 회로구성

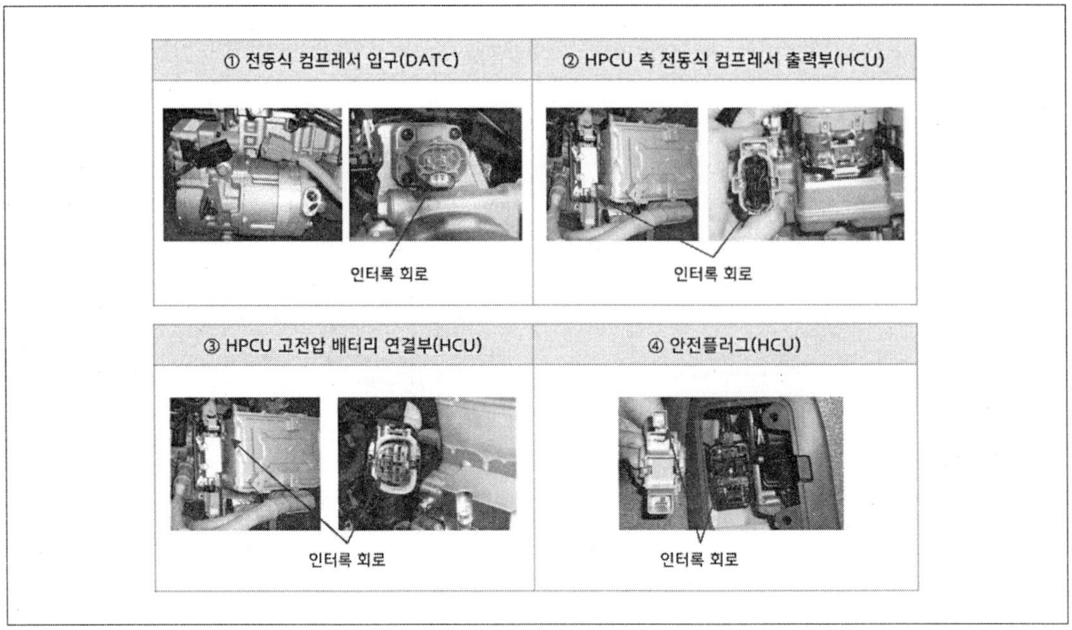

〈그림 29〉 니로, 아이오닉 인터록 회로 상세 위치

인터록 장치는 고전압을 사용하는 제어기 커넥터에 적용되어 있으며 정상적인 케넥터의 체결 상태를 감지한다.

만일 고전압 커넥터가 이탈되어 인터록이 해제되면 주행상태에 따라 고전압이 제어된다.

중행 중 인터록 탈거 시에는 현재 주행상태는 유지되나 정상 시 PRA를 Off 시켜 고전압을 차단시킨다.

차량이 정차 상태에서 인터록 탈거 시에는 즉시 PRA를 Off 하여 고전압을 차단한다.

11 안전 플러그

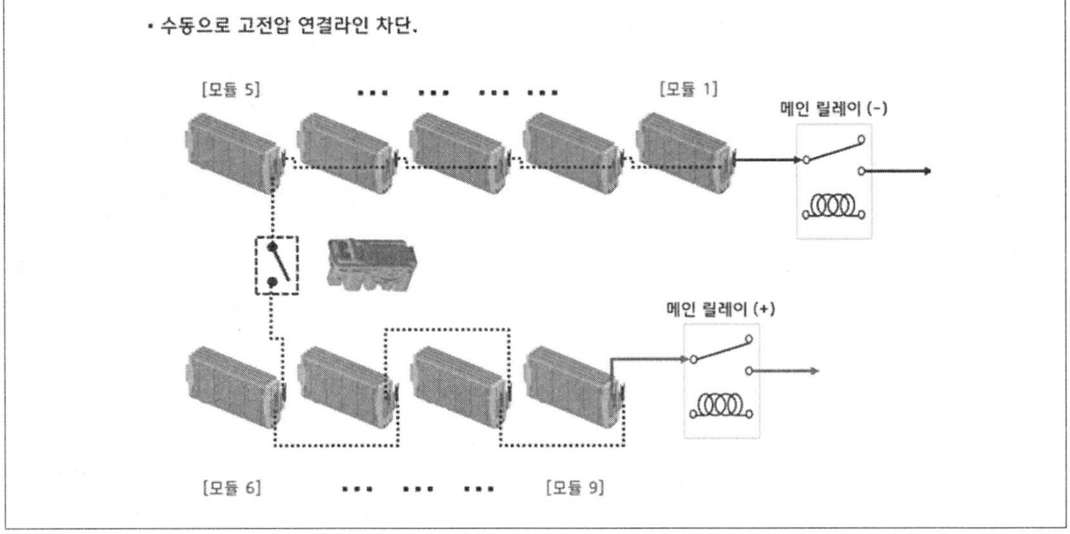

〈그림 30〉 YG쏘나타 안전 플러그

안전 플러그는 수동으로 고전압 배터리 연결 회로를 단선시켜 차량에 공급되는 전원을 차단하는 역할을 한다.

차량 정비 전 플러그를 반드시 플러그를 탈거하여 배터리 회로를 차단하여야 한다.

[차량 정비 시 작업 순서]

① IGN 전원을 Off한다.

② 절연 장갑을 착용한 상태에서 트렁크에 위치한 저전압 배터리 접지를 탈거한다.

③ 안전 플러그를 탈거한 후 약 10분 이상 대기한다.(인버터 내부에 충전된 고전압 방전 시간을 벌기 위함)

④ 고전압 직류 라인(PRA 또는 HPCU 고전압 정션박스 등)을 측정하여 0V인지 확인한다.

⑤ 안전에 주의하여 차량 점검을 실시한다.

3

HEV 구동모터

학습목표

1. HEV 차량의 구동모터에 대해 알아보고 주요제원 사양을 설명할 수 있다.
2. HEV 구동모터의 주요 사양을 설명할 수 있다.
3. HEV 구동모터와 관련된 주변 제어요소를 살펴보고 설명할 수 있다.

1 HEV구동모터 구조 및 제원

하이브리드 자동차의 주 동력원인 엔진과 더불어 모터는 핵심적인 부품이다. 모터는 배터리로부터 전력을 공급받아 엔진의 구동력을 보조하고 감속 시 발생하는 전기에너지를 배터리에 충전시키는 발전기의 역할 또한 수행한다. 하이브리드 자동차에 모터의 경우 AC의 높은 전압으로 구동하는 고출력 영구자석형 동기 모터를 주로 사용한다. 이는 엔진 시동 제어와 발진 및 가속 시 작동된다.

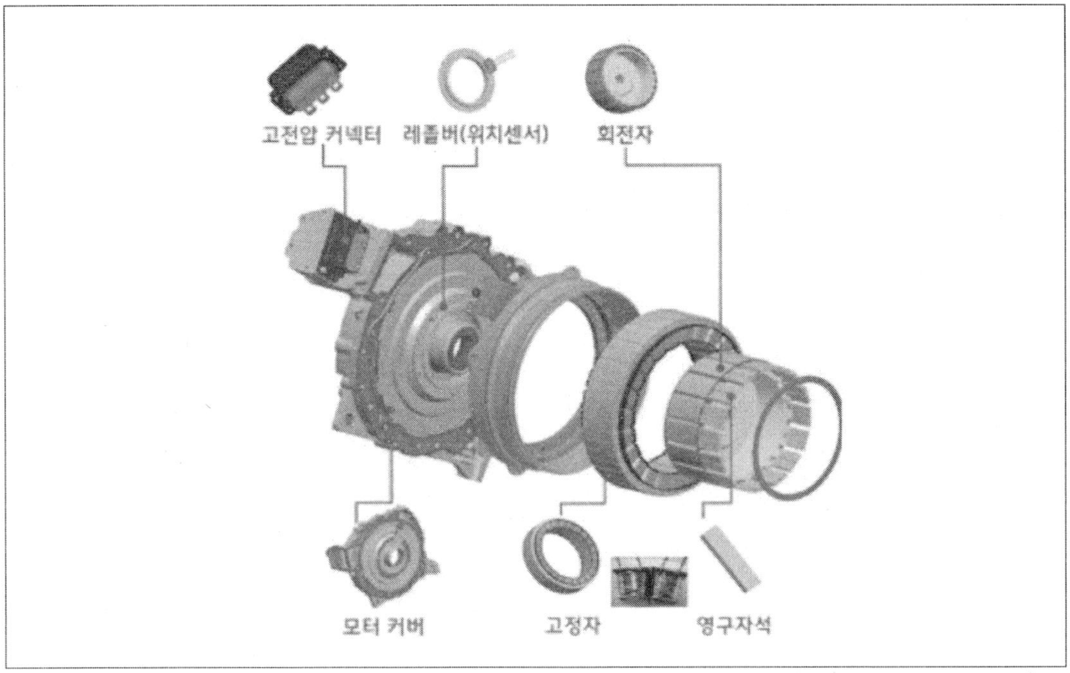

〈그림 1〉 HEV 구동모터 구조

2 HEV구동모터 구성품 및 작동원리

01 HEV구동모터 구성품

① 회전자(로터 : ROTOR)

회전자는 영구자석이 내장된 로터이며, 이런한 방식을 IPM(lnterior Permanent Magnet)방식이라고 한다. 또한 영구자석을 매립하지 않고 부착한 형태의 방식은 SPM(Surface Permanent Magnet) 방식이라고 한다.

로터는 모터 고정자에 형성된 회전자계에 의해 발생 된 회전 토크를 변속기 입력축으로 전달하는 역할을 한다.

② 고정자(스테이터 : STATOR)

구동모터의 고정자는 3상의 계자 코일이 Y-결선 형태로 감겨 있어서 각 상에 인가되는 전류를 적절히 제어하여 속도와 토크를 조절한다. 회전자 구동을 위한 회전 자계가 만들어지는 부위이다.

③ 레졸버(Resolver)

구동모터의 레졸버(위치 센서)는 로터의 속도 및 위치를 정확하게 검출하기 위해 장착된 센서로 MCU(Motor Control Unit)에서 이 신호를 바탕으로 모터를 정밀하게 제어한다.

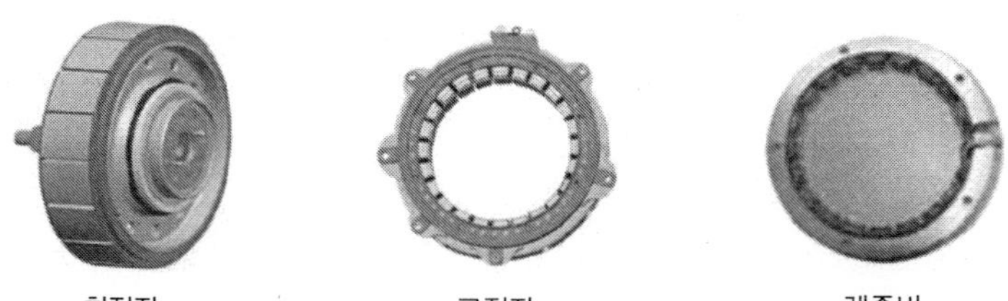

〈그림 2〉 HEV구동모터 주요 구성품

02 HEV구동모터 타입별 기능별 분류

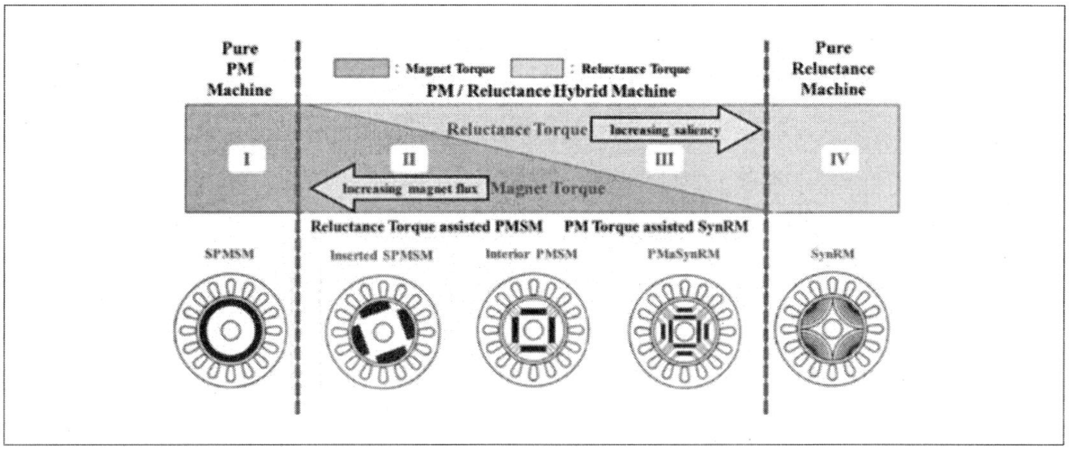

〈그림 3〉 동기전동기 분류

1) 구동모터의 타입, 기능별 분류

전동기를 분류하는 가장 대표적인 방법으로 크게 크게 교류전동기(ACM : AC Motor)와 직류전동기(DCM : DC Motor) 로 구분하는데 교류전동기는 동기전동기와 비동기 전동기로 나뉘며 동기전동기에는 영구자석 동기전동기(PMSM), 릴럭턴스 동기전동기(SynRM), 영구자석 저감형 릴럭턴스 동기전동기(Pma-SynRM))가 있고 비동기 전동기에는 유도전동기(IM)가 있다. 직류전동기는 브러쉬 부착전동기(Brush DCM)와 브러쉬 리스 전동기(Brushless DCM)가 있다.

영구자석형 동기모터(PMSM)는 영구자석을 회전자에 어떻게 결합하는가에 따라서 표면자석형 동기기(Surface Permanent Magnet Synchronous Motor)와 매입자석형 동기기(Interior Permanent Magnet Synchronous Motor)로 분류할 수 있고, 역기전력파형과 입력 전류의 형상에 따라서 크게 BLDC(직류) PM 모터와 BLAC(교류) PM 모터로 구분한다.

BLDC(직류) PM 모터는 전류의 방향이 변할 때마다 큰 토크 리플이 발생하여 제어적으로 문제가 되어 하이브리드카용 구동모터로는 적합지 않다. BLAC(교류) PM 모터 방식들이 주로 적용되고 있다.

<그림 3>는 영구자석/릴럭턴스 토크 성분의 비에 따른 분류를 보여주고 있다.

SPMSM은 영구자석에 의한 토크 성분이 대부분인 순수한 PM 모터이고, SynRM은 영구자석을 포함하지 않고 릴럭턴스 성분만을 사용하는 순수한 릴럭턴스 모터이다. 하이브리드카용 구동모터로는 토크 밀도가 높고 릴럭턴스 토크도 적절하게 활용할 수 있는 매입 자석형 영구자석 모터(IPMSM)를 주로 사용하고 있는데 통상 PMSM이라고 한다.

2) 구동모터의 타입별 특징

하이브리드차에 적용할 수 있는 구동모터로는 직류 모터, 유도 모터, 영구자석형 모터, 스위치드 릴럭턴스 모터 등이 있으나 브러쉬리스 교류 동기모터나 유도전동기를 사용한다.

직류 모터는 속도가 전압에 비례하기 때문에 속도를 증가시키기 위해서는 전압을 제어해야 하고 기계적인 스위칭 방식의 구조인 브러쉬와 정류자의 구조로 인해 수명에 짧아지고 마찰이 심해서 통전 시 스파크가 발생하는 문제점들이 있다. 최대 회전수는 4,000~6,000rpm이며 최대효율은 88~91% 정도로 낮은 편이다. 유도전동기의 경우 전압/주파수 제어를 통해 가·변속이 용이하고 회전수는 9,000~15,000rpm이다. 최대효율은 94~95% 정도로 낮으며 토크 밀도가 낮아 사이즈 면에서는 불리한 부분이 있다.

영구자석형 모터는 효율은 최대 95~97%으로 높은 편으로 저속에서 고 토크를 낼 수 있어 저속 특성이 우수하다. 하지만 제어를 위한 드라이브 가격이 비싸고 영구자석의 가격이 비싸다는 단점이 있다. 회전수는 4,000~15,000rpm 정도이고 견고하며 유지보수 측면에서는 탁월하다.

스위치드 릴럭턴스 모터는 최대 효율은 90% 이상으로 낮은 편이나 고정자/회전자 구조가 간단하고 온도 특성도 우수하며 영구자석형 모터에 비해 가격도 저렴하지만 구동 드라이브 가격이 비싸고 소음/진동이 나쁘다는 단점이 있다.

3) HEV 구동모터 성능 특성

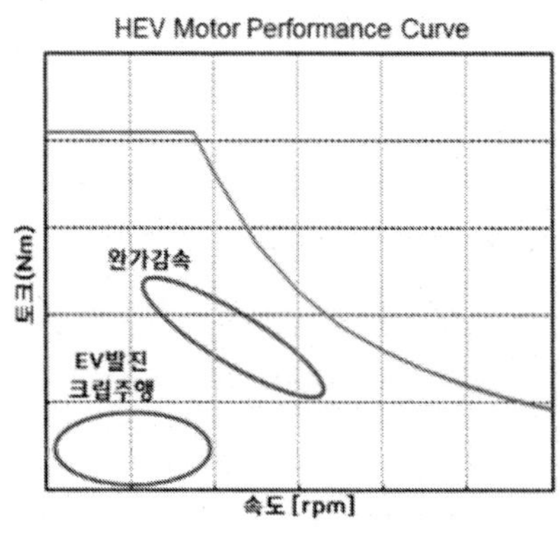

〈그림 4〉 HEV 구동모터 T-N 선도

HEV 차량은 파워 트레인의 효율을 극대화하고 고효율의 연비를 실현하면서 재료비에서 경쟁력이 중요하다. 현재 형상 최적화 및 물성 재질 개선을 통한 고효율 설계 기술들이 적용되고 있는 영구자석형 동기 전동기가 널리 적용되고 있다. 또한 차량의 운전성 측면에서 NVH 개선

기술에 대한 요구는 더욱 증가하고 있고, 고출력 사양이 요구된다.

<그림 4>는 HEV 구동모터 T-N 선도이다. 모터 특성상 초기 토크가 최대가 되고 일정 RPM 이상 조건에서 성능이 감소하는 것을 확인할 수 있다. 이러한 특성 때문에 초기 발진 및 저속 구간 등에서는 모터를 사용하여 차량을 구동한다.

03 모터의 레졸버(Resolver)

1) 레졸버의 보정 및 작동원리

모터의 리어플레이트에 장착되어 있는 레졸버는 정확한 위치 검출을 통해서 MCU가 모터의 회전 토크를 최상으로 제어하는데 기여하며 일반적으로 신차 출고 시 레졸버는 정확한 위치로 모터와 조립되어 보정이 필요 없어야 하지만 모터가 차량의 파워트레인과 조립되는 하이브리드 차량의 경우에 변속기나 모터 탈부착 조립 정비 시 하드웨어적으로 로터와 레졸버 상의 위치가 정확히 위치하여 조립하는 것이 어렵기 때문에 기계적인 조립 공차 발생 따라 정확한 상의 위치값과 레졸버 출력 값이 같아지도록 자동적으로 보정해주는 방법이 필요한다.

작동원리는 레졸버 로터가 회전하면 로터와 스테이터간의 Gap 퍼미언스 변화에 의하여 쇄교자속이 주기적으로 변하고 스테이터 2상의 검출권선에 회전각에 따른 변화진폭을 가지는 출력신호를 유기하게 되어 Sin/Cos 형태의 출력신호로 RDC(Resolver to Digital Converter)를 거쳐 위치각으로 변환되어 진다.

내연기관의 CMP처럼 엔진의 TDC를 검출하여 상사점에서 점화시켜 큰 엔진 회전력을 만들어 내는 원리와 같이 레졸버는 모터의 회전자와 고정자의 위치를 정확하게 알려주어 즉 회전자의 위치와 속도정보로 MCU가 모터의 토크를 최적제어 할 수 있게 된다.

2) 레졸버의 구조

레졸버는 변압기 원리를 이용한 1차 측 여자코일과 2차 측 2상의 출력코일로 구성된 고정자부와 전기강판으로 적층한 회전자 부를 포함한다. 변속기/엔진과 결합하는 하우징부와 전기강판이 적층 되어있고 하우징/고정자 어셈블리는 모터를 지지하며 권선을 포함하고 있는 고정 자부와 구동모터 과온 방지를 위한 온도센서를 포함한다. 회전자 어셈블리는 전기강판을 적층 후 영구자석을 삽입한 회전자 부, 동력 전달을 위한 샤프트부로 구성된다.

3) 위치센서(Position Sensor)

① 위치센서의 개요

위치변위를 전기신호로 변환하여 측정하는 장치를 말하고 변위 방식에는 직전형과 회선형으로 구분한다.

② 위치센서의 종류

- 증분형(Incremental)
  - 측정량 : 위치 증감분 검출, 펄스 출력을 계산하여 변위(위치) 증감분을 파악
  - 동작성 : 초기 각을 찾기 위한 별도 기구 또는 로직이 필요함(리미트스위치, 절대값 형 보조위치센서 등)
  - 종류 : 광학식/자기식 증분형

- 절대값형(Absolute)
  - 측정량 : 절대 위치
  - 동작성 : 초기 각 탐색 불필요(전원 투입 즉시 사용 가능)
  - 종류 : 절대값형 인코더, 홀센서 등

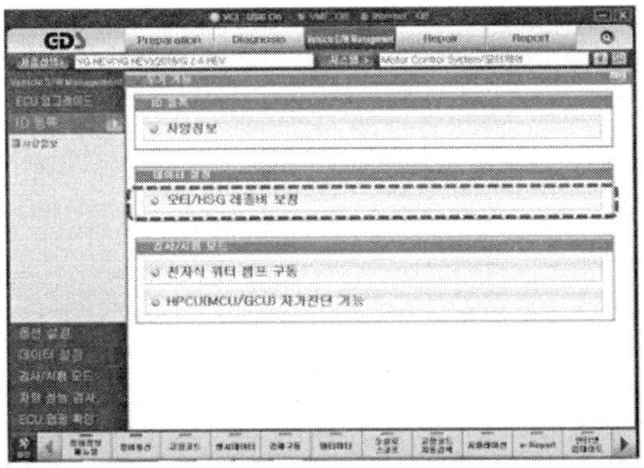

① 레졸버(위치센서)는 회전자의 위치를 검출하여 모터 및 HSG를 정밀 제어하기 위해 필요

② MCU, 모터(변속기 Ass'y), HSG 교환 및 탈 부착시 레졸버 보정 실시

〈그림 5〉 모터 및 HSG 레졸버 조정

3 HSG(Hybrid Starter Generator)

01 HSG 구조개요

※HSG의 기능

① 엔진 시동 제어 : 차량이 HEV모드로 진입 시 HSG는 고전압을 이용한 회전력으로 엔진을 회전 시킨다.

② 엔진 속도 제어 : 부드러운 엔진 클러치 연결을 위해 엔진을 구동 모터의 회전 속도까지 회전 시킨다.

③ 소프트 랜딩 제어 : 엔진 시동 OFF 시 HSG로 엔진 부하를 걸어 엔진에서 발생되는 진동을 최소화 한다.

④ 발전제어 : 고전압 배터리의 SOC 저하시 엔진회전력으로 고전압 배터리를 충전한다.

〈그림 6〉 YG쏘나타 HSG 구성과 기능

HSG는 HEV모드 절환 시 엔진 시동을 담당하고 EV모드 절환 시는 소프트 랜딩 제어 등을 하는 역할을 한다. 또한 고전압 배터리의 충전을 위한 HSG을 통해 엔진을 강제 구동하는 조건으로는 SOC 30%이며, 35%에서 Off 한다. 히스테리시스 구간은 5%이다.

4 HPCU(Hybrid Power Control Unit)

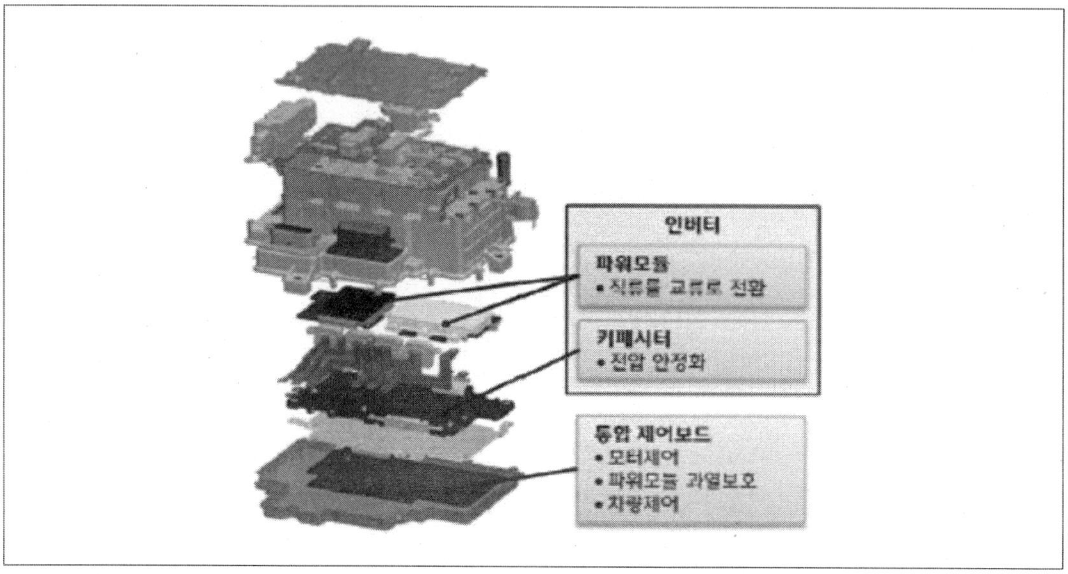

〈그림 7〉 HPCU 구성

HPCU는 하이브리드카에 적용된 통합 제어기로 인버터/LDC/차량제어기 등으로 구성되어 모터를 구동하고 12V 배터리를 충전하는 열활을 하는 핵심 장치이다.

하이브리드 차량은 전기모터를 원하는 토크와 속도로 구동하기 위하여 차량에 탑재된 고전압 배터리의 직류전원을 다양한 주파수와 크기를 가진 교류 전원으로 변환시킬 수 있도록 해주는 인버터가 필수적이다.

기본 동작원리는 고전압 배터리로부터 받은 DC 전원을 고속 스위칭을 통해서 3상 AC 전원으로 변환시킨다. 상위 제어기에서 입력받은 신호대로 3상 AC 전원을 제어할 수 있으므로 구동모터를 원하는 토크와 속도로 제어할 수 있다. 또한 가속 시 고전압 배터리에서 구동모터로 에너지를 공급하고, 감속 시에는 구동모터에서 발생한 에너지를 다시 고전압 배터리로 회생제동하여 회수하기 때문에 연비를 향상시킬 수 있다.

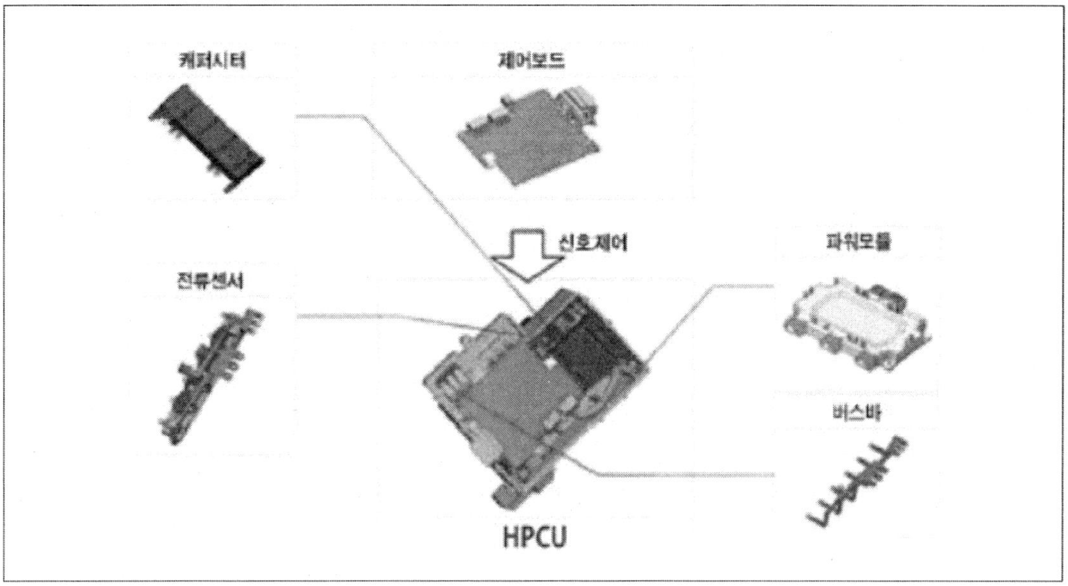

〈그림 8〉 HPCU 시트템 구성

<그림 8>에서와 같이 HPCU는 여러 부품을 포함하고 있다. DC 커패시터는 고전압 배터리로부터 일시적으로 에너지를 저장함과 함께 인버터 동작구간 전압 안정화를 구현시킬 수 있고 파워모듈은 커패시터를 통해서 받은 에너지를 3상 버스 바를 통해서 모터로 전달하여 DC 에너지를 AC 에너지로 변환하는 중요한 열학을 수행한다. 이때 구동 전류량은 전류센서를 통해서 측정할 수 있고, 제어 보드는 모터를 제어하며 과전압/과전류 및 과온으로 부터 인버터를 보호한다.

4

HEV 변속기

학습목표

1. HEV 차량의 변속기를 알아보고 주요제원 사양을 설명할 수 있다.
2. HEV 변속기의 주요 사항을 설명할 수 있다.
3. HEV 변속기와 관련된 주변 제어요소를 알아보고 설명할 수 있다.

1 HEV A/T

01 HEV A/T 개요

하이브리드카는 내연기관과 모터에 의해 구동하기 때문에 변속기가 필요하다. 내연기관차의 경우 엔진에서 발생된 동력이 변속기를 거쳐 바퀴로 전달하는 시스템으로 구동하는데 이때 엔진의 동력을 주행속도, 차량의 무게, 도로 상황 등에 맞춰 적절히 키우고 줄여 바퀴로 전달하는 것이 자동변속기의 역할이라 할 수 있다.

하이브리드카는 엔진과 자동변속기 상에 하이브리드 구동모터가 추가되어 동력 전달에 관여한다. 즉 엔진만의 동력, 구동모터만의 동력, 엔진과 구동모터가 함께 만들어 내는 동력이 변속기를 거쳐 바퀴에 전달되는 것이다. 엔진이 독자적으로 부담해야 하는 동력 생성을 모터가 보조하기 때문에 연비가 향상되는 것은 물론 가속력에서도 유리하다.

하이브리드카는 자동변속기에 들어가는 동력 변환 장치인 '토크컨버터'를 사용하지 않는다. 이는 연료 효율과 연관이 있는데, 토크컨버터는 유체로 엔진의 토크를 변환하여 동력을 전달한다. 동력이 직접 연결되어 전달하지 않고 유체를 거쳐서 전달하기 때문에 일부 에너지 손실이 발생하게 된다. 또한 토크컨버터의 중량이 높기 때문에 연비적인 측면에도 불리하게 작용한다. 그리하여 하이브리드카에는 기존의 토크컨버터가 삭제되고 그 역할을 엔진클러치가 대신한다.

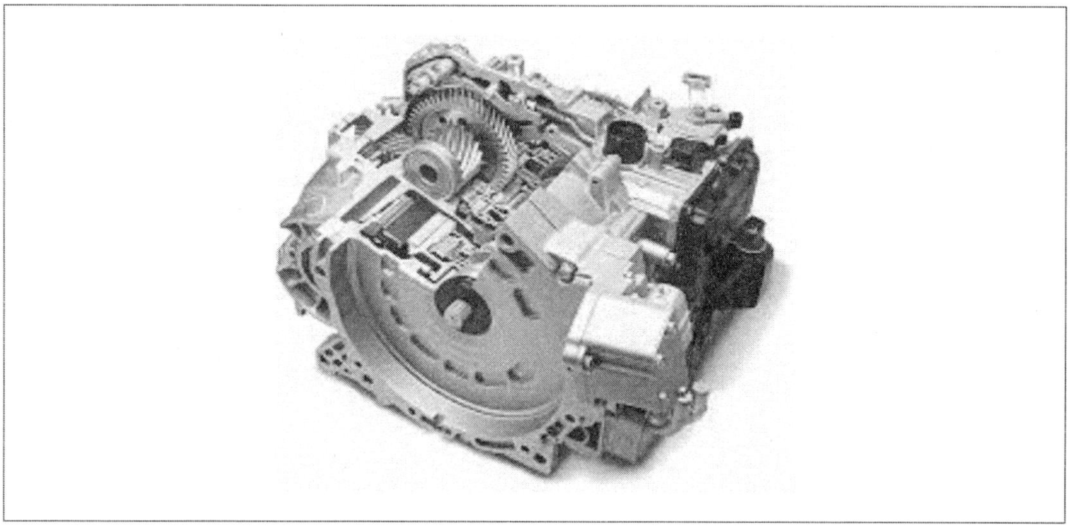

〈그림 1〉 HEV A/T

HEV A/T 주요 특징

1) 엔진클러치

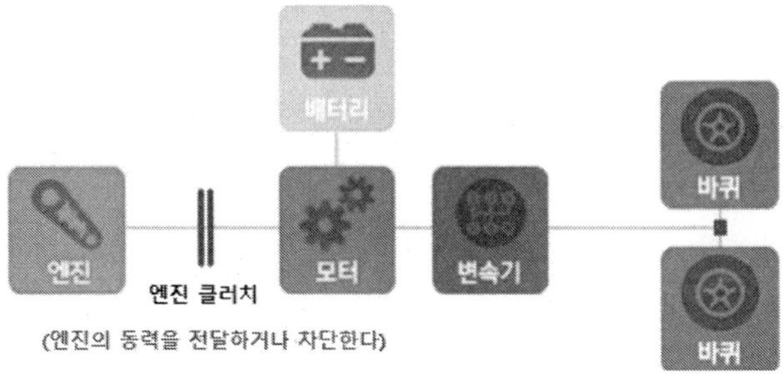

〈그림 2〉 엔진클러치의 역할

<그림 2>에서와 같이 엔진클러치는 엔진 인풋 사프트와 구동모터 사이 위치하여 동력을 차단 및 전달하는 역할은 수행한다.

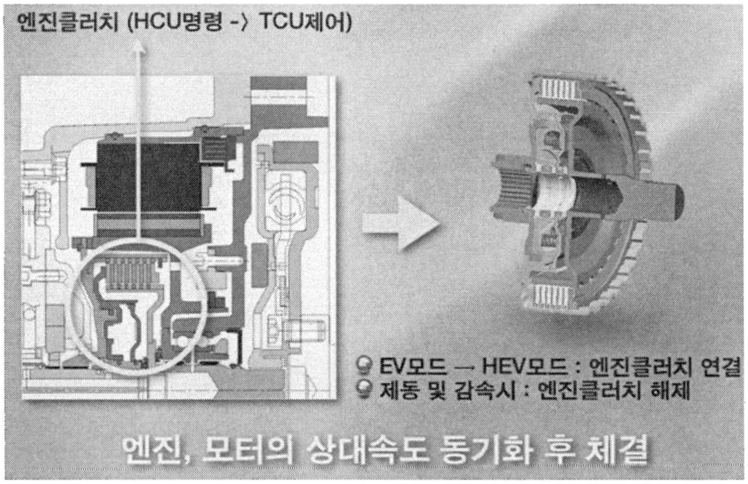

〈그림 3〉 엔진클러치의 기능

엔진클러치의 기능으로는 <그림 3>에서와 같이 EV 모드에서 하이브리드 주행 모드로 전환 시 엔진의 동력을 연결하는 역할을 수행하게 된다.

엔진 클러치의 작동은 상위 제어기인 HCU의 명령에 의해 TCU가 제어하게 되는데, 엔진과 모터의 상대속도가 동기화된 이후 체결된다. 그리고 제동 및 감속 시에는 엔진 클러치를 자동으로 해제하여 회생제동 에너지 활용을 극대화한다.

엔진클러치로의 동력 전달은 충격과 진동이 수반하게 되는데 이러한 부분은 토션 댐퍼를 장착함으로 엔진으로부터의 충격 및 진동에 대한 댐핑 기능을 수행한다.

2) TCU 제어

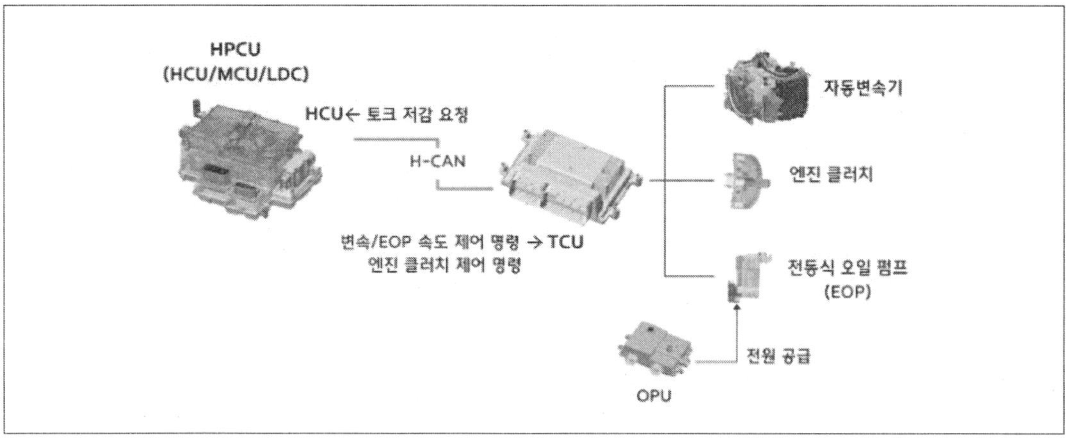

〈그림 4〉 YG 쏘나타 TCU 제어

TCU는 HCU의 명령을 받아 변속 제어 및 밸브 바디에 장착된 엔진 클러치 솔레노이드 밸브를 통해 엔진 클러치를 제어하며 엔진과 모터의 동력을 연결 또는 해제하는 역할을 수행한다. 또한 필요한 유압을 위해 EOP의 속도를 제어한다.

3) EOP(전동식 오일 펌프)

전동식 오일펌프는 저속 주행 시나 정지 시와 같은 EV 모드에서 변속기와 엔진클러치에 필요한 유압을 생성하는 역할을 수행한다.

〈그림 5〉 EPO 제원

4) OPU(오일펌프유닛)

〈그림 6〉 EPO 제원

EOP 구동을 위해 전원을 인가하는 OPU는 고전압 배터리의 직류 전원을 3상 교류 전원으로 변경하는 역할을 한다. 또한 OPU는 냉각수에 의해 강제 냉각되고 EOP와 OPU의 고장 시 주행은 불가능해진다.

5

HCU 차량 통합제어

학습목표

1. HCU제어 입출력 요소를 설명할 수 있다.
2. HCU의 주요기능에 대해 알아보고 설명할 수 있다.

1 HCU 개요와 입출력 요소

01 입·출력 개요

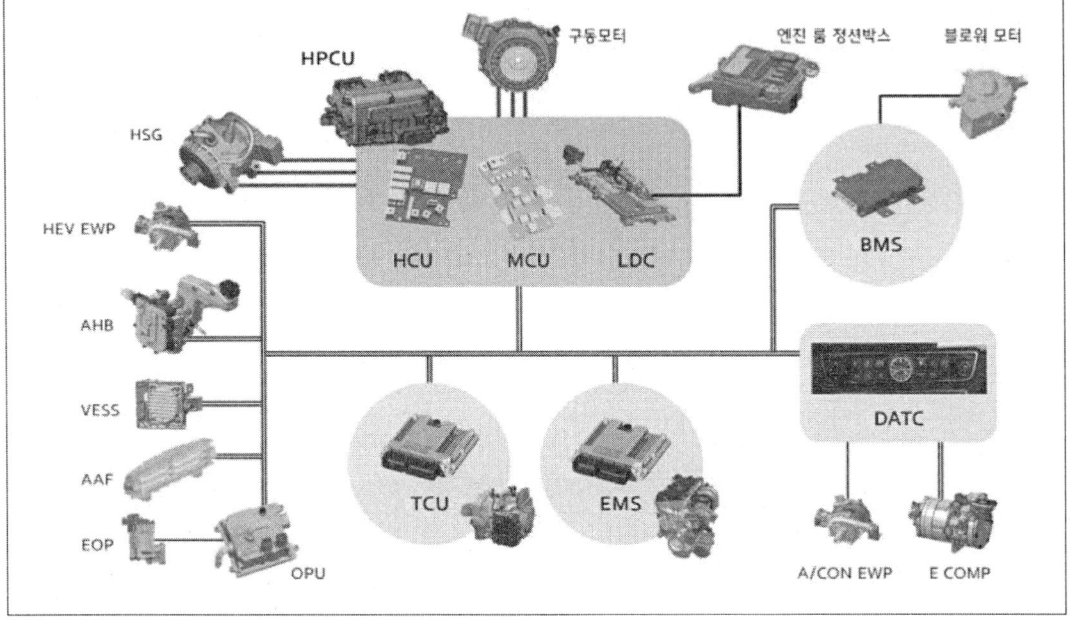

〈그림 1〉 HEV 전체 통합제어 구성

HCU는 HEV 주행에 관련된 여러 제어기를 CAN 통신으로 통합 제어하는 역할을 수행한다. 제어에 필요한 입·출력은 주로 CAN 통신으로 입력받아 로직 판단 후 다시 통신을 통해 제어 명령을 전송하게 된다.

〈그림 2〉 HCU 주요기능

① Ready

브레이크를 밟은 상태로 시동 버튼을 누르면 이모빌라이저를 통해서 인증하고 시동 신호 입력 시 HEV 주요 제어기가 정상일 경우에 Ready 램프를 점등시켜 출발 준비가 되었음을 표시한다.

② HEV경고

HEV 제어 계통 고장 시 경고한다.

③ 모터 주행

엔진과 전기모터의 주행 패턴을 결정하고, 엔진 단독 주행 시 램프는 소등되며, 구동 모터가 동작할 때 (모터 구동, 회생제동, 엔진 보조)는 점등되어 모터 주행임을 표시한다.

02 HCU 입·출력

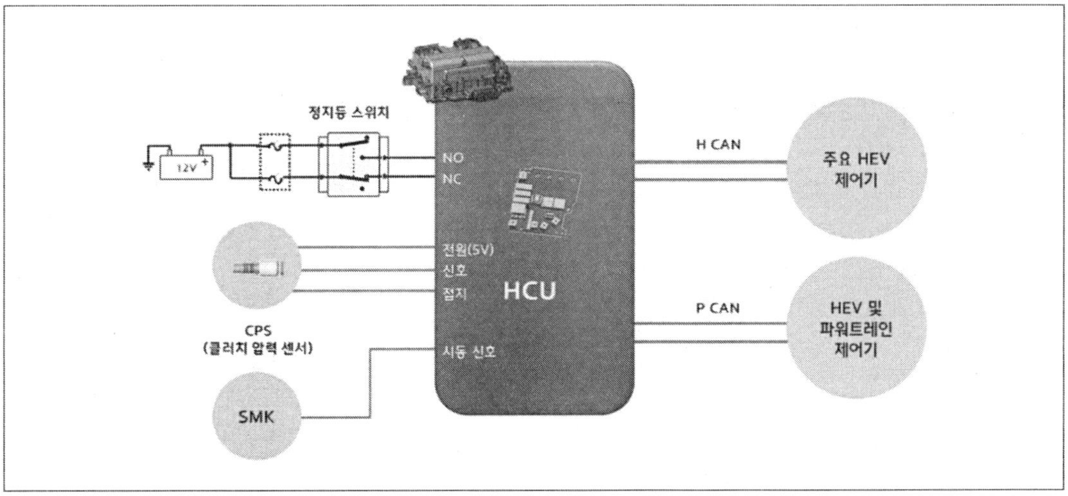

〈그림 3〉 HCU 주요 입·출력

HCU는 주요 입·출력을 P-CAN 및 H-CAN으로 제어하며, 직접 배선으로 입력받는(Hard Wire) 신호는 세 가지가 있다.

정지등 스위치 입력을 받아 제동 시 신속한 회생제동을 수행하고, CPS 신호를 받아 엔진/EV 주행 시 부드러운 클러치 연결이 되도록 학습 및 제어한다. SMK[SMK : Smart Key System]로부터 받는 시동 신호는 Ready 상태로 진입하는 중요한 신호로 사용된다.

02 HCU 주요기능

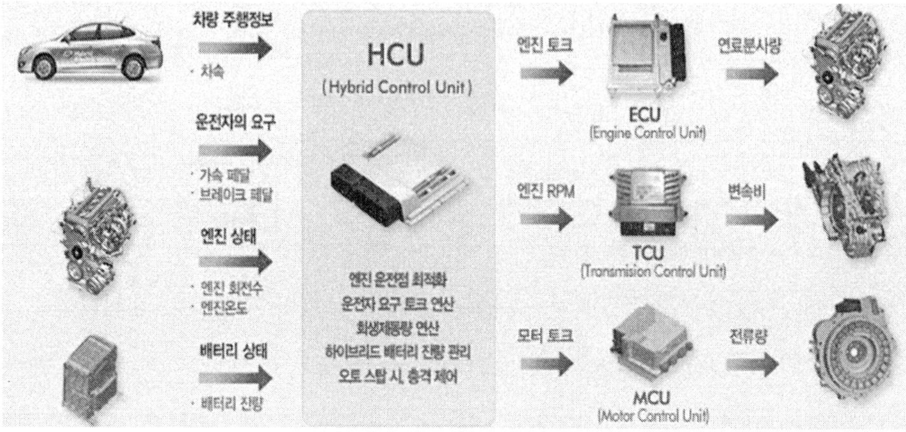

〈그림 4〉 HCU 제어요소

① 시스템 On/Off 제어

시스템 전반을 파악하여 이상이 없을 시 HEV Ready 상태로 차량 출발이 가능하도록 유지한다.

② 요구 토크 계산

운전자의 가속 및 감속 요구 토크를 계산한다.

③ 회생제동 제어

사용자의 브레이크 요구 신호와 고전압 배터리 SOC를 고려하여 실제 회생 제동량을 MCU로 송부한다.

④ EV/HEV 모드

차량 상태와 주행조건에 따라서 여러 주행 모드로 수시로 전환되며, 크게 3가지로 나눌 수 있다. 3가지 주행 모드는 전기 모터로만 주행하는 EV 모드, 엔진에 의한 주행모드, 엔진과 모터 두 동력원으로 주행하는 HEV 모드이다. 엔진에 의한 주행 시 HCU는 엔진 시동 시점과 엔진의 목표 운행 상태를 결정한다.

⑤ 고전압 배터리 SOC 밸런스

배터리 충·방전량을 결정하여 최적의 SOC 상태를 유지한다. SOC가 낮으면 구동 모터 동작을 제한하여 고전압 사용을 줄이고 모터에 의한 회생제동과 엔진에 의한 충전 제어를 수행한다.

⑥ 엔진 컨트롤

엔진이 최적화된 작동을 유지하도록 엔진 부하에 따른 목표 속도와 토크를 결정하여 ECU를 제어한다.

⑦ 엔진클러치 제어

엔진클러치의 동력 전달, 차단, 슬립 제어를 결정하여 TCU로 전송한다. HCU는 목표 유압을 결정하고 TCU는 해당 솔레노이드를 전류 제어한다.

⑧ 토크 분배

주행 상황에 따라서 필요한 토크를 두 동력원에 효율적으로 분배한다. 예를 들면 모터의 효율이 높은 차량 출발 시 및 저속구간에서는 모터만으로 구동하고 엔진의 효율이 높은 정속 및 중/고속 구간에서는 엔진으로 구동한다. 그리고 급 가속 또는 등판과 같이 높은 토크가 요구되는 구간에서는 엔진과 모터를 동시에 구동하여 엔진의 작동 효율을 우선하여 모터 동력을 보조한다.

⑨ 엔진 시동(On) 및 정지(Off) 제어

시스템 상태에 따라서 엔진 시동방법을 결정한다. 주로 HSG로 엔진 시동을 걸지만 HSG가 고장일 경우 구동 모터 또는 타력 주행으로 시동을 걸기도 한다. 시동 및 엔진 정지 시에는 HSG를 구동하며 엔진 정지시는 엔진 회전 속도를 구동 모터의 속도와 동기화해서 진동 및 충격이 발생하는 것을 방지한다.(소프트 랜딩 제어)

⑩ 시스템 제한

고전압 배터리의 충·방전 한계치를 제어한다. 필요 시 모터의 출력 및 충전량을 제한한다.

⑪ 보조 배터리(12V) 제어

LDC의 출력전압을 가변제어하며 차량에서 필요한 전원을 제공한다.

⑫ 페일 세이프

HEV 시스템에 문제가 있으면, HCU에서 고장을 진단하고 안전을 위해 적절한 조치 명령을 내린다.

6

LDC
(Low voltage DC-DC Converter)

학습목표

1. LDC의 개요 및 기능을 설명하 수 있다.
2. LDC 가변전압 제어를 알아보고 설명할 수 있다.

1 LDC 개요

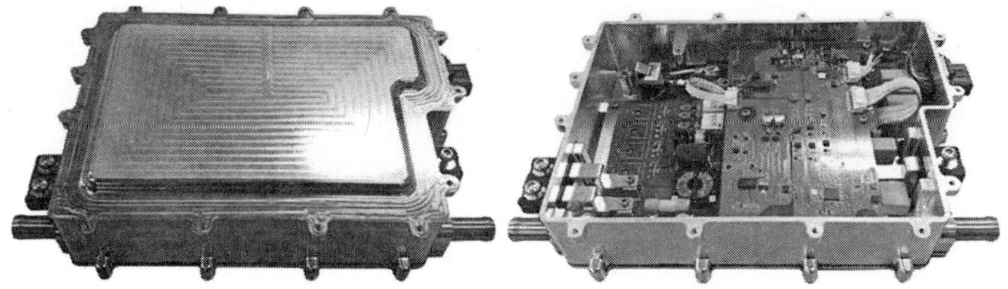

〈그림 1〉 LDC

LDC는 저전압 직류 변환 장치로써, 직류 입력장치, 정류 장치, 직류 출력장치 등으로 구성되어 있다. 하이브리드 차량의 고전압 배터리에 축적된 전기에너지를 저전압인 12V로 변환시키는 컨버터 시스템이다. 기존의 내연기관은 자동차의 알터네이터가 12V를 생성하였지만 하이브리드 차량에서서는 고전압을 저전압으로 변환시키기 위한 변환 장치 기능을 LDC가 수행한다.

2 LDC 기능

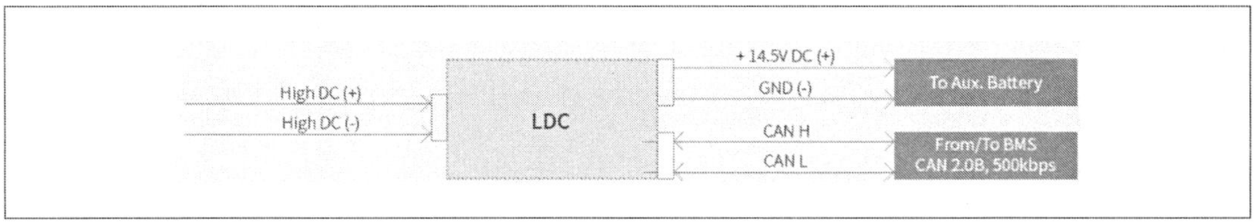

〈그림 2〉 LDC 전압변환

하이브리드 차량에서 사용되는 고전압 배터리는 높은 전압이 발생된다. 하지만 전장부품(전조등, 와이퍼, 펌프, 제어 보드 등)은 기존 내연기관 차량과 동일한 12V에서 동작하기 때문에 DC 고전압에서 DC 저전압으로 변환하는 역할을 하는 LDC가 필요하다. 그리고 차량의 12V 보조배터리를 충전시키는 기능도 수행한다.

3 LDC 주요회로

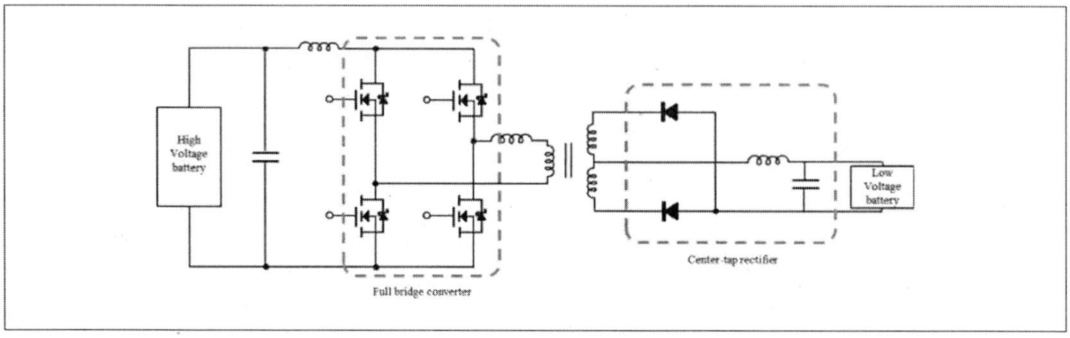

〈그림 3〉 LDC 주요회로

LDC의 작동 회로를 보면 DC 전압을 풀브릿지 회로를 통해서 고주파의 AC로 변환하고 트랜스포머를 통하여 저전압으로 변압하는데 고주파 AC로 변환된 부분을 정류기를 통해 정류하고, LC 회로를 통해 평활하여 저전압 배터리를 충전하게 된다.

7

회생제동 시스템

학습목표

1. 회생제동의 작동원리를 이해하고 설명할 수 있다.
2. 회생제동의 구조 및 시스템을 설명할 수 있다.

1 회생제동 시스템의 개요

회생제동 시스템은 제동 및 감속할 때 모터를 발전기로 전환하여 자동차의 운동에너지를 전기에너지로 변환시켜 고전압 배터리를 충전하는 시스템이다. 감속 시 바퀴가 로터를 회전시키게 되므로 즉 발전기로 전환된 모터는 회전 자계의 쇄교로서 자기장의 변화를 방해하려는 역기전력의 맴돌이 전류 제동 토크가 발생되어 차량의 제동기능을 보완하게 되는 한편 동시에 AC 전기에너지를 발전시켜서 인버터를 통해 DC 전기에너지로 변환 후 고전압 배터리를 충전하는 시스템이다.

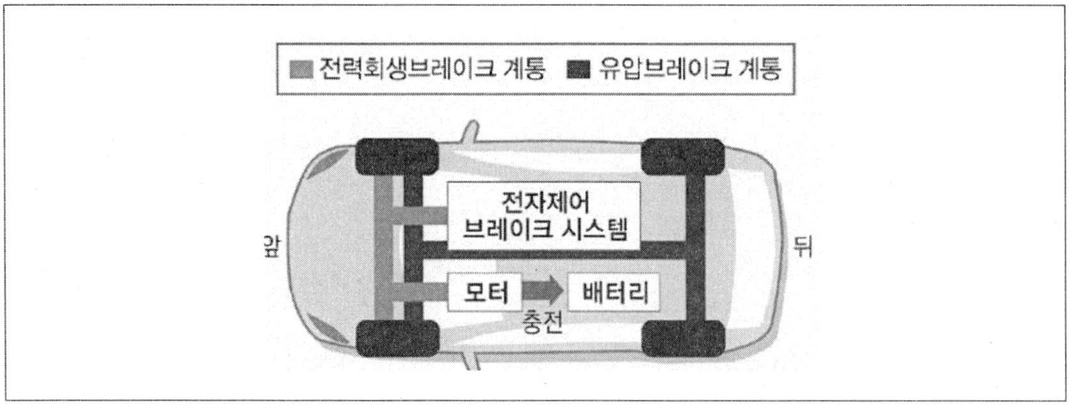

〈그림 1〉 회생제동시스템 개요

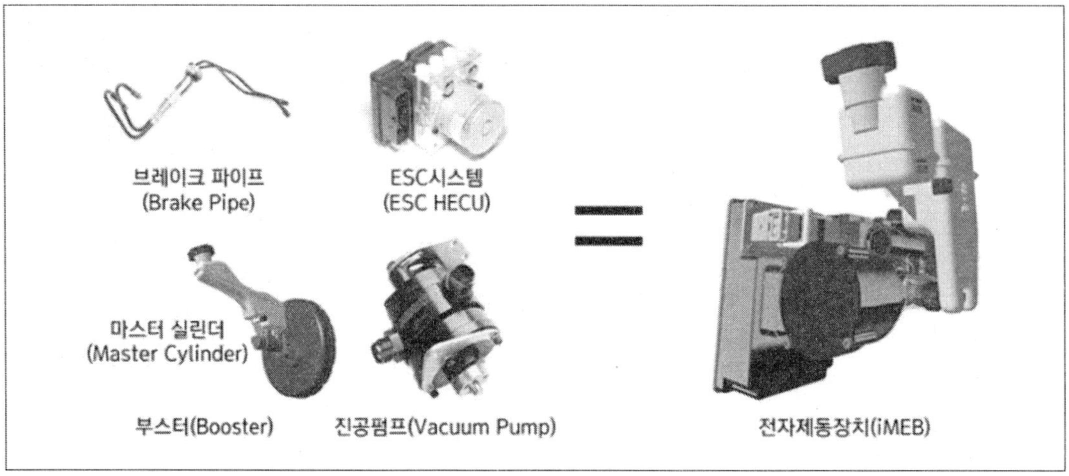

〈그림 2〉 회생제동시스템 구성

2 회생제동 작동원리

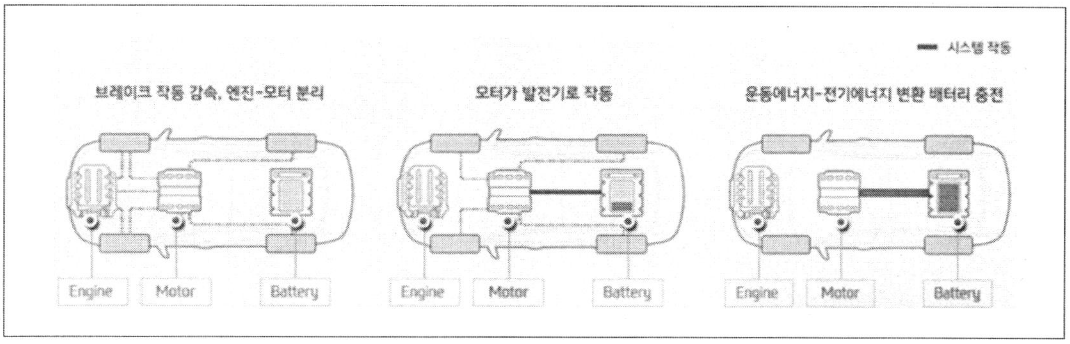

〈그림 3〉 회생제동시스템 작동

회생제동 시스템은 제동이 시작되는 시점부터 상태적으로 복잡한 작동 구조를 갖고 제동과 에너지 축적을 수행한다. 운전자가 브레이크 페달을 떼는 순간부터 인버터를 제어하는 모터에는 부(-)의 토크가 발생된다. 이때 해당 모터는 역기전력을 발생시키는 발전기로써 역할을 수행하여 생산된 전력을 고전압 배터리에 충전한다. 브레이크 페달을 밟으면 검출된 유압을 분석하여 모터에서 감당되는 발생시킬 수 있는 제동력의 범위 내에서는 우선적으로 회생제동 토크를 크게 하고 차량이 정지해야 하는 브레이크 페달의 답력이 영향을 주기 시작하는 시점부터 그 이상의 제동력에서는 회생 브레이크 시스템의 협조 밸브를 통하여 유압브레이크를 동시에 작동시키며 마찰 제동을 실시하게 된다. 따라서 점차 전기적인 회생제동 토크는 감소하고 유압의 제동력이 비례적으로 커지면서 차량은 최종 정지하게 된다.

회생제동에 의한 에너지 절감 효과는 모터, 배터리의 용량과 적용 대상 자동차의 운전 전량에 따라 달라지지만 30kW급 모터를 장착한 하이브리드 자동차의 경우에 도심 주행 시 내연기관 차량 대비 회생 제동에 의한 개선으로 전체의 약 35%가 절감된다.

3 회생제동시스템 전달경로

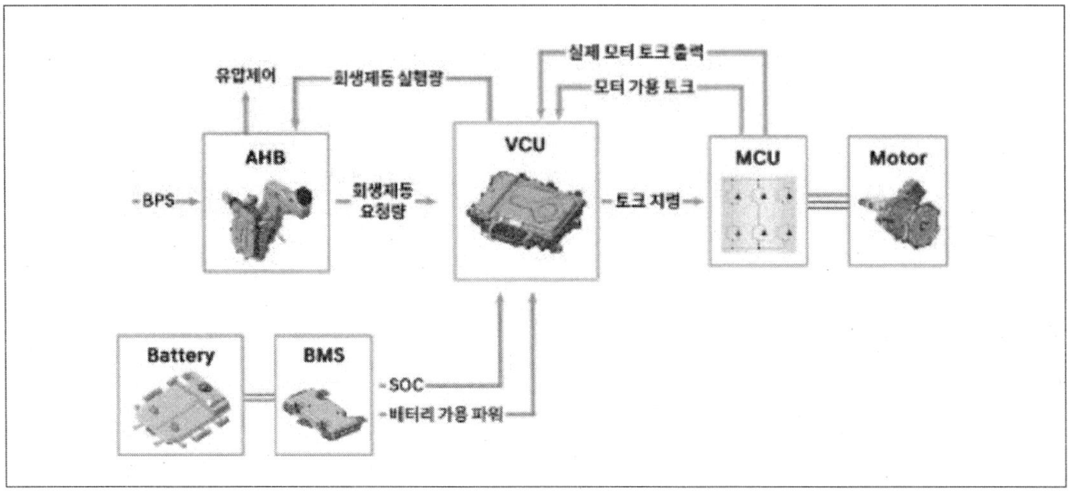

〈그림 4〉 회생제동시스템 전달경로

<그림 4>에서 보듯 회생제동 시스템 전달 경로를 확인할 수 있다. 먼저 VCU는 가용토크 및 충전통크를 연산한여 회생제동 실행량을 AHB로 전달한다. AHB는 브레이크 페달 센서를 통한 제동량을 연산으로 유압제동량과 회생제 동요 청량을 분배한다.

BMS에서 배터리 가용 파워 및 SOC를 제공하고, MCU는 모터 가용 토크 및 실제 토크를 VCU로 송수한다. 수신된 토크 명령을 실행하기 위해서 인버터를 구동시킨다.

4 회생제동시스템 계기판

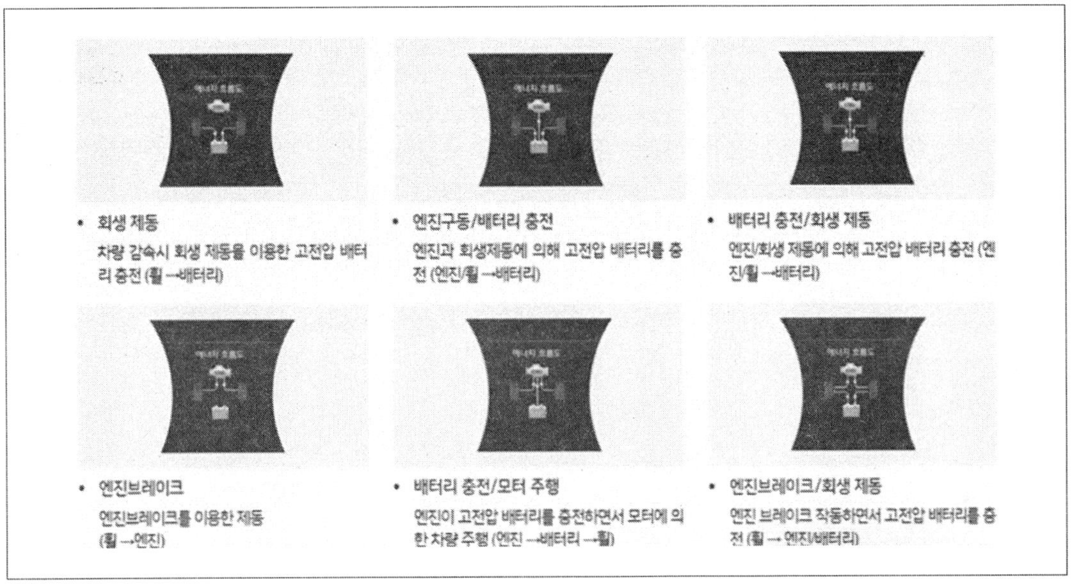

〈그림 5〉 회생제동시스템 계기판

<그림 5>에서와 같이 회생제동은 다양한 감속 상황에서 적용되며 그 흐름은 계기판에서 눈으로 직접 확인할 수 있도록 되어있다. 이러한 부분은 특히 시내에서 잦은 제동과 감소 시 운전자가 차량의 상황을 확인할 수 있어 운전자의 의지를 통해 보다 더 연비 주행을 할 수 있음으로 또 하나의 에너지를 만드는 재생산 과정을 증폭시킬 수 있다.

하이브리드자동차의 진화

IV

이번 단원 하이브리드 자동차의 진화에서는 PHEV, MHEV, EREV의 다양한 하이브리드 자동차의 시스템에 알아보는 시간을 갖고자 한다.

1
PHEV
(Plug-in Hybrid Electric Vehicle)

학습목표

1. PHEV 개요 및 특장점, 주요구성 시스템을 설명할 수 있다.
2. PHEV 추가 구성품시스템을 이해하고 설명할 수 있다.

1 개요 및 특장점

플러그인 하이브리드카는 하이브리드카와 마찬가지로 엔진과 구동모터를 모두 장착된 자동차이다. 하지만 하이브리드카에 비해 고전압 배터리의 용량을 대폭 향상하여 외부 전기로 충전할 수 있는 시스템을 갖추고 있다. 고전압 배터리의 용량을 늘려 EV 모드로만 주행할 수 있는 거리가 하이브리드카보다 연장되었기 때문에 시내 주행 시에는 배기가스 배출 없이 주행이 가능하고, 고속도로 등에서는 엔진을 통한 주행이 가능하기 때문에 HEV의 장점과 EV의 정점을 모두 갖춘 차량이다. 그리고 충전소에서 전기를 충전할 수도 있고, 가정용으로 도 충전이 가능하여 충전이 어려운 상황에서는 엔진으로 주행이 가능해 편의성이 높다.

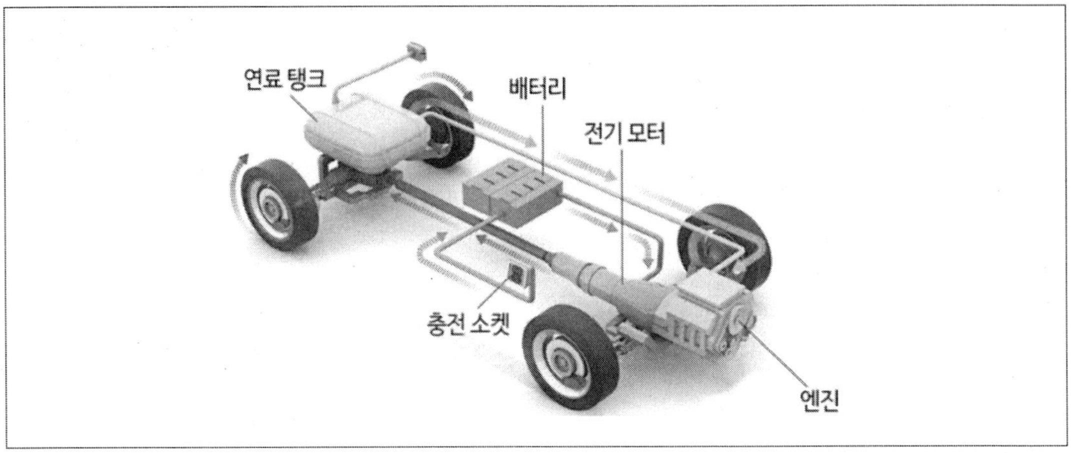

〈그림 1〉 PHEV 시스템도

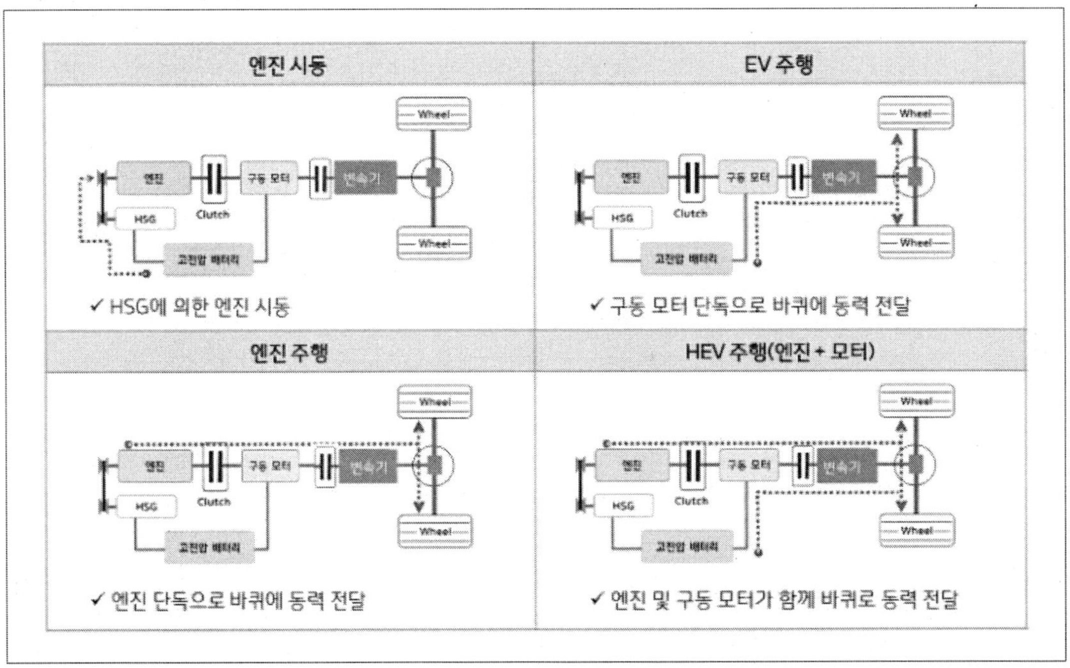

〈그림 2〉 PHEV 차량 구동 시 에너지흐름

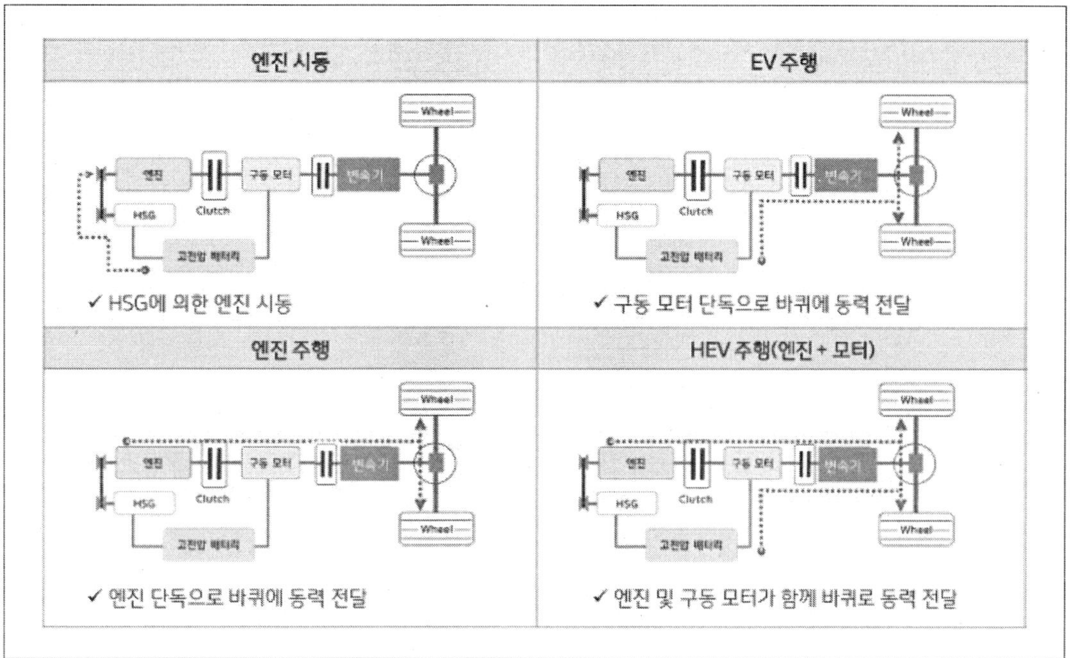

〈그림 3〉 PHEV 주행중 충전 시 에너지흐름

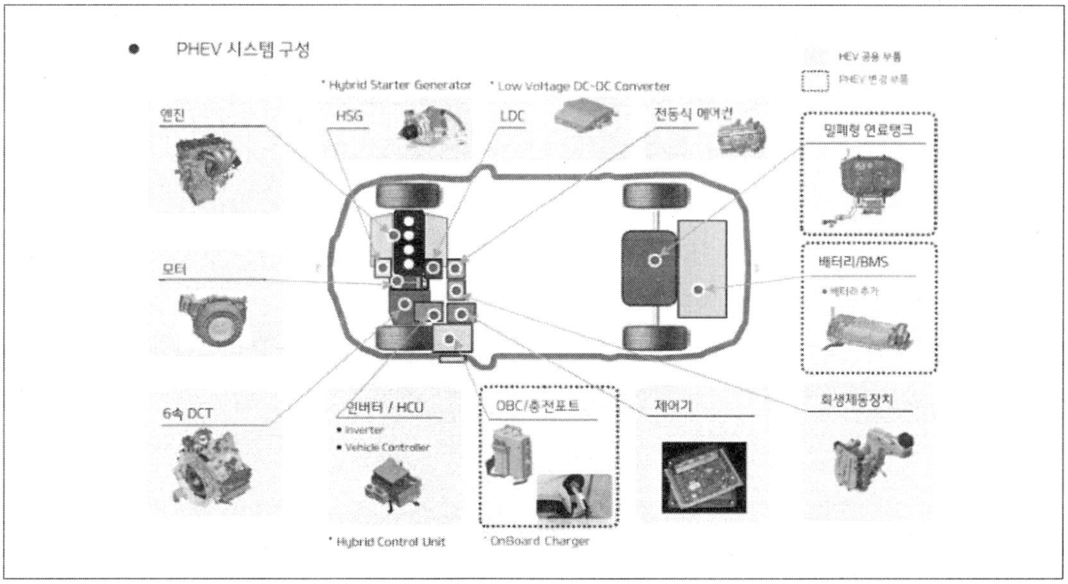

〈그림 4〉 PHEV 시스템 구성

PHEV의 경우 HEV 차량에 추가하는 구성품이 있는데 <그림 4>와 같이 HEV와 공용으로 사용하는 부품이 있으며 PHEV에는 변경된 구성을 확인할 수 있다.

외부 충전에 필요한 OBC/충전 포트와 밀폐형 연료탱크, 배터리 등이 있다.

2 구성품의 특징

01 고전압 배터리

PHEV는 HEV 대비 보다 큰 배터리팩 구성이 요구된다. 이는 외부 충전을 통한 에너지의 저장으로 EV 모드 주행 시 항속거리를 늘리기 위함에 있다. <그림 5>은 국내 출시한 K5 PHEV의 고전압 배터리 장착 위치를 확인할 수 있다. 기존 HEV의 배터리가 1개인데 반하여 메인 배터리와 서브 배터리까지 배터리가 2개나 장착되므로, 배터리 용량을 증폭시키고 정격용량 또한 상승시켜서 EV 모드 주행 시 보다 큰 토크를 전달할 수 있다.

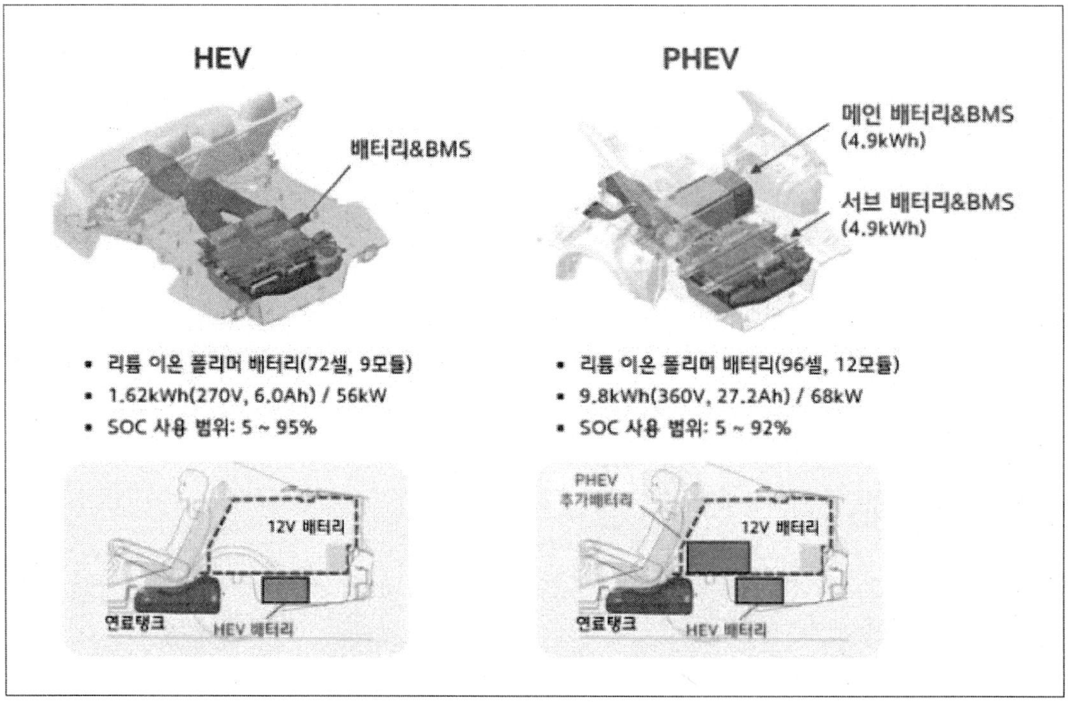

〈그림 5〉 K5 PHEV 고전압배터리

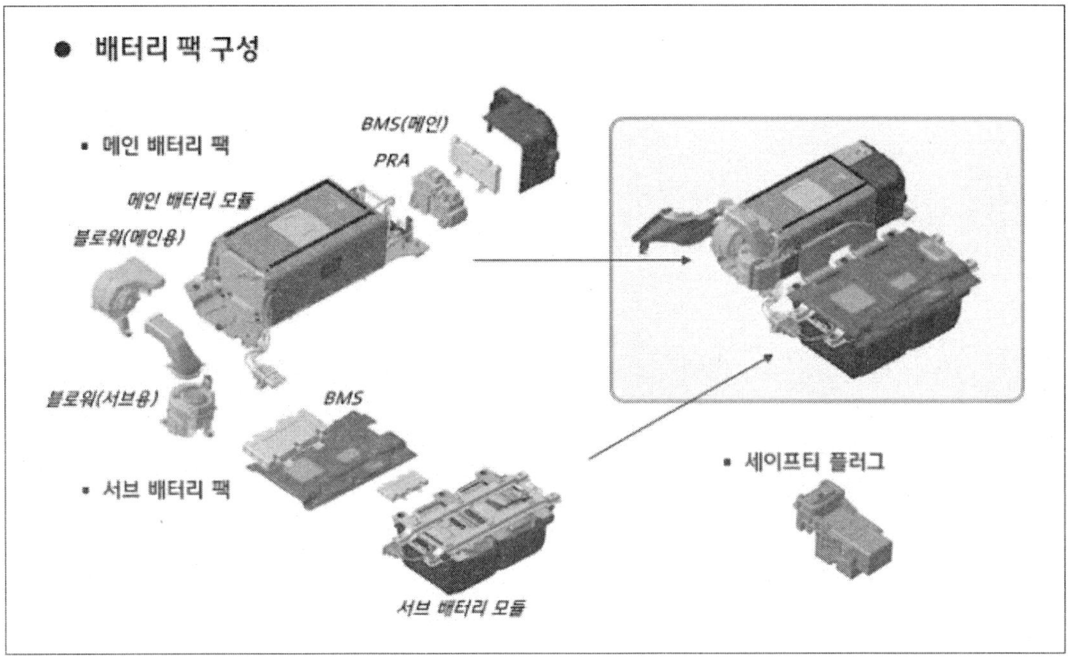

〈그림 6〉 K5 PHEV 고전압배터리 팩 구성

<그림 6>에서 보듯 K5 PHEV 배리리팩 구성은 패키지 최적화를 위한 2팩 분리형으로 탑재하여 종전의 HEV 대비 용량이 큰 360V급 리튬이온폴리머 배터리를 장착했고 최대출력 56kW와 정격 에너지 8.6kWh급으로 성능 개선이 이루어져 보다 먼거리와 안정적인 EV 모드로 주행이 가능하다.

02 OBC(On Board Charger)

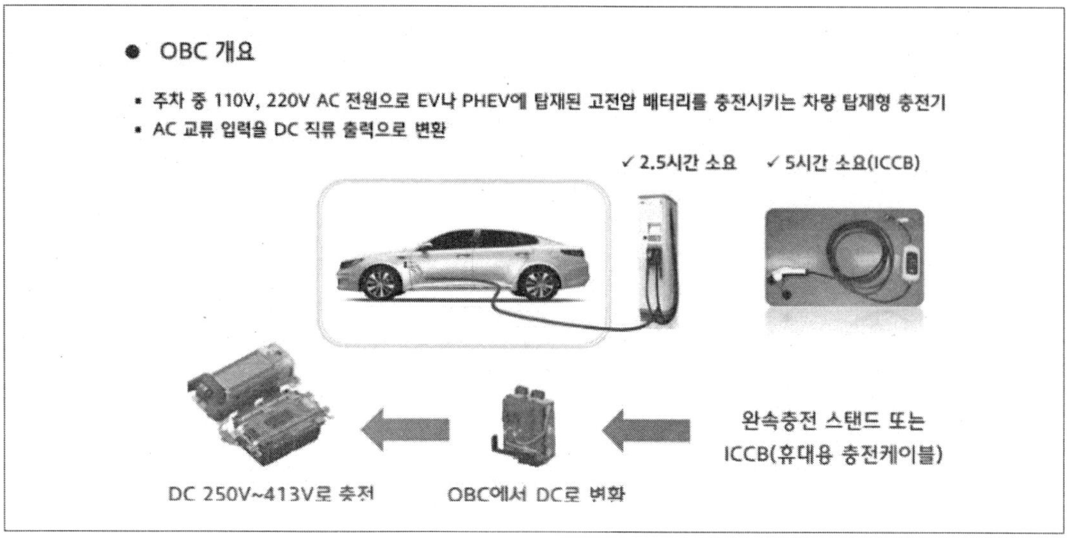

〈그림 7〉 K5 PHEV OBC 개요

OBC는 차량 내부에 장착된 충전기로 AC 220V 교류 전압을 DC 250~450V로 변환시켜 고전압배터리를 충전시키는 역할을 한다. 외부 충전을 하는 PHEV의 경우 OBC는 필수적인 요소라 할 수 있다.

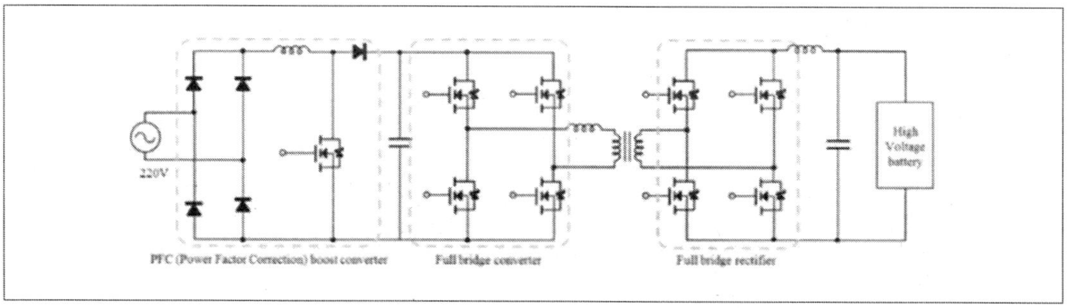

〈그림 8〉 OBC 회로

<그림 8>에서 보듯 OBC 회로 구성을 확인할 수 있다. 220V AC가 브릿지 다이오드를 통해 전파 정류되며, 정류된 전압은 부스트 컨버터 회로를 통해 승압 된다.

풀브릿지 회로를 통해 고주파의 AC로 변환되고, 고주파의 교류 전압은 트랜스포머를 통해 높은 전압으로 변압된다. 변압기를 사용함으로써 220V AC와 고전압 배터리는 물리적으로 연결된다.

고전압 교류는 풀브릿지 회로를 통해 정류되고 정류된 파형은 LC 필터 회로를 통해 DC 전압으로 변환되어 배터리에 충전하게 된다.

03 밀폐형 연료탱크

● PHEV 차량의 증발가스

- EV(전기차) 모드로 운행 시 엔진 구동이 안되기 때문에 캐니스터 흡수 용량을 초과하게 됨
- 밀폐형 연료탱크 적용: 증발 가스를 연료탱크 내부에 밀폐시키기 위해 탱크 강성 보강, 밀폐 밸브 추가
- 주유 버튼 조작 시: 탱크 압력이 감압된 이후 주유가 가능하도록 제어하기 위한 기능 추가

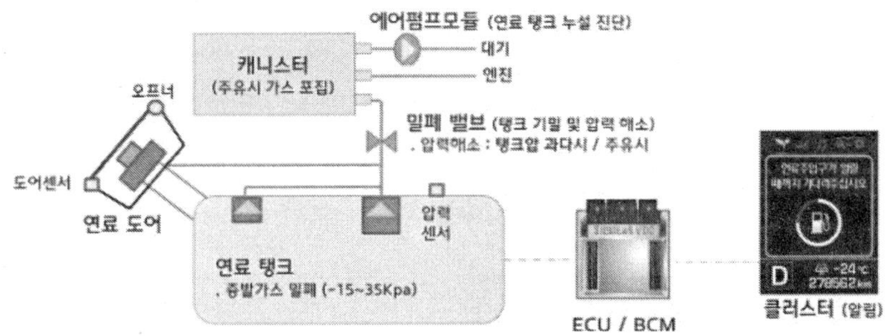

〈그림 9〉 K5 밀폐형 연료탱크 시스템

● 가솔린/HEV/PHEV 비교

	가솔린, HEV	PHEV
개략도	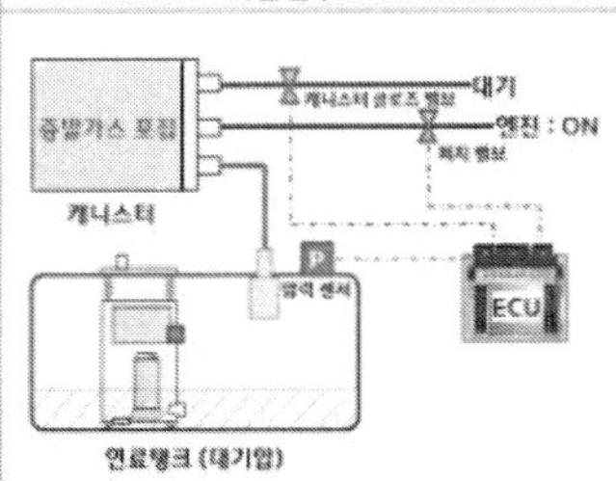	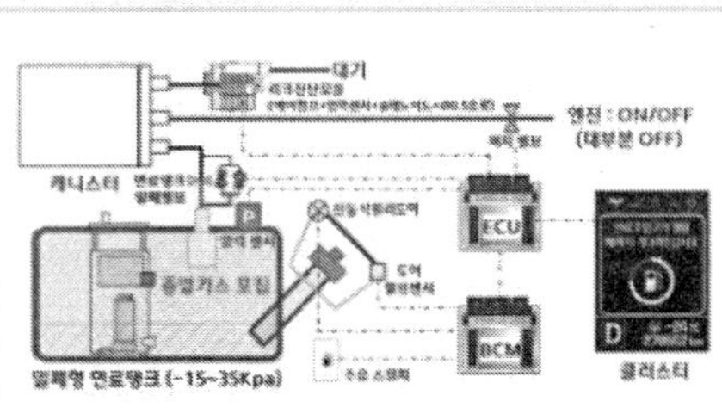
차량 구동	• 가솔린: 엔진 100% • HEV: 엔진 약 30%, 모터 약 70%	• 모터 100% (법규 모드)
연료탱크	• 캐니스터를 통해 대기와 연결되어 있음 • 탱크 압력: 대기압 수준임 • 두께: 약 0.7t	• 증발가스를 엔진이 퍼지하는 횟수가 극히 적으므로 주행 및 주차 중 발생하는 증발가스를 연료 탱크 내부에 밀폐 보관 • 탱크 압력: -15~35Kpa • 두께: 1.6t
추가 부품		• 밀폐형 탱크, 밀폐 밸브, 리크진단 펌프, 압력센서, 연료캡

〈그림 10〉가솔린 및 기존 HEV와 PHEV 밀폐형 연료탱크 시스템 비교

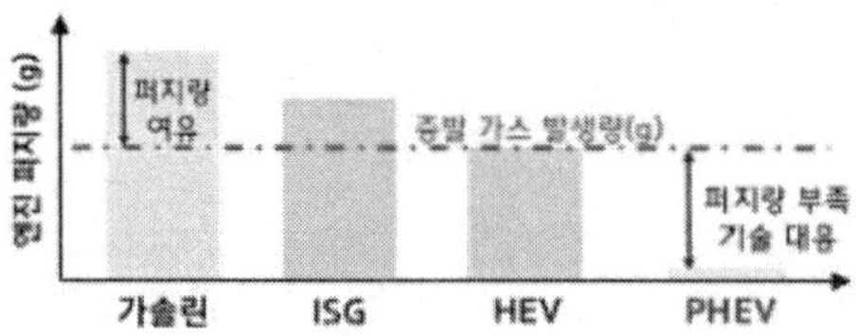

〈그림 11〉 연료 퍼지량 비교 그래프(법규 인증 시험모드 기준)

PHEV는 EV모드로 운행하는 많은 부분을 차지하고 있기 때문에 이때 엔진은 구동하지 않는다. 따라서 캐니스터 흡수 용량을 초과하게 된다. PHEV는 밀폐형 연료탱크를 적용하여 탱크 강성 보강과 밀폐 밸브를 추가하고 주유구 벤트 조작 시 탱크 압력이 감압된 후 주유 가능하도록 제어하기 위한 기능을 추가하였다.

<그림 11>에서 보듯 가솔린 엔진은 PCSV를 통한 지속적인 퍼지로 캐니스터 흡수 용량을 초과하지 않는다. ISG 추가 시에는 ISG 진입 이외에 엔진은 구동하므로 퍼지량이 여유가 있다. HEV의 경우 증발가스 발생량과 캐니스터 흡수 용량이 동일한 수준이고, PHEV의 경우엔 증발가스는 발생하지만 EV 모드에서 퍼지량이 없어서 이에 따른 기술 대응이 필요하다.

2

48V 마일드 하이브리드(MHEV)

학습목표

1. 48V 마일등하이브리드의 개요 및 특장점을 설명할 수 있다.
2. 48V 마일드하이브리드 시스템을 이해하고 설명할 수 있다.

1 개요 및 특장점

하이브리드 차량은 오늘날 기술 기준을 충족하지만 가격대가 비싼 부분이 있다. 이는 무엇보다도 60V(최대 허용 접촉 전압)를 초과하는 전압을 사용하여 구현되는 차량의 전기 구동 기능으로 인해 발생하는 안전 요구 사항을 충족하는데 드는 높은 비용 때문이다.

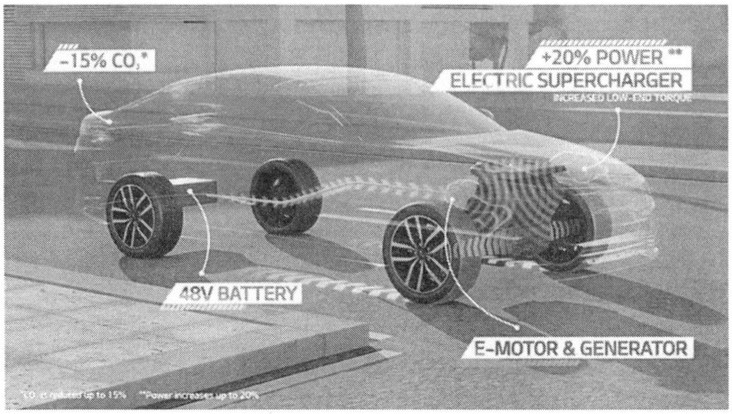

〈그림 1〉 48V MHEV 시스템

48V 마이드 하이브리드 시스템은 기존 12V에 3배 승압으로 호환성이 용이하고 적은 비용으로 배출가스를 줄일 수 있는 장점이 있다. 48V 시스템의 주요 목적은 Start-Stop 기능을 통해 CO_2 배출을 줄이고 고출력 부하로 분류된 전기부품(에어컨 컴프레셔, 전기 히터, 워터펌프 등)에 전력을 공급하는 것이다. 이 외에도 추가 토크를 제공하여 부스트 효과를 얻을 수 있다.

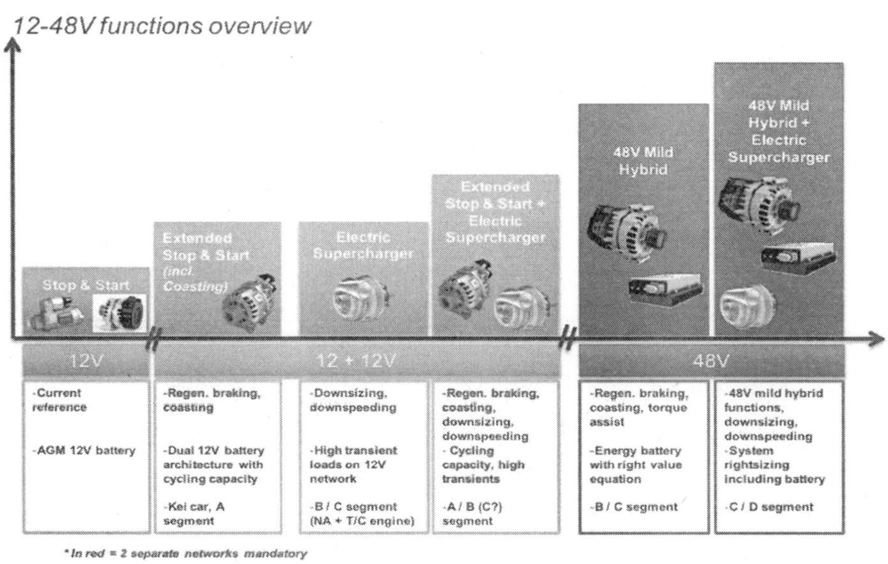

〈그림 2〉 12V-48V 기능 개요

<그림 2>에서 보듯 12V 전원에서 48V로 승압 될수록 엔진의 동력을 도와 CO_2 배출을 저감시킬 수 있는 기능들이 추가되는 것을 알 수 있다.

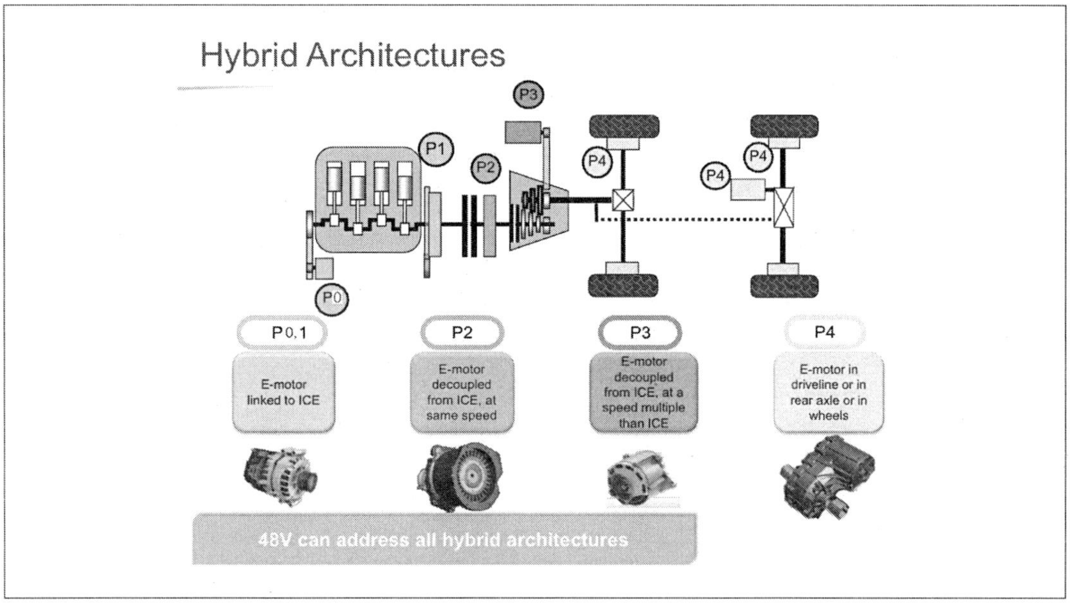

〈그림 3〉 48V MHEV 시스템구성

48V 마일드하이브리드 시스템은 <그림 3>에서와 같이 모터의 구동 위치에 따라 P0~P4로 나누어진다. 각각의 시스템에 대해 알아보자.

2 Powertrain Topology

01 P0(ICE 장착 벨트구동) 타입

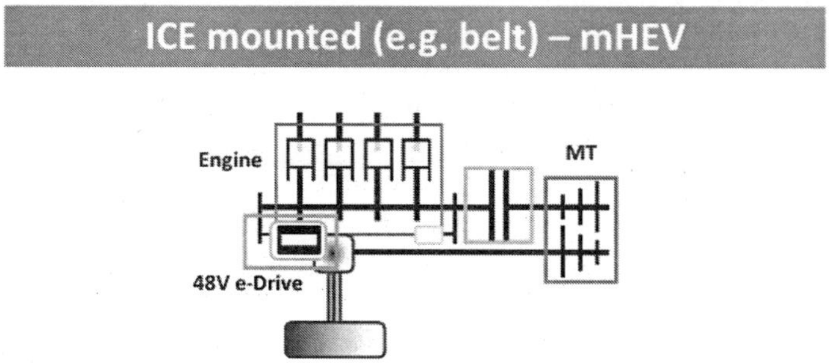

〈그림 4〉 48V MHEV P0 타입

<그림 4>에서 보듯 E-Motor가 기존 내연기관의 알터네이터위치에 장착되어 벨트에 의해 동력을 전달하는 BSG(Belt-driven Starter Generator)타입이다. 이 P0타입은 벨트로 동력을 전달하므로 출력 Loss가 발생되나, 알터네이터를 대체하여 장착되기에 기존 내연기관 차량의 설계 변경을 최소화 할 수 있으며 별도의 클러치 구조 등이 필요하지 않으므로 상대적으로 저비용으로 적용이 가능한 시스템이다. 이로 인해 현재 48V 시스템이 승용차량에 많이 적용되고 있다.

02 P1(ISG) 타입

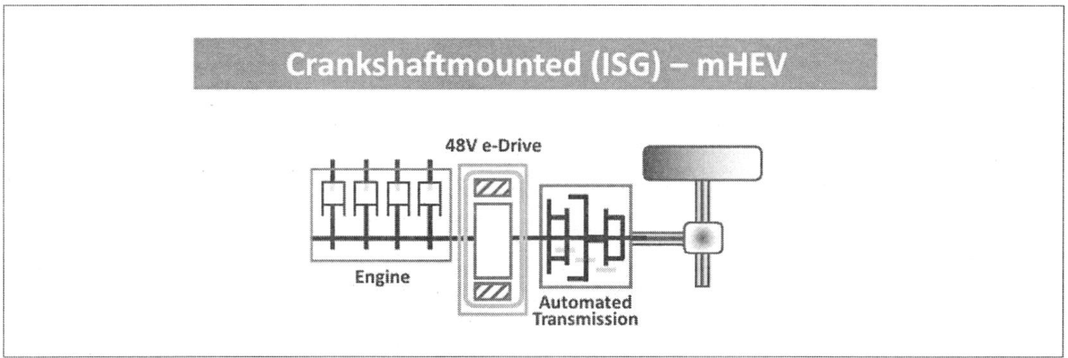

〈그림 5〉 48V MHEV P1 타입

P1 타입의 경우 <그림 5>에서와 같이 E-Motor가 엔진의 출력 측인 크랭크축에 고정되어 플라이휠 부근에 위치해서 동력을 전달하는 ISG(Integrated Starter Generator) 방식의 시스템을 보여주고 있다. 이 P1 타입은 벨트로 구동하는 P0 타입에 비해 동력 전달로 인한 출력 Loss가 적은 편이다.

03 P2 타입

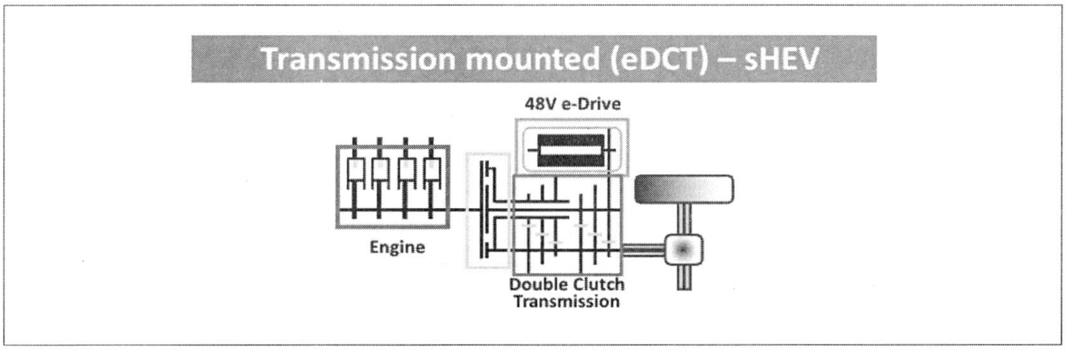

〈그림 6〉 48V MHEV P2 타입

P2 타입의 E-Motor는 엔진과 변속기 사이에 위치하여 장착된 타입을 말한다. 이 방식은 클러치를 통해 엔진에서 동력을 분리할 수 있다. P2 타입부터 동력을 전달 Loss가 적어 토크를 향상시킬 수 있어 CO_2 측면에서 유리한 시스템이라 할 수 있다.

04 P3 타입

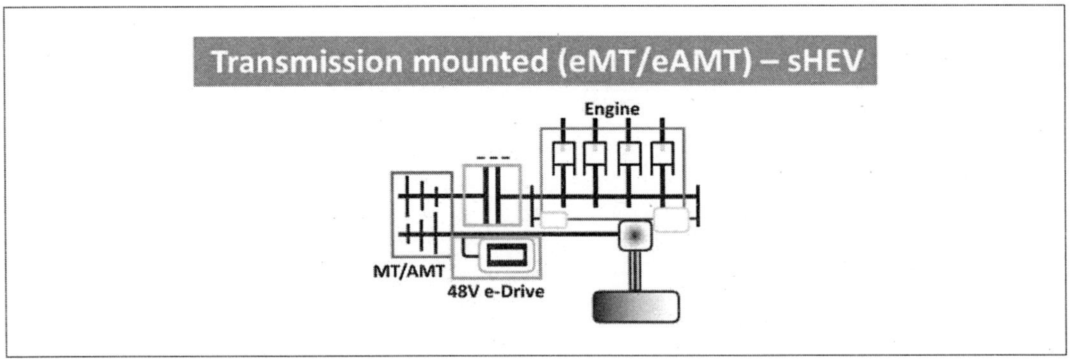

〈그림 7〉 48V MHEV P3 타입

P3 타입의 경우 E-Motor가 변속기 출력 샤프트 측에 즉 변속기와 차동장치 사이에 장착된 타입을 말한다. P3 타입부터는 정차 중 엔진과의 동력이 차단되기 때문에 정차상태에서 충전이 불가능한 부분이 있다.

05 P4 타입

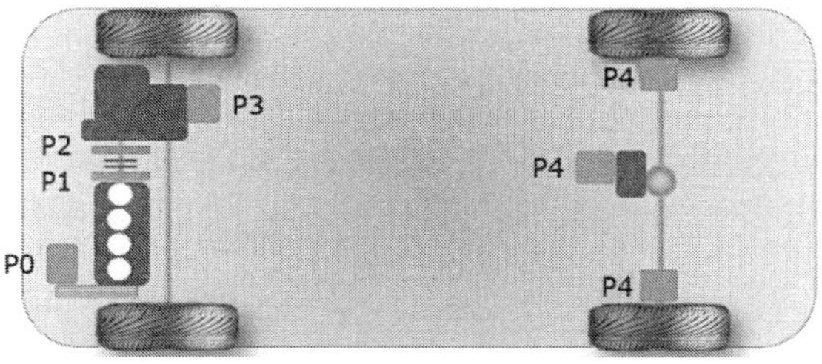

〈그림 8〉 48V MHEV P4 타입

P4 타입은 <그림8>에서 보듯 리어 차동창치 또는 바퀴에 E-Motor가 장착된 타입이다. 이 타입은 가장 용량이 큰 E-Motor를 장착할 수 있어서 엔진의 동력을 보조뿐 아니라 모터 힘으로의 차량 발진(부스트)효과가 가장 큰 타입이라 할 수 있다.

	Po / P1 Belt 12V	Po / P1 Belt « 12V + 12V »	Po / P1 Belt « 12V + 12V » + eSC	Po / P1 Belt 48V (+ eSC)	48V P2/P3/P4
Cold start	o	o	o	o / •	o / • (P2)
Change of Mind	•	•	•	•	•
Stop & Start	•	•	•	•	•
High Efficiency generator	•	•	•	•	•
Durability (1mcy)	•	•	•	•	•
Comfort Start	•	•	•	•	•
Stalling help	•	•	•	•	•
Coasting	o / •	•	•	•	•
Regenerative braking	o	•	•	•	•
Torque Assist	o	o	•	•	•
Torque Monitoring		o	o	•	•
Downspeeding			•	•	•
Engine Dowsizing			•	•	•
ZEV				o / •	•
Electrical Take off				o / •	•

• : Possible
o : Limited
: Impact on fuel savings

Voltage increase will enhance hybrid functions
P2, P3, P4 architectures increase hybrid energy management benefits

〈그림 9〉 48V MHEV 기능가용성

3 48V 리튬이온 배터리

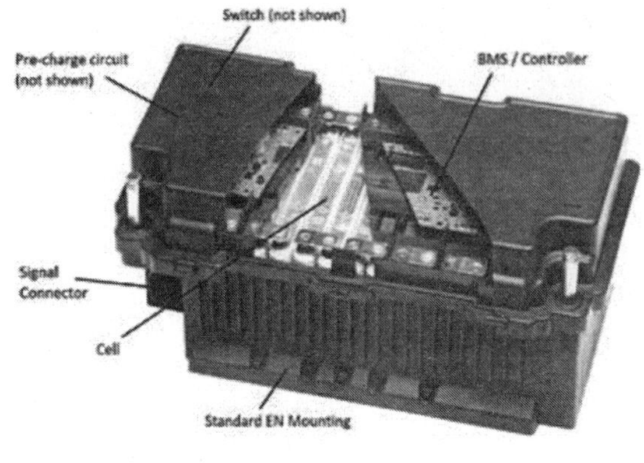

〈그림 10〉 48V 리튬이온 배터리

48V 리튬이온배터리는 2013년 프랑크푸르트 모터쇼에서 존슨 컨트롤에 의해 공개되었다. 이 리튬이온 배터리는 듀얼 전압 구조로 기존의 납 배터리보다 저장 용량이 크며, 보다 빠른 충전이 가능하다. 그만큼 아이들링 스톱 기구의 사용 시간을 늘릴 수 있다.

MHEV에 장착된 48V 리튬이온 배터리는 A/C 시스템, 워터펌프, 능동형 새시 제어 및 모터 구동 지원과 같은 고전력 부하를 공급하고 회생제동을 통해 에너지를 저장하는 역할을 한다.

3

EREV
(Extended Range Electric Vehicle)

학습목표

1. EREV 시스템을 이해하고 설명할 수 있다.
2. EREV의 동향을 살펴보고 이해할 수 있다.

1 EREV 개요 및 특징

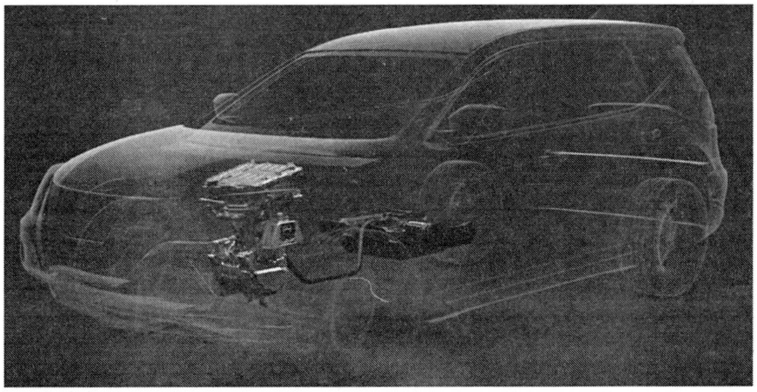

〈그림 1〉 EREV 시스템

EREV는 주행거리 연장형 자동차이다. 전기모터가 차량을 구동하는 모든 동력을 제공하지만 추가 전력을 생성하기 위해 작은 엔진이 있는 전기 자동차 또는 新 직렬형(Series) 하이브리드차로 볼 수 있다. 이는 배터리가 지정된 수준까지 방전되면 엔진이 작동하여 전원을 공급하거나 배터리를 재충전한다. PHEV처럼 EREV는 외부에서 전기를 충전하는 방식과 외부 충전 없이 오로지 엔진에 의해서 충전하는 방식 2가지가 있다. 따라서 번거롭고 오래 걸리는 충전 대신 짧고 편리한 주유로 연료 보충을 해결한다는 점과 실시간으로 차량 내부에서 엔진으로 충전을 하기 때문에 큰 배터리 용량을 적용하지 않아도 돼 가볍고 제조단가가 저렴하다는 장점이 있다.

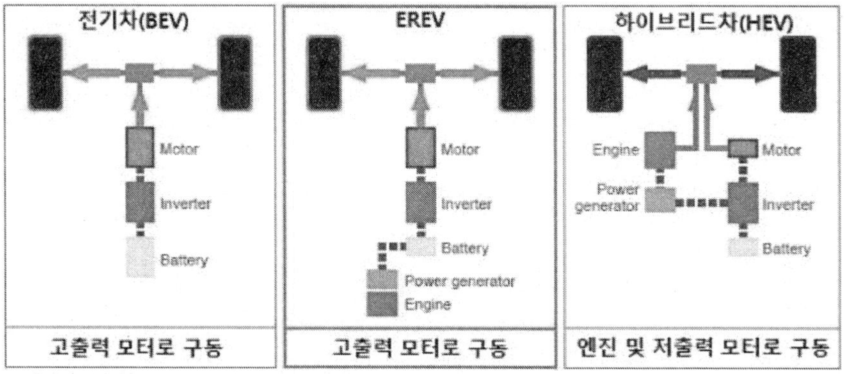

*사진 출처: Nissan Global(일부 수정)

〈그림 2〉 BEV, EREV, HEV(직렬형제외)의 구조 개념도

<그림 2>는 BEV, EREV, HEV의 구조를 비교하고 있다. BEV는 배터리에서 인버터를 거쳐 구동모터에 의해 동력을 전달하고, HEV는 엔진과 구동모터 두개의 동력원을 상황에 따라서 단돈 혹은 동시에 동력을 전달하는 구조이다. EREV의 경우 엔진은 구동에 전현 관여하지 않고 오로지 구동모터에 의해 동력을 전달하고 엔진은 배터리 충전을 하여 주행거리를 연장하는 시스템이다.

〈그림 3〉 EREV 모터구동

<그림 3>은 배터리 SOC가 일정량 이상 충전된 상태에서 구동모터에 의해서 차량을 구동하는 것을 확인할 수 있다.

HEV나 PHEV와 비교했을 때는 모터 주행거리가 짧고 자주 엔진이 개입하는 부분 대신 모터로만 구동하므로 더 조용하고 즉각적인 힘을 발휘할 수 있다.

〈그림 4〉 EREV 엔진작동 충전

<그림 4>는 배터리 SOC가 일정량 이하로 소모되었을 때 엔진이 구동하여 배터리를 충전하는 모습이다. 엔진은 배터리만 충전하는 역할을 하며, 이때 여전히 차량 구동은 구동모터에 의해 이루어지게 된다.

내연기관 차량은 엔진에 의해 구동하기 때문에 엔진 RPM이 시시각각으로 변화하는데 EREV의 엔진은 오직 충전만을 위해 늘 일정한 RPM으로 회전하므로 엔진의 효율적인 작동으로 인해 더 높은 연비를 구현할 수 있다.

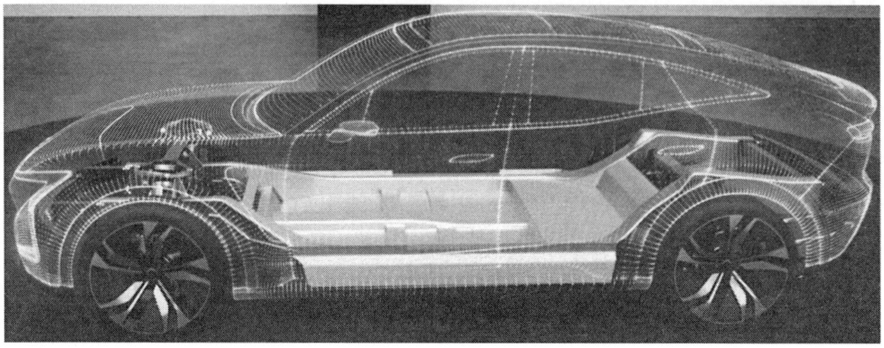

〈그림 5〉 EREV 외부 충전형

배터리 용량을 확장한 EREV는 PHEV처럼 외부전원을 통해 충전도 가능하고 보다 뛰어난 항속거리를 구현할 수 있다. 또한 V2L(Vehicle to Load) 즉 통합 충전 시스템과 차량 충전 관리 시스템을 통해 별도의 추가 장비 없이 외부로 소비전력을 공급하는 시스템을 구현할 수 있다. 이는 BEV는 차량에 남아있는 배터리 용량만큼 제한적으로 전기를 소비하는 시스템과 다르게 휘발유를 연료로 한 자체 엔진 시스템으로 전기를 발전하는 EREV 특성상 움직이는 대형 발전기라고 볼 수 있다.

EREV는 현실적으로 전기차 보급이 여의치 않은 충전 인프라가 미비하거나 화석연료의 가격이 낮아 전기차 보급 이점이 부족한 국가, 전기차 구매 여력이 부족한 소비자층에서 또 다른 선택지가 될 수 있다.

능동제어 시스템

V

1

능동제어-지능형 운전자보조시스템 (ADAS : Advanced Driver Assistance Systems)

학습목표

1. 능동제어란 무엇이지 살펴보고 능동제어시스템의 역할에대해 설명할 수 있다.
2. ADAS의 주요 시스템을 설명할 수 있다.
3. 미래형자동차의 지능형 시스템 개발동향에 대해 설명할 수 있다.

1 지능형운전자보조시스템 ADAS의 개요

자율주행 자동차의 시스템으로 발전하기 위해 주행상황을 판단해서 운전자의 개입 없이 스스로 목적지까지 주행하는 자동차를 구현하려면 다양한 주행 조건별이나 운전 상황별로 보다 정밀하게 제어 가능한 시스템을 필요로 한다.

따라서 인간이 인지하지 못하는 주행 중 사각지대 영역의 보조수단과 야간 운전시 시각적 영역을 능가하는 보조수단을 필요로하며 점차 고령화되어가는 사회의 기반속에서 운전자와 보행자를 적극적으로 보호하는 시스템의 발전은 더욱 더 가속화 될 것이다.

이번 친환경 자동차 시리즈 내용중에서 Ⅰ편 하이브리드자동차 編(친환경 자동차의 시작), Ⅱ편 전기자동차 編(EV의 미래)모두 지능형운전자보조시스템(ADAS : Advanced Driver Assistance Systems)의 내용을 동일하게 다룰 것이며 그것은 그만큼 이 시스템에 대한 내용이 미래형의 자동차를 공부하기 위한 매우 중요한 부분이라고 말 할 수 있다.

지능형운전자보조시스템(ADAS : Advanced Driver Assistance Systems)은 울트라 소닉 센서와, GPS 기반의 위치통신, 지능형 영상 장비 및 센서 등을 이용하여 주행 중에 일어날 수 있는 상황을 차량 스스로 인지하고 신속하게 상황을 판단하여, 주행 자동차를 능동적으로 제어하거나 운전자가 미리 위험요소를 감지할 수 있도록 소리나 불빛 또는 진동 등으로 알려주는 운전자 보조 시스템의 총칭이다.

능동적으로 제어한다는 것은 보다 적극적인 주행상황 개입을 의미하며 그것은 운전자의 안전을 보호하는 동시에 2차 사고로 인한 위험 요소를 차단하고 향후 시스템을 더욱 발전시켜서 완전 자율주행 시스템의 목표로서 향해가는 과정인 것이다.

ADAS는 자율주행 Level 3 이전 단계의 차량들에게 적용된 시스템이라 말할 수 있으며, 운전자는 운전의 주체로서 조합된 모든상황의 돌발적인 요소에대해 책임을 가진다.

즉 능동적인 지능형운전자보조시스템(ADAS : Advanced Driver Assistance Systems)이 최적의 제어를 수행한다고 하여도 운전자가 좀더 빠른 상황판단과 운전조작을 할 수 있도록 시스템의 헬퍼(Helper)역할을 하는 것이고, 여전히 운전자는 주행 중 운전의 주체로서 교통 흐름과 상황에 집중하는 것을 유지하여야 한다.

여러 가지 시스템이 개발되어 있으며 그 종류는 다음과 같다.

| 표 1 | ADAS 약어 명칭정리

NO	명칭	요약
1	LDW	차선이탈경보 이탈시 경고음 발생
2	LKAS, LFA	차로이탈 방지, 차로유지 지원장치
3	ASCC	차간거리유지
4	AEB	자동긴급제동
5	TSR	교통신호인식
6	PD	보행자 감지
7	CAS	충돌방지(회피)시스템
8	NV	야간시각향상 나이트비젼
9	IPAS	주차보조, 주차시 차량간/사물간 거리 탐지, 경고음 발생
10	AHBC	적응형 상향등제어
11	DDA	운전자졸음경고)/DSM(운전자상태감시)
12	FRVM	전후방 모니터링
13	BSM	사각지대 경보

이러한 제어 시스템과 함께 맞물려 Connectivity 기술이 발전하면 V2X(Vehicle to Everything)를 기반으로 한 ITS(Intelligent Transport Systems)시스템도 구현이 가능해지기 때문에 자동차 산업 각계에서 앞다투어 연구경쟁을 하고 있는 것이다.

※ V2X(Vehicle to Everything)란 : 차량과 차량 사이의 통신 및 차량과 사물 간의 통신을 하는 기술

2 LDW, LKAS, LFA

(Lane Departure Warning, Lane Keeping Assist System, Lane Following Assist : 차로유지 지원장치)

LDWS(Lane Departure Warning System)은 경고음, 차량 시트의 진동, 계기판의 인디게이터(Indicator) 등을 통해서 운전자에게 차선 이탈을 경고하는 시스템으로 경고 작동 조건은 60km/h 이상이고 와이퍼는 저단 작동이며 방향지시등이 작동하지 않을 때이다.

LDWS(Lane Departure Warning System)가 단순히 이탈 경고만 하는 시스템으로 보다 능동적인 시스템을 필요로 했기 때문에 보다 개선되어 탄생하게 된 시스템이 바로 LKAS(Lane Keeping Assist System : 차로 유지 지원장치)이다.

LKAS(Lane Keeping Assist System : 차로 유지 지원장치)는 주행중인 차량의 차선을 인식하고 운전자가 의도한 것이 아닌 상황에서 차선을 벗어난 경우 MDPS(Motor Driven Power Steering)기반의 조향장치를 조정하여 주행 중의 차선을 벗어나려 하는 반대 방향으로 조향 토크를 생성해서 차선을 벗어나지 않도록 해주는 장치로서 단순히 능동 보조시스템이기 때문에 절대로 핸들을 놓은 상태로 운전해서는 않되며 핸들을 놓고 일정시간 주행하면 알람경고가 뜨게 되어있다.

또한 방향지시등을 사용하여 차선을 벗어날 경우, 비상등을 사용하는 경우, 차속이 60km/h 이하인 경우, 양쪽 차선이 모두 인식되지 않은 경우 등은 LKAS 비작동 조건이다.

그러나 ESP/DSC/VDC등의 자세제어 장치의 작동이 일어났을때나 방향지시등의 작동 없이 급차선변경을 시도하려 할 때는 사용자의 우선순위를 적용하되 계기판상에 차선을 이탈했다는 경고를 표시하고 조향을 가능하게 한다.

LDWS(Lane Departure Warning System), LKAS(Lane Keeping Assist System : 차로 유지 지원장치) 모두 차량전방의 카메라가 도로의 주행 차선을 명확하게 인식하는 기술이 필요하며 차선을 인식하게 되는 조건은 기본적으로 흰색, 청색, 황색에 대해 인식하며, 차선은 직선이고 평행해야 하고 일정한 크기와 폭을 가지고 있어서 하나의 소실점에서 만나게 된다는 기하학적 모델링을 기반으로 한다. 또한 차선은 야간이나 빗길, 터널에서도 인식이 가능하다.

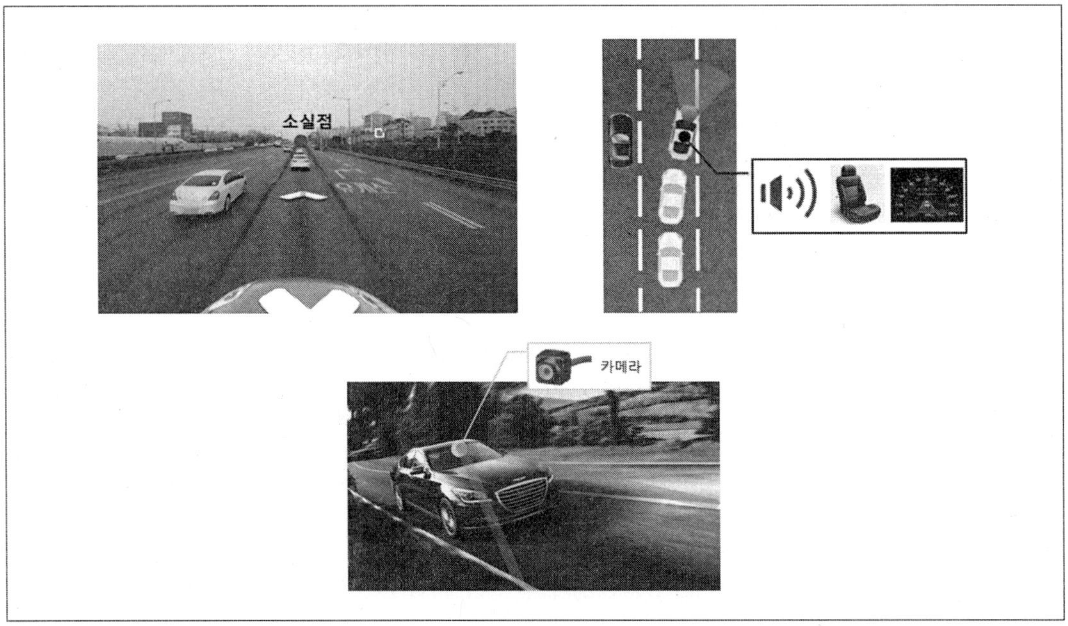

〈그림 1〉 LDWS, LKAS 카메라, 소실점, 경고방식

〈그림 2〉 LKA 그래픽과 스티어링 휠 모양의 LFA 그래픽이 동시에 등장

[시스템 작동조건]

① 차선이 명확하게 인지되고 양쪽 차선 모두 감지되어야한다.

② 운전자의 손은 운전대에 위치하고, 조향 보조중 조향력을 무시하는 경우 시스템을 해제한다.

③ 방향지시등과 비상등스위치가 OFF된 상태에서 임의로 차로 변경 시 작동한다.

④ 차량이 차로폭을 일정이상 넘어갈 경우 차로 변경을 위해 차로를 이탈하는 것으로 판단하여 시스템을 해제한다.

⑤ 아래와 같은 경우에 차로이탈 보조시스템이 작동하지 않을 수 있다.

- 급격한 곡선로를 주행하는 경우
- 급격한 제동 또는 급격한 차선 변경
- ESC/VSM 기능의 작동사
- 차로폭이 너무 넓거나 좁은 경우

차로 이탈방지 보조(LKA : Lane Keeping Assist)와 차로 유지 보조 (LFA : Lane Following Assist)는 같은 듯해도 서로 다른 시스템으로 LKA는 자동차가 차로를 벗어날 것 같은 순간에 조향을 보조해 차량이 차로를 벗어나지 않도록 도와주는 시스템이며 LFA는 차가 차로 중앙을 유지하면서 주행을 가능하도록 하는 기술이다.

따라서 LFA는 상시 작동 상태라고 보아도 무방하며 LKA는 차로를 벗어나는 순간부터 제어를 시작하기 때문에 상시 작동의 의미는 없기 때문에 LFA가 제어 범위가 더 넓다고 할 수 있다.

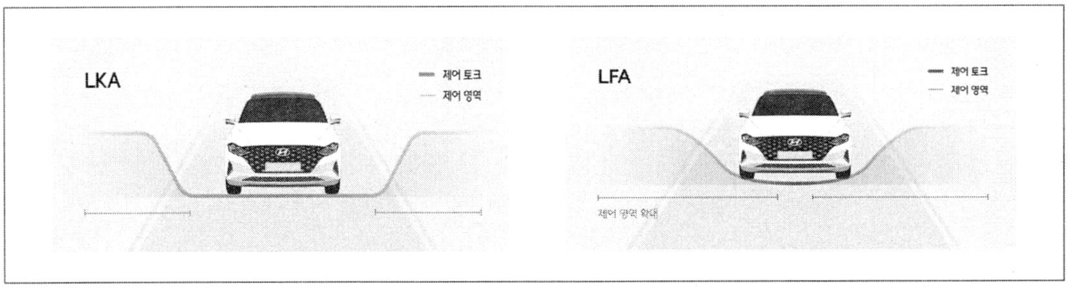

〈그림 3〉 LKA와LFA제어(HMG JOURNAL인용)

제어영역 면에서는 LFA가 넓기 때문에 운전자가 더 필요한 시스템이라 생각할 수 있겠지만 LFA는 미세한 힘으로 조향력에 간섭하면서 중앙을 꾸준히 유지주행 하도록 하는 시스템이고 LKA는 제어영역에서 강한 조향력으로 간섭하여 차로이탈을 방지하기 때문에 사고를 방지하는 최후의 보루라고 생각한다면 이 또한 반드시 필요한 시스템이라는 것을 알 수 있다.

제시된 그림은 더뉴그랜져 LKA와 LFA 제어속도 범위의 예시이다.

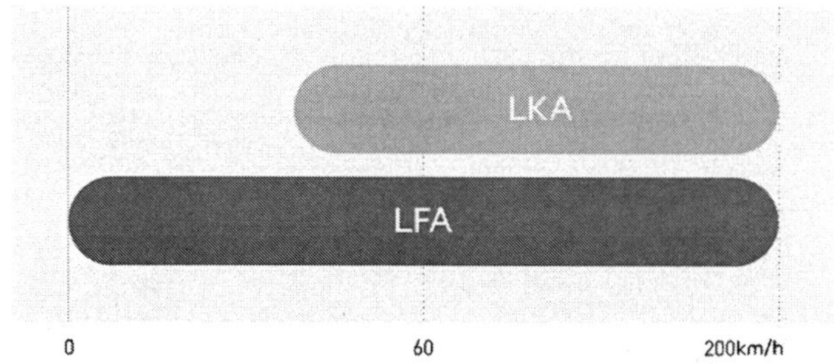

〈그림 4〉 더뉴그랜져 예시 LKA와LFA제어속도범위 비교(HMG JOURNAL인용)

또한 LFA는 차선을 인식해서 차로 중앙을 유지하다가, 차선이 없어지게 되면 앞 차를 추종하는 기능이 새롭게 작동한다. 그리고 급격한 커브길에서는 LKA, LFA 시스템이 해제되는 경우가 있는데 그 이유는 급격한 커브길에서 돌발상황이 발생하였을 때 시스템이 작용하여 조향 토크를 간섭하게 되면 더 큰 사고를 유발할 수 있기 때문이다.

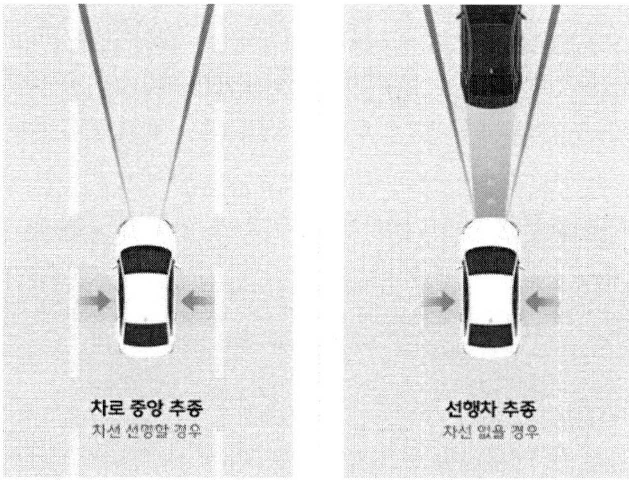

〈그림5〉 LFA의 작동방식 (HMG JOURNAL인용)

3 ASCC(Adoptive Smart Cruise Control : 차간거리유지)

선행하고 있는 앞 차량에 대해서 일정 거리를 유지하면서 앞 차의 속도에 맞춰 자동으로 속도까지 제어하는 능동형 크루즈 컨트롤 장치를 의미한다.

차량 전방에 장착된 레이다를 사용하게 되는데 가속 페달과 브레이크 페달을 사용하지 않은 채 운전자가 설정한 속도로 자동 주행을 하면 차량 전면부의 레이다 센서가 앞차와의 거리를 적절한 상태로 자동 유지하는 시스템이다.

현재 점점 진일보한 스마트 크루즈 컨트롤 시스템이 개발되고 있으며 앞차가 정지했을 때 자동으로 정지하고 재출발하는 기능까지 지원하는 Advenced Smart Cruise Control이 이미 도입되어 활용되고 있다.

2019년식 제네시스 G80 모델을 기준으로 작동 개요에 대하여 설명해보면 다음과 같다.

① 정속 주행 : 전방 차량이 없을 시 운전자가 설정한 속도로 자동 정속 주행 운행한다.
② 감속 제어 : 설정속도보다 느린 전방차량이 감지되면 감속 제어를 한다.
③ 가속 제어 : 전방차량이 사라지면 설정된 속도로 다시 가속하여 정속 주행한다.
④ 차간거리 제어 : 설정된 거리 단계에 따라서 전방차량과의 거리를 유지하며 전방차량과 동일한 속도로 주행한다.
⑤ 정체구간 제어 : ASCC(Advenced Smart Cruise Control)기능으로 일정거리를 유지하던 전방차량이 정차하였을 때 전방차량뒤에 자동으로 정차하고 전방차량이 재 출발하면 또다시 거리를 유지하며 따라간다. 단 정차후 3초 이후에는 가속페달을 밟거나 RES+ 또는 SET-버튼을 누르면 운전자 의도로 재출발할 수 있다.

커브 주행 시 유의할 점을 살펴보면 다음과 같다.

① 센서가 차량을 인식하는 각도가 제한적이기 때문에 전방 차량을 인식 못하는 경우나 옆차선의 차량을 인식하는 경우가 발생될 수 있다.
② ASCC(Advenced Smart Cruise Control)차량은 커브에서 빠른 속도로 설정되어 있으면 위험할 수 있으므로 전방차량이 없더라도 속도가 감속될 수 있다(단 이때 브레이크제어는 하지 않는다.)

③ 직선도로에서 선행차량을 따라가다가 선행차량이 커브에 진입하면 ASCC(Advenced Smart Cruise Control)차량은 목표속도를 추종하기 위해 가속할 수 있다.

④ 커브에서 전방 차량을 추종 제어하다가 전방 차량이 사라지면 설정속도로 가속하지 않고 전방 차량을 추종하던 속도를 계속해서 유지하게 된다. 그 이유는 가속을 하여 새로운 선행차와 근접했을 때 다시 감속하는 등의 반복적인 가/감속을 방지하기 위해서이다. (이 경우에도 본인차량이 차선을 바꾸거나 가속페달을 밟으면 가속이 가능하다)

[경고 기능]

전방 차량의 감속이나 갑작스러운 끼어들기 차량으로 인하여 SCC 차량이 감속할 경우 운전자에게 알림 경고를 하는 기능이다.

① SCC 차량이 시스템내에서 충분히 감속가능한 경우 - 경보 없음

② ASCC 차량이 시스템내에서 감속이 불충분 할 경우 - 계기판내 표시부 점멸 및 부저 경고음 발생(브레이크 페달 작동시까지 경보 및 감속 유지)

③ 30km/h 이하에서 앞차량과의 거리제어 중 앞차량이 차선변경으로 사라지면 경고음이 울리면서 계기판에 경고화면을 표시함 새롭게 나타난 정차차량이나 물체가 있으면 충돌할 수 있으니 직접속도를 조절한다.

[운전자 가속 기능]

운전자가 가속페달을 밟으면 스마트 크루즈 컨트롤 감속제어 중이라도 운전자의 의지를 반영하여 가속 할 수 있다.(단 설정속도보다 빠르게 주행할 수 있으므로 계기판 표시부는 점멸된다.)

[일반 크루즈 컨트롤 기능]

운전자가 차간 거리를 유지하지 않고 일정 속도만 유지하는 일반적인 크루즈 컨트롤 기능도 이용가능하다(스마트 크루즈 컨트롤을 다시선택하고 싶다면 차간거리 조작 스위치를 2초 이상 길게 누른다.)

[긴급제동(AEB) 보조 기능]

ASCC로 주행중 돌발 상황에서 운전자경고 및 비상제동을 수행하여 충돌을 방지하거나 충돌속도를 낮추는 기능이다.

[고속도로 주행 지원(HDA)기능]

ASCC로 고속도로 주행 중 앞차와의 차 간 거리 유지와 차선이탈 방지를 위해 조향 및 속도를 제어하여 운전자의 편이를 향상시키는 부가기능이다.

[내비게이션 연동 기능]

ASCC 동작 중 내비게이션으로부터 전방의 제한속도 정보를 사전에 받아서 제한속도 이상으로 주행시 일시적으로 감속하거나 가속을 제한하여 운전자의 편의를 향상시키는 부가기능이다.

이러한 기능들을 기반으로 ASCC는 제어되며 운전자의 안전과 주행편의의 향상에 적극적이고 능동적으로 개입하여 도움을 주고 있다.

2019년식 제네시스 G80모델을 기준으로 한 작동개요 설명이였으며, 자세한 스위치형상과 계기판 표시 그림을 그 예로서 작동 상황 별 운전자에게 주어지는 정보를 알아보고 조작 및 제어로직에 대한 설명을 알아보자.

표시	설명
	SCC 동작 중 선행 차량 있을 때 목표 차간 거리1단계
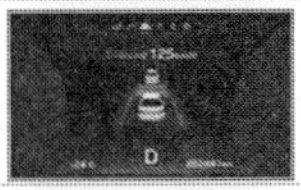	SCC 동작 중 선행 차량 있을 때 목표 차간 거리 2단계
	SCC 동작 중 선행 차량 있을 때 목표 차간 거리 3단계
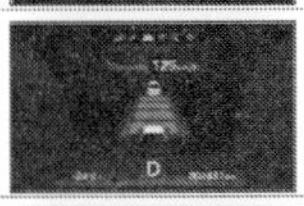	SCC 동작 중 선행 차량있을 때 목표 차간 거리 4단계
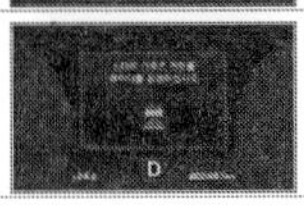	센서 주변 및 커버 오염

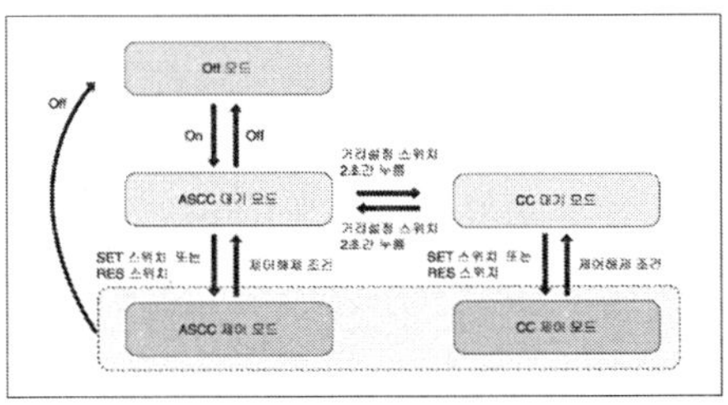

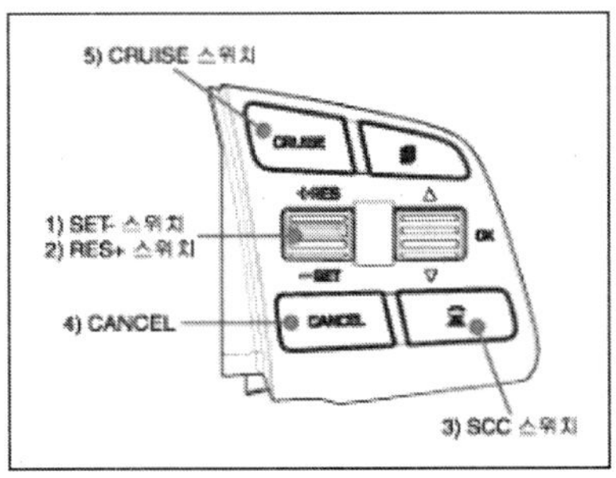

〈그림 6〉 ASCC 제어표시 및 작동제어 와 스위치

▲ 경 고

- 크루즈 컨트롤 기능 사용 시, 운전자가 적절하게 브레이크 조작을 하지 않으면, 앞 차량과 추돌할 수 있다.

유 의

- 운전자가 가속 페달을 밟아서 차량 속도가 SET 속도보다 높으면 그때의 속도가 SET 속도가 된다.

▲ 주 의

- 과속 단속을 회피하는 것을 목적으로 하는 기능이 아니며, 네비게이션 정보가 제한속도 정보를 보증하지 않기 때문에, 본 기능이 동작 중이더라도 운전자는 도로교통법 준수의 의무를 다 하여야 한다.

〈그림 7〉 ASCC 경고 유의 주의 표시

위와 같은 제어표시로서 계기판에 나타나고 ASCC와 CC(일반 크루즈 컨트롤)의 전환은 <그림 2>에서 설명하는 작동로직에 따라 제어되며 <그림 3>의 경고 및 유의와 주의사항을 감안하여 주행 시 운전자는 항상 안전에 철저하게 대비하여야 한다.

[시스템 작동 조건]

①②③④⑤ 차량 속도 약 0~200km/h 범위(차종마다 상이함) 단 30km/h 미만에서는 선행차량이 있을 경우에만 작동-차간 거리 제어가 수행된다.

①②③④⑤ 기어 D레인지 또는 스포츠모드

①②③④⑤ VDC(자세제어) OFF, 스위치 OFF

①②③④⑤ 주차브레이크 해제

①②③④⑤ CRUISE SWITCH ON (CRUISE 점등상태)

[시스템 제어금지/해제 조건]

① 운전자의 브레이크 조작(제어 해제 메세지는 표시되지 않음)

② CANCEL SWITCH 조작(제어 해제 메세지는 표시되지 않음)

③ OFF SWITCH 조작(제어 해제 메세지는 표시되지 않음)

④ 가속페달 60초 이상 연속조작

⑤ ESC OFF SWITCH 조작

⑥ 변속레버 N, P, R 레인지로 조작 : 정차 중일 경우에는 브레이크를 밟은 상태에서 N레인지로 기어를 조작해야한다!

⑦ 주차브레이크자 작동한 경우

⑧ 운전자가 하차를 시도한 경우

⑨ 정차모드에서 전방선행차 감지오류가 발생한 경우

⑩ ABS, TCS, ESC가 작동한 경우

⑪ 차량속도가 과도한 경우 : 200km/h 초과속도에서 ASCC제어 진입이 금지, 210km/h에서 작동하던 ASCC는 자동으로 작동해제됨.(차종마다 속도범위는 상이함)

⑫ 엔진상태의 불안정 : 350rpm 이하이거나 7000rpm 이상일 때 엔진이상으로 판단

⑬ ASCC 경고등 점등시 : 시스템고장 또는 일시적 사용불가

⑭ 접촉사고 등 외부충격으로 인한 ASCC 관련부품 장착 불량 시 오작동

⑮ 이전 설정값이 존재하지 않을 시 RESUME(사용이력)으로 제어를 시도할 때 이전 사용 설정값이 없으면 제어가 금지된다.

이러한 작동조건 및 작동 금지 조건을 각 차종별로 정비 지침서를 참고하여 숙지하고 시스템 정비 시 이러한 사항들을 고려하여 고장진단을 하여야 한다.

4 AEB(Autonomous Emergency Braking : 자동긴급제동)

AEB는 첨단 주행보조 장치의 한 종류로 전방 추돌 상황이 감지되는 상황에서 운전자가 부주의하거나 반응을 못하여 브레이크를 밟지 않아도 차량이 경고를 표시하며 직접 감속시켜주거나 제동을 시행해 주는 장치이다.

점점 저출산으로 인한 고령화 사회를 우려하는 상황이고 연령대가 높아지면 높아질수록 인지속도는 점점 느려지기 때문에 느린 상황 판단으로 인한 돌발 상황의 대처에 대한 우려는 더욱 높아지고 있다.

이는 비단 졸음운전에 대한 우려만이 능사가 아니라는 점이며 복잡한 교통환경과 예고없이 찾아오는 돌발상황에 대한 우려가 자동차 안전운행에 대한 다양한 요구로 표현되고 있는 것이다.

AEB 시스템은 레이더, 라이더, 카메라 3가지의 전방 인식 도구를 통하여 구현된다.

1) 레이더+카메라 방식

차량 전방의 물체를 레이더와 카메라를 동시에 사용하여 전방 장애물을 인식하고 전방의 장애물과 충돌 우려가 생길 때 운전자에게 주의를 준 다음 차량을 제동하는 방식이다. 가장 많이 선택되어 사용하는 방식으로 악천후 시에 카메라의 시인성이 저하될 때 레이더가 카메라를 보조하고, 사람이나 자전거, 동물과 같은 레이더의 반사파가 적은 물체들을 감지할 때는 카메라가 레이더를 보조하는 식의 운영을 통해 정확성을 높인다. 현재 AEB 작동방식 중 가장 뛰어난 정확성을 자랑하는 방식이지만 가격이 다른 방법들 중 제일 높다는 것이 단점이다.

2) 카메라 방식

카메라를 통해 전방의 장애물을 식별하고, 전방 장애물과의 충돌에 대한 위협이 생길 때 운전자에게 주의를 준 후 차량을 제동하는 방식이다. 주로 원가를 절감하기 위해 사용되는 방식으로 악천후시에는 상황 인식이 어렵고 장거리 탐색이 어려워 고속에서는 사용하기 어렵다는 단점이 있다. 국내 자동차 티볼리에 적용되어 있다.

3) 레이더 방식

레이더를 통해 전방의 장애물을 식별하고 전방의 장애물과 충돌의 위협 우려가 생기면 운전자에게 주의를 준 후 차량을 제동하는 방식이다. 카메라 방식처럼 한 가지 전방인식 도구를 사용하기에 원가절감을 이끌어 낼 수 있고 카메라방식에 비해 악천후에 상관없이 사용가능한 장점이 있지만 사람이나 자전거 등과 같은 레이더 반사파가 크지 않은 물체들에 대해서는 작동을 하지 않는 단점이 있다. 국내 자동차 모닝에 적용되어있다.

4) 라이더 방식

레이저를 통해서 전방의 장애물을 식별하고 전방의 장에물과 충돌 위협이 우려될 때 운전자에게 주의를 준 후 차량을 제동하는 방식이다. 악천후시에도 어느 정도 사용이 가능하고 사람과 동물까지도 인식할 수 있으나 안개 시에 사용이 취약하며 레이저의 직진성 때문에 원 거리는 탐색하기 힘들다는 단점이 있다. 볼보 S80이나 XC70같은 구형 볼보 시티 세이프티 시스템 장착 차량에 적용되어 있다.

국토교통부는 2017년 1월 9일부터 개정된 '자동차 및 자동차 부품의 성능 및 기준에 관한 규칙'을 통해서 11m 이상 승합차량과 총중량 20톤 초과 화물/특수자동차에 AEB를 의무화하였다.

국내 완성차 중 최초로 현대기아차가 자사의 모든 승용차에 2018년부터 AEB를 기본으로 탑재하였으며 2020년부터는 전 차종에 AEB가 탑재될 수 있는 환경을 마련하였다.

[시스템 제어순서 2019년 제네시스 G80 AEB시스템 사례]

① ASCC 레이더 센서와 차로유지 지원장치(LKAS)의 카메라 센서를 이용하여 선행차량 감지 및 데이터를 분석한다.(CAN통신)

② 분석된 감지 데이터를 사용하여 AEB의 제어대상을 확인한다.

③ 선행차량 유무/속도/거리에 따라 적절한 감속도를 계산한다.

④ 계산된 요구 감속도를 차량자세제어 유닛 VDC로 전송한다.(CAN통신)

⑤ VDC는 요구 감속도를 구현하기 위해서 필요한 제동 토크를 계산 후 제동 제어를 수행한다.(CAN통신)

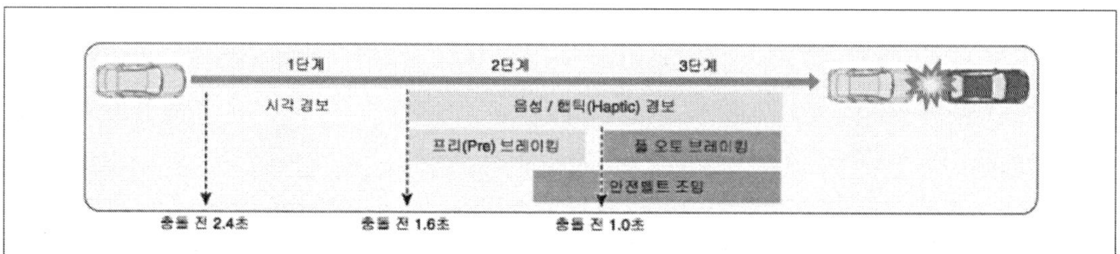

〈그림 8〉 AEB 작동원리

※ 기재되어 있는 시간은 차 속에 따라 가변 될 수 있음

- 1단계 : 충돌 위험 감지 시 시각경보(DISPLAY)를 수행 함
- 2단계 : 음성 및 햅틱(Haptic-스티어링 휠 진동)경보를 수행한다.
  충돌위험이 높아지면 엔진토크 저감 및 자동 제동을 수행 함
- 3단계 : 충돌위험시 긴급제동을 수행 자동제동을 완료한 후에 일정 시간 제동력을 유지한 후 제동제어를 해제한다.

[시스템 제어의 주의사항]

① 80km/h 이상의 주행 중에는 3단계 경보 조건으로 넘어가지 않는다.
풀 오토브레이킹 및 안전벨트 완전조임 제동수행 불가.

② 80km/h 이하의 직진 및 완만한 곡선로 주행 중에는 경보후에 3단계를 수행한다.
노면 상태에 따라 약 30km/h 이상의 중고속에서 충돌이 발생 할 수 있다.

③ 180km/h 이하의 직진 및 완만한 곡선 주행시에 음성경보 후 자동제어를 수행하여 차량의 속도를 저감한다.

④ 80km/h 이상에서는 충돌회피가 불가능하며 오프셋(Offset)이 50% 미만이어야 한다.

⑤ 후진 차량 및 대항차량에 대해서는 반응하지 않는다.

[Offset]

선행차와 자차량과의 선상 불일치율을 의미한다.

- Offset 0%

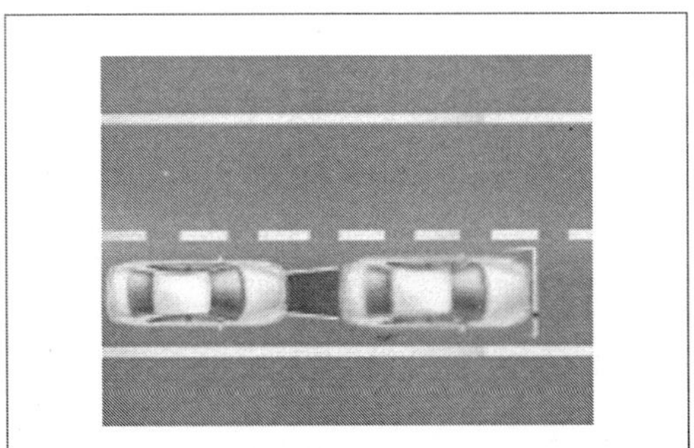

- Offset 100%

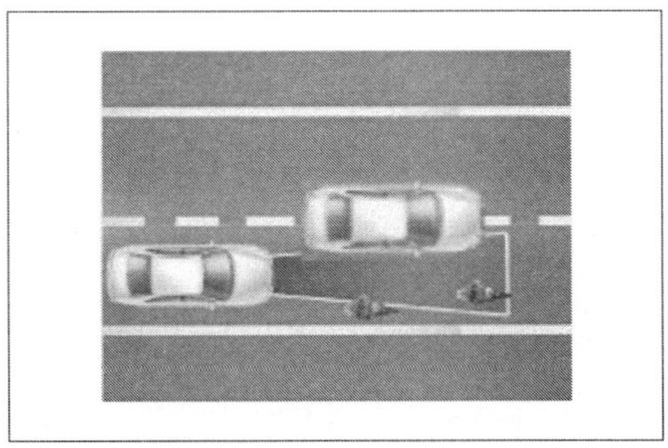

5 TSR(Traffic Sign Recognition : 교통신호인식)

자율주행을 가능하게 하는 기반기술 중의 하나로 주행 환경에 대한 신호등의 인식 및 표지판 인식을 전방 카메라와 패턴 인식 소프트웨어를 이용해서 공중 교통 신호(속도 제한, 정지 신호등, 전방 회전 등)를 인식할 수 있다. 개발 초기에는 운전자에게 전방의 신호를 알려줌으로써 운전자가 신호를 지킬 수 있도록 하고 TSR은 운전자가 정지 신호를 지키지 못하거나, 금지된 곳에서 좌회전을 하거나, 그 밖에 실수로 충돌을 일으킬 수 있는 어떠한 동작을 할 가능성을 낮추도록 함으로써 주행 안전성을 향상시키는 역할을 수행하였다.

궁극적인 목적으로는 지능형 교통시스템 ITS(Intelligence Transport System)를 구현하기 위한 구성요소 중 하나이며 V2X라고 하는 자율주행의 핵심기술 발전에 기여하게 된다.

V2X는 완전히 자동화된 교통 인프라를 가능하게 할 핵심기술이며 유·무선망을 통해 다른 차량 및 도로 등 인프라가 구축된 사물과 정보를 교환하는 기술을 총칭한다.

V2X는 Vehicle to Everything communication의 약자로 V2V(Vehicle to Vehicle), V2I (Vehicle to Infrastructure), V2N(Vehicle to NomadicDevice), V2P(Vehicle to Pedestrian), V2H(Vehicle to Home), V2L(Vehicle to Load), V2C (Vehicle to Cloud), V2B(Vehicle to Building) 등을 모두 포함한다.

시스템 레벨에서 검출되는 알고리즘을 향상시키고 지역에 따라 다른 교통 신호 표식에 적응하기 위해서는 보다 유연한 소프트웨어 플랫폼을 필요로 한다.

그러한 배경과 함께 빠르게 발전하는 통신 기술과 환경 인프라 구축이 우리가 생각하는 미래 자동차산업인 것이고 즉 TSR은 독자적인 시스템으로서의 의미보다 자율주행 인프라 구축 측면에서의 안전도를 높이기 위한 V2X(Vehicle to Everything)의 필요 요소로서 보는 시각이 주요하다고 하겠다.

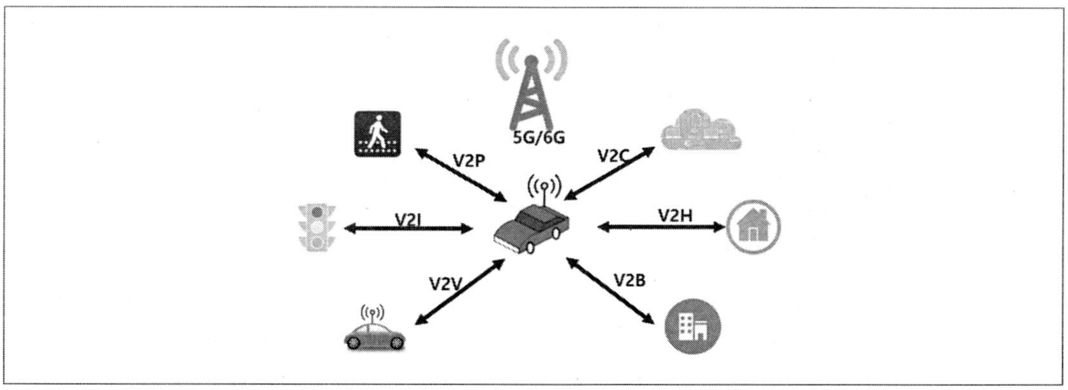

〈그림 -9〉 V2X와 TSR

6 PD(Pedestrian Detection : 보행자 감지)

보행자 감지(Pedestrian Detection : PD) 시스템(장애물과 다른 자동차 포함)은 영상에서 보행자, 즉 서 있는 사람을 찾는 기술이다. 현재까지의 연구는 대부분 서 있는 사람을 검출하는데 초점이 맞추어져 있으며 앉아있는 사람이나 누워있는 사람까지는 찾지 못한다.

보행자의 감지 외에 나머지 상황별 인식을 경우의 수로 포함하여 앉아있는 사람이나 누워있는 사람까지 인식하는 것이 불가능한 일은 아니겠으나 현재의 기술로는 서있는 사람을 보다 신속하게 인지하는 것이 더 유용해 보인다.

〈그림 10〉 가장 기본적인 영상 보행자검출

〈그림 11〉 가장 진보적인 영상 보행자검출

스테레오 비전과 GPU를 사용해서 VGA 해상도 기준으로 135 Hz의 속도로 보행자를 검출하는 방식으로 기존 방법에 비해서 검출 성능이 크게 개선된 것은 아니지만 검출 성능의 저하없이 처리 속도를 크게 높였다는 점에서 의미가 있다.

[보행자 검출 성능 지표]

① 검출률(recall rate) : detection rate라고도 하며 입력(테스트) 데이터에 있는 전체 보행자들 중에서 성공적으로 검출된 보행자 비율을 지칭한다.

② 미검출률(missing rate) : 검출율과는 상반되는 개념으로 입력 데이터에 있는 전체 보행자들 중 검출되지 못한 보행자의 비율을 지칭한다.

③ 정확도(precision) : 검출기가 검출한 결과들 중 정검출(true positive)의 비율을 말한다.

④ 오검출률(false alarm rate) : 정확도에 상반되는 개념으로서 검출 결과 중 오검출(false positive 또는 false alarm)의 비율을 의미한다.

⑤ FPPW(false positives per window) : FPPW는 오검출률을 표현하는 다른 한 방법으로서 입력 window 1개당 평균 오검출 개수를 나타낸다.

⑥ FPPI(false positives per image) : 이미지 1장 당 평균 오검출 개수로서 오검출 개수를 정량적으로 표현하는 다른 한 방법DL다. FPPW보다는 훨씬 직관적이다.

[자동차 보행자 안전 시스템의 관련 제품 동향]

① 모빌아이(Mobileye)는 상용화된 대표적인 영상 보행자 감지 시스템으로서 자동차의 사이드미러에 설치된 카메라 영상을 분석하여 차선, 전방 차량, 보행자 등을 감지하고 운전자에게 경보를 준다.

② 볼보의 시티 세이프티 시스템은 30km/h 이하에서 전방 장애물을 감지해서 자동으로 브레이크를 잡아주는 기능을 제공하며 특히 어린이가 갑자기 튀어나올 수 있는 골목길이나, 차가 많이 밀리는 상황에서 도움이 되는 기능이다. 최근에는 시속 50km/h 이하에서도 장애물 감지가 가능하도록 기능이 개선되었다.

〈그림 12〉 Pedestrian Detection

7 CAS(Collision Avoidance System : 충돌방지(회피)시스템)

자동차 안전을 위하여 충돌을 방지하거나 줄이도록 설계된 충돌완화 시스템으로 기본 형태에서 전방 충돌 경고 시스템은 차량의 속도, 전방 차량의 속도 및 차량 간의 거리를 모니터링하여 차량이 너무 가까워지면 운전자에게 경고를 제공 하고 충돌을 방지하는 데 도움을 주는 시스템이라 할 수 있다.

국내 현대 차량은 전방 충돌 방지 보조(FCA : Foward Collision Avoidance Assist)시스템으로 명명되어 있으며 전방 카메라와 전방레이더를 이용하여 전방장애물(차량/보행자/이륜차)과의 상대위치/상대속도를 인식하고 전방 장애물과 충돌이 예상될 경우에 시각/청각 경고를 운전자에게 하고 충돌을 회피할 수 있도록 제동을 보조해 준다.

그렇다 하더라도 전방 카메라와 레이더가 인식을 할 수 없는 한계상황이 고려 되어야 하기 때문에 운전자는 항상 전방상황 주시를 게을리하면 안 된다.

전방 충돌 방지 보조(FCA : Foward Collision Avoidance Assist)시스템의 작동조건은 ESC(VDC, ESP)차량자세제어 장치가 켜져 있어야하고 전방에 충돌이 예상되는 차량이나 보행자가 정상인식 되었을 때 작동하며 AEB(자동긴급제동)시스템과 연계된다.

유럽 및 호주 데이터를 기반으로 한 2015 년 연구에 따르면 AEB(자동긴급제동)는 선행자동차의 후방 충돌을 38%까지 줄일 수 있다고 보고되었다.

즉 전방 충돌방지 보조 (FCA : Foward Collision Avoidance Assist)시스템은 AEB(자동긴급제동)시스템과 연결고리처럼 이어져 있다고 보아도 무방하다.

ADAS는 이와 같이 각 시스템들이 유기적으로 연결되어 각 영역에서 맡은 역할을 수행함으로서 능동적으로 주행안전을 도모하는 것이다.

다만 우리가 시스템을 신뢰하되 맹신하여서는 안되며 한계상황에서 발생 될 수 있는 오류들이 분명히 존재함으로 완전한 자율주행의 레벨단계가 이루어지지 않은 차량에서 운전자는 운전시 주의와 집중을 태만하면 안된다.

미국 자동차 협의(AAA)에서 혼다 어코드, 테슬라 모델3, 쉐보레 말리부, 토요타 캠리 등 2019년형 자동차 4대를 대상으로 전방충돌방지시스템을 작동시킨 결과, 실험 상황의 60% 정도에서 성인 더미를 발견하지 못하고 충돌하고 지나가는 것으로 나타났고, 더미를 성인용보다 더 작은 아동용으로 교체하거나 야간에 실험을 할 때 성능이 더 떨어지는 것으로 나타났다고 한다.

따라서 단순히 전방카메라와 레이더기술이 최상위라 하더라도 인지된 신호에 따라서 유기적으로 반응하여 연산하는 매개변수인 차량 바퀴속도를 감지하는 휠속도 센서, 스티어링 조향상황을 감지하는 조향각센서, 차량 수직축 회전운동을 감지하는 요레이트센서 등의 신호들이 정상적이어야만 하고 엔진 컨트롤러와 제동컨트롤 유닛의 제어가 즉각적으로 반응하여 컨트롤해야하는 복잡한 시스템이기 때문이다.

〈그림 13〉 전방충돌 방지

현재 전방충돌방지보조 관련 법규는 대형 상용차에 먼저 적용되었으며 2018년 1월부터 대형버스에 의무적용되며 대형 트럭은 2019년 1월 이후 판매되는 차량에 적용을 규정하고 있다.

초기시스템은 FCW(Forward Collision Warning)으로 전방 충돌 경고만 수행하는 시스템이었지만 이제 능동적인 FCA(Foward Collision Avoidance Assist)로 진화하는 것처럼 시스템은 보다 더 진화 할 것이다.

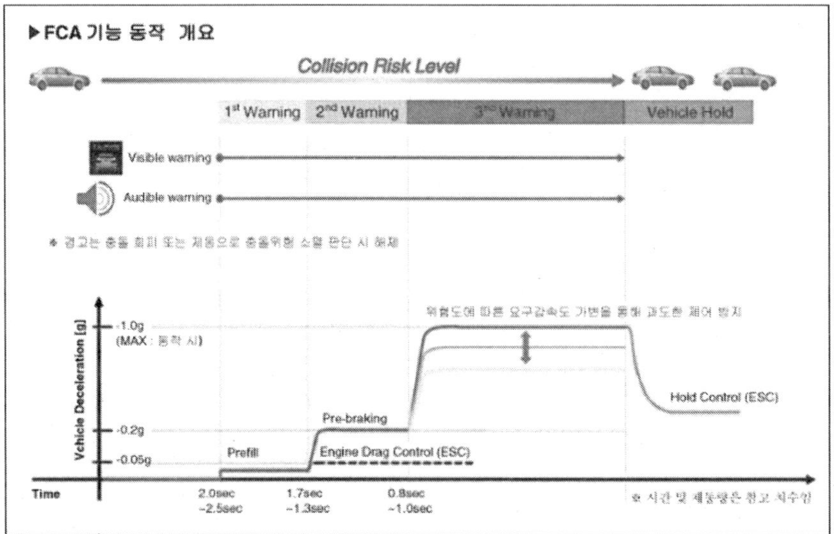

※기재된 시간은 차속에 따라 가변됨

- 1단계 : 충돌 위험이 감지되면 시각(Display) 경보 및 음성 경보를 수행한다.
- 2단계 : 충돌 위험이 높아지면 엔진 토크 저감 및 자동 제동을 수행한다.
- 3단계 : 충돌 위험시 긴급제동을 수행한다.
- 자동제동 완료 후 : 일정시간 제동력을 유지한 후 제동제어를 해제한다.

〈그림 14〉 전방충돌방지 동작개요

8 NV(Night Vision : 나이트비전 야간 시각향상 시스템)

나이트 비전은 당초 군사용으로 개발되었으며 걸프전 당시 '사막의 폭풍' 작전에 처음 사용돼 다국적군의 야간 작전을 성공으로 이끄는 데 큰 역할을 했다.

나이트 비전의 작동 원리는 적외선 카메라의 시야에 들어온 물체가 발산하는 열에너지에 의해 화상을 만들어내는 것으로 해당 물체의 열이 높을수록 하얗게 보이며 열이 낮을수록 물체는 검게 표시된다.

나이트 비전은 적외선 카메라를 통해서 시야를 확보하기 때문에 낮에는 작동을 시켜도 동작하지 못하고 어두운 밤에만 작동한다. 또한 외부온도가 너무 높은 상황에서는 시스템이 오작동을 할 수 있다.

아래에 제시된그림은 캐딜락 차량(CT6)의 나이트비전 시스템 예시이다.

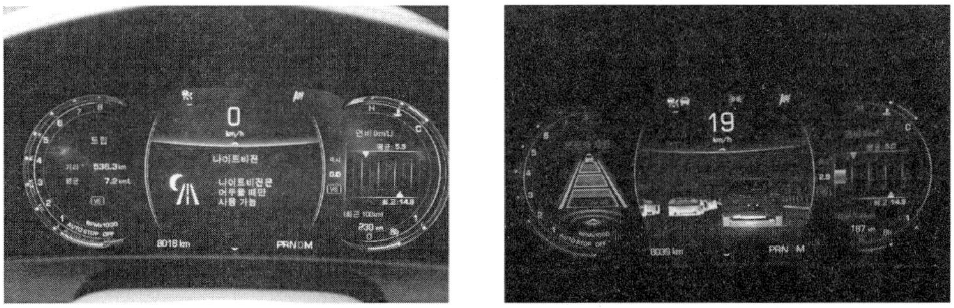

〈그림 15〉 나이트비전 주간/야간

보행자 인식도 야간에 무리 없이 인식되기 때문에 보행자 안전은 물론 시야의 문제로 야기되는 사고를 미연에 방지A할 수 있어서 운전자에게 큰 도움을 줄 수 있다.

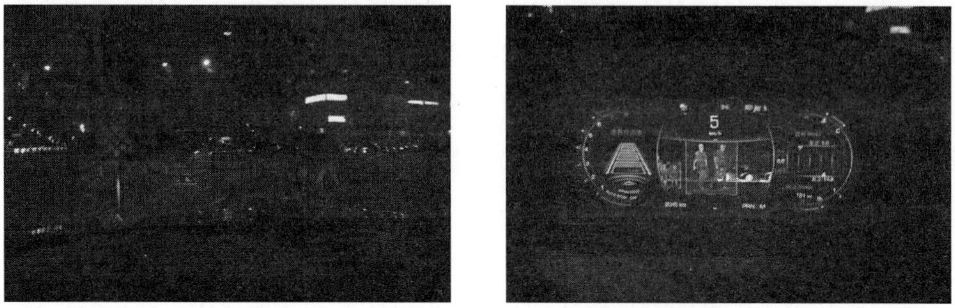

〈그림 15〉 운전자 야간 전방시야와 나이트비젼 비교

9 IPAS(Intelligent Parking Assistant System : 지능형 주차 보조 시스템)

IPA(Intelligent Parking Assistant System : 지능형 주차 보조 시스템)은 제작사마다 그 명칭을 달리하고 있으며 구성요소 또한 제작사 모델의 형식에따라 명칭을 달리한다.

우리는 통상적으로 IPAS라고 지칭하며 특히 여성 운전자나 인지능력이 감퇴하는 고령 운전자들에게 주차 스트레스로부터의 해결 방안을 위하여 노력한 결과의 산물이다.

지능형 주차보조시스템은 지속적으로 발전하였고 이제는 리모트 컨트롤러를 사용하여 원격주차가 가능할 정도로 정밀한 제어가 가능해졌다.

이장에서는 현대자동차의 GV80(JX1)모델을 사례로 시스템에 대하여 살펴보고자 한다.

ADAS_PKR이라는 주차제어 유닛을 가지고 있으며, 이 유닛은 주차거리의 경고기능도 수행한다.

지능형 주차보조시스템은 주차 충돌방지 보조(PCA)와 원격 스마트 주차보조(RSPA, Remote Smart Parking Assist) 시스템으로 나뉘어 있다.

우선 주차 충돌방지의 시스템 제어흐름 경로는 다음과 같다.

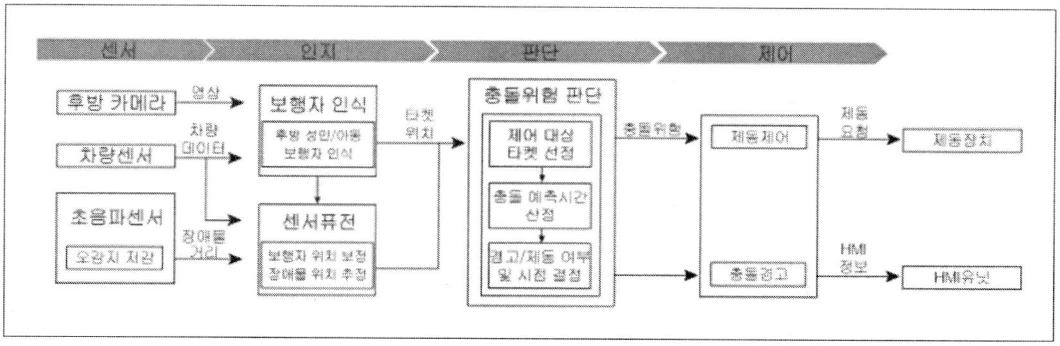

〈그림 16〉 주차 충돌방지의 제어흐름 경로(조건 : R레인지 10km/h 이하 후진시)

저속 후진 시 후방 보행자와 차량들을 인지하고 충돌 예상 시에 충돌 경고와 긴급제동을 보조하는 주차안전 시스템이다.

[클러스터 모니터에 경고음 및 충돌경고의 표시]

① 사용자 설정 메뉴(USM) : 운전자 보조 - 후방충돌 경고, 또는 제동 경고 선택

② 충돌위험 감지시에는 시각(Display) 경보 및 음성경보를 수행

③ 충돌위험이 높아지면 제동제어가 수행됨(제동모드 활성화의 경우)

※ 제동 감속도 값은 차종별로 상이함

④ 제동지원 완료 후 일정시간동안 제동을 유지한 후 제동제어를 해제한다.

주차 충돌방지 보조 시스템의 작동개요는 다음과 같다.

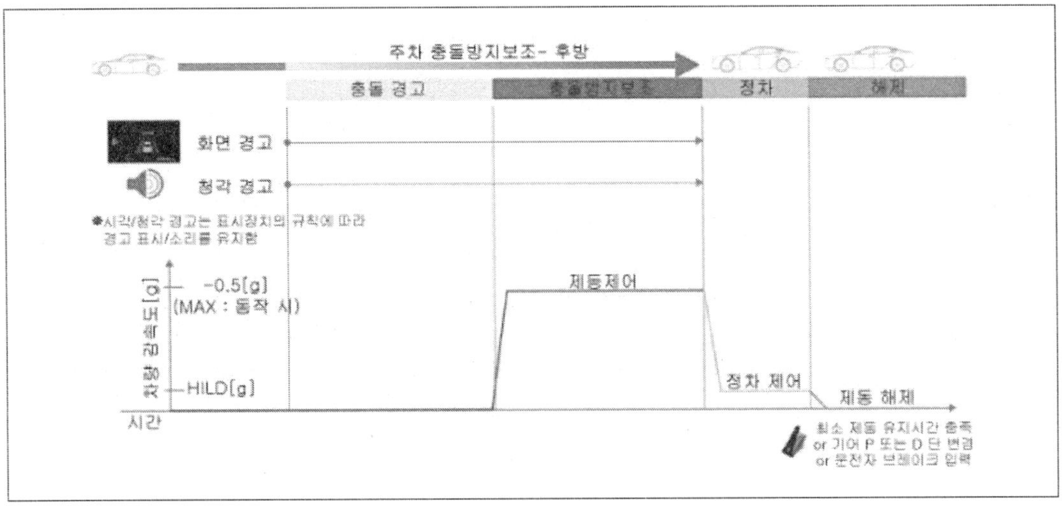

〈그림 16〉 주차 충돌방지의 시스템 작동(조건 : R레인지 10km/h 이하 후진시)

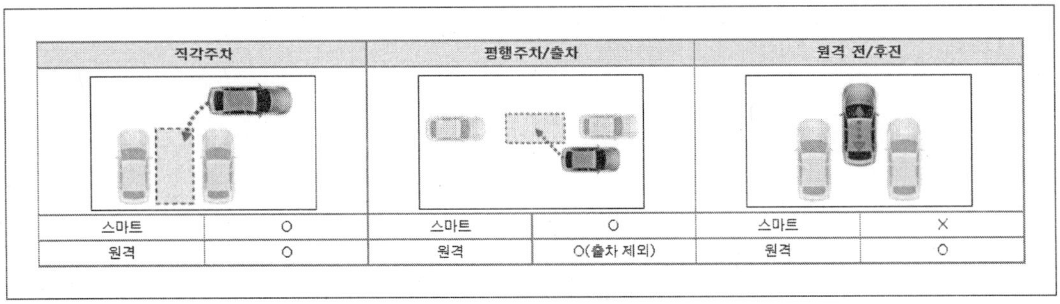

〈그림 17〉 스마트/원격/출차 주차 거동(조건 : R레인지 10km/h 이하 후진시)

① 운전자가 주차공간을 탐색 후 스마트 주차 보조 기능을 작동하거나 스마트키의 원격 스마트 주차 보조 기능을 작동시킨다.

② 주차공간 및 장애물과의 거리는 운전자가 직접 확인하고 주의하여 작동한다.

③ 스마트 주차/원격 스마트 주차는 후진주차 방식으로 직각 주차와 평행 주차를 지원

④ 스마트 출차는 전방 출차 방식으로 평행 출차만을 지원한다.

⑤ 원격 전 /후진 기능은 차량 외부에서 입차 또는 출차의 목적으로 사용할 수 있다.

⑥ 주차하고자 하는 공간 옆에 주차되어 있는 차량이 없거나 차량을 비스듬히 세우는 사선 주차기능은 지원하지 않는다.(주변환경에 따라 운전자가 원하는 주차 위치에 주차되지 않을 수도 있다.

⑦ 스마트 주차보조(RSPA, Remote Smart Parking Assist)기능 작동시 주파수 혼선방지로 공조시스템이 OFF 될 수 있다.

[스마트 주차/원격 스마트 주차/스마트 출차 기능 작동시 턴시그널과 비상등 거동]

차량 상태	턴시그널
스마트 주차 원격 스마트 주차 지원 중	주차 중 첫 번째 후진 완료 시 까지 주차 방향으로 방향 지시등 점멸
스마트 출차 지원 중	출차 완료 또는 해제 시 까지 출차 방향으로 방향 지시등 점멸

〈그림 17〉 스마트/원격/출차 주차시 턴시그널 거동

차량 상태	비상등
원격 스마트 주차 지원 중	-
원격 스마트 주차 일시중지/제어 대기	점멸
원격 스마트 주차 해제	3회 점멸 후 소등
원격 스마트 주차 완료	1회 점멸 후 소등

〈그림 17〉 스마트/원격/출차 주차시 비상등 거동

변속기	경보 Level	전방		후방		거리 오차	도식화	
		안쪽	바깥쪽	안쪽	바깥쪽		계기판	경보 음
D	1단	On	-	-	-	±10cm	RSPA HMI 표시	
	2단	On	On	-	-	±5cm		
	3단	On	On	-	-	±5cm		
P (출차 모드) N (주차/출차모드)	1단	On	-	On	-	±10cm	RSPA HMI 표시	
	2단	On	On	On	On	±5cm		
	3단	On	On	On	On	±5cm		
R	1단	-	-	On	-	±10cm	RSPA HMI 표시	
	2단	-	On	On	On	±5cm		
	3단	-	On	On	On	±5cm		

※ RPAS 모드가 종료 되면, P/N 단에서는 경보 하지 않음

〈그림 17〉 스마트/원격/출차 주차시 계기판 표시 및 경보음

① 스마트 주차보조(RSPA, Remote Smart Parking Assist) 작동시에는 AVN(인포테인먼트 시스템 : 오디오, 비디오, 내비게이션), PDW(Parking Distance Warning : 주차거리 경보) 관련사항은 계기판에 표시된다.

② PDW(Parking Distance Warning) 동작 시 계기판에 장애물 위치 표시
전방, 후방 각 3개의 섹터로 표시, 각 섹터별로 거리 별 경보단계 표시

③ 초음파 센서『총 12개 센서가 장착됨(GV80/JX1)』
40~60KHz대역의 주파수를 이용 송신 후 반사파가 돌아오는 시간으로 거리 산정

10 AHBC(Adaptive High Beam Control : 적응형 상향등제어)

AHBC(Adaptive High Beam Control)는 카메라를 이용하여 교통 조건(상대편 차선의 주행하고 있는 자동차 모두 포함)을 감지하고 이렇게 감지된 조건에 따라 상향 전조등을 밝게 하거나 어둡게 하는 지능형 전조등 제어 시스템이다.

국내 자동차 회사인 현대자동차에서는 IFS 헤드램프 시스템으로 명기되어 있으며 다른 차를 감지해 하이빔 기능을 끄고 켜는 HBA(하이빔 어시스트)X에서 한 단계 더 진화한 기능이라 볼 수 있다. 기본적으로 IFS는 시속 40km/h 이상에서 작동하며, 운전자의 편의에 따라 작동 조건을 변경하고 설정할 수 있다.

HBA의 경우엔 대항차/선행차가 나타나는 경우에 하이빔 전체가 소등으로 제어되어 운전자의 전방 시인성이 악화되었지만 IFS의 경우에는 자동으로 대항차/선행차의 영역 부분만 LED가 소등되어 상시 하이빔 주행을 할 수 있어 전방 시인성이 향상된다.

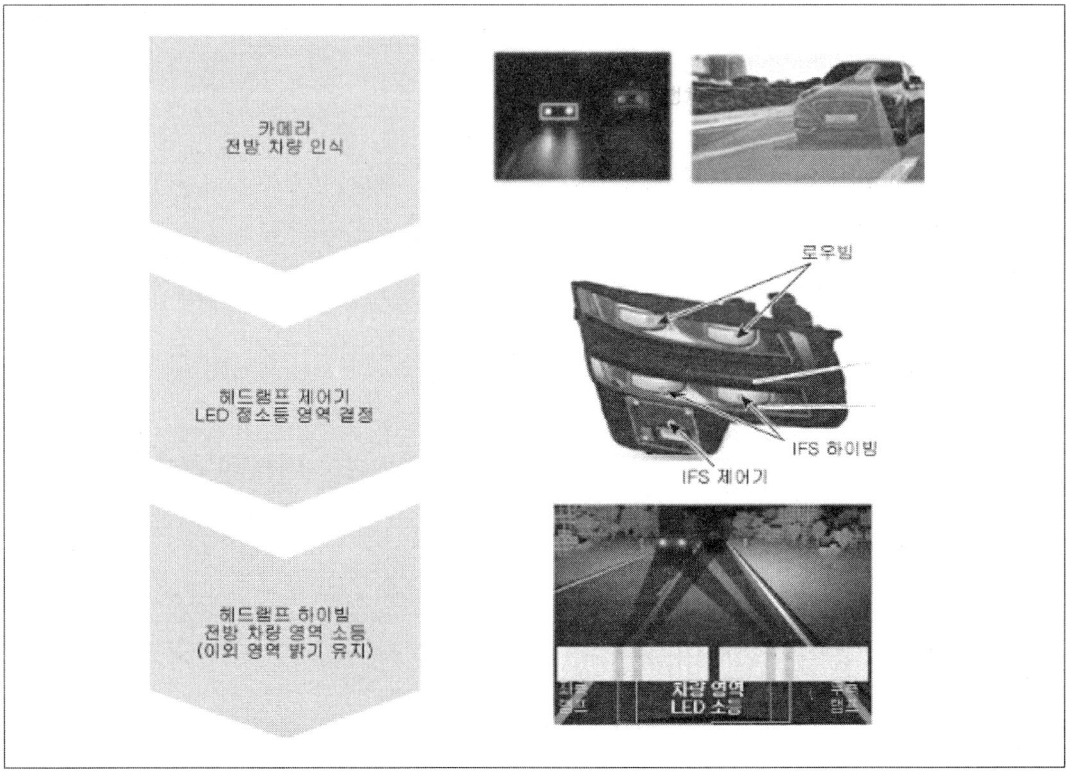

〈그림 17〉 IFS 제어시스템

11 DSM(운전자상태감시)/DDA(운전자졸음경고)

운전자 상태를 감시하는 시스템에 관한 용어는 개발자에 따라서 여러 가지로 불리며, 일반적으로는 운전자 상태 감시 시스템(DSM, Driver State Monitoring System), 운전자 모니터링 시스템(DMS, Driver Monitoring System) 그리고 운전자의 졸음운전 감시 시스템(Drowsiness Detection System) 등으로 사용되고 있다.

카메라 영상을 활용하는 방법은 다양하다 운전자의 시야에서 사각지대를 커버해주며 자동주차 등 여러 가지 시스템에서 중요한 분석 신호로 활용되고 있다.

차량내부에서 운전자의 상태를 실시간으로 감지하는 카메라는 역할이 다르다 운전자에 집중하여 운전자의 부주의나 졸음운전으로 인한 사고를 방지하는 것이 주 목적으로, 운전자의 얼굴 표정, 눈 깜박거림, 눈 응시 방향 등 다양한 시각적 특징들을 감지하여 운전자의 졸음운전 여부를 판단하고 경고한다.

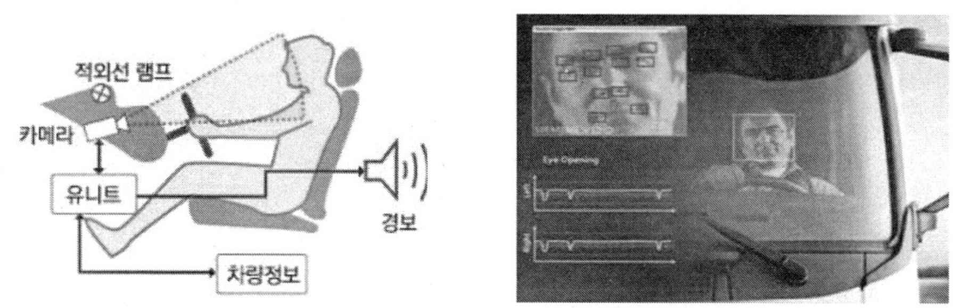

〈그림 18〉 DSM 제어시스템

2001년 도요타사가 연구개발한 초기의 운전자 상태 감시 시스템은 스티어링 컬럼 위에 CCD카메라를 6개의 적외선 카메라와 함께 장착하였기 때문에 낮과 밤 모두 작동할 수 있도록 개발한 것이 특징이었다.

시동을 켜면 즉시 카메라 센서는 코와 입을 포함한 운전자 안면의 특징과 운전자 얼굴 중앙선 및 폭을 파악 좌우를 돌아보는 운전자의 머리를 추적하고 매핑한다.

1세대 운전자 상태 감시 시스템은 2D 헤드(Head) 모델로 눈 깜빡거림과 얼굴 방향을 인식해 운전부주의나 졸음운전을 방지하는데 그치지만 2세대 부터는 Sparse 3D 모델을 이용한 기술을 통해 '인식' 정확성을 높이는 한편, 표정까지 읽어 감정 상태에 따른 반응 속도에 대응하는 첨단 운전자 지원 시스템과의 연계를 한다.

3D 페이스트래커(Face tracker)는 운전자의 얼굴을 추적하고 나타나는 특징을 해석함으로써 운전부주의나 졸음운전을 경보하는 한편, 기분(mood)을 파악해 운전자의 반응 속도에 따른 경고 시점을 달리하는 등 다양한 방식으로 안전 및 편의 애플리케이션에 응용할 수 있다.

편안함을 유지하고 있는 운전자와 화가 난 운전자는 동일한 상황에서 각기 다른 반응 속도를 나타내기 때문에 2세대 운전자 모니터링 시스템은 안전 시스템에 '기분'에 대한 정보를 추가함으로써 운전자의 상태에 따라 반응을 달리해 더욱 정확한 사전 예방 접근이 가능해 승객, 보행자 및 차량 등 전체적인 도로 안전도를 향상시킬 수 있다.

[3D Sparse Convolutional Network]

Sparse Convolutional 모델은 대부분의 실외 자율 주행(예 Waymo, NuScenes) 및 실내 벤치마크(예 ScanNet)에 적용되는 최첨단 기술로 일반적인 컨볼루션 구현은 계산 집약적이며 많은 양의 메모리를 소비하는데 TF 3D에서는 3D 희소 데이터를 보다 효율적으로 처리하도록 설계된 희소 컨볼루션 및 풀링 함수를 사용한다.

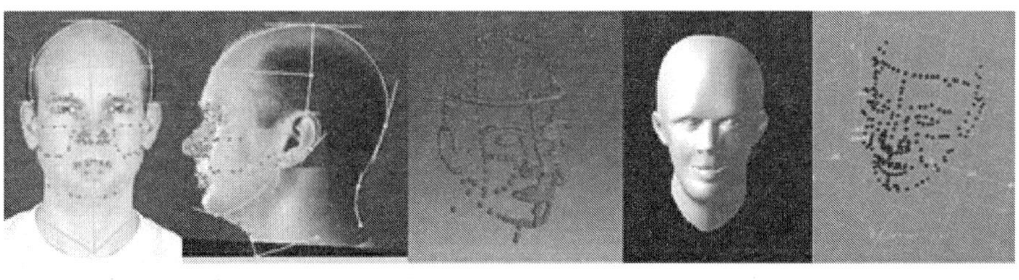

토요타와 맨체스터 대학은 매뉴얼 마크업으로 모델을 만든다. 각각의 서브젝트는 3D 포인트를 만들기 위해 안면과 헤드 프로파일에 표시된다. 메시는 구부려져 각각의 서브젝트와 일치하고, 각각의 메시 포인트로부터 감정적 특징이 추출된다. 〈맨체스터 대학〉

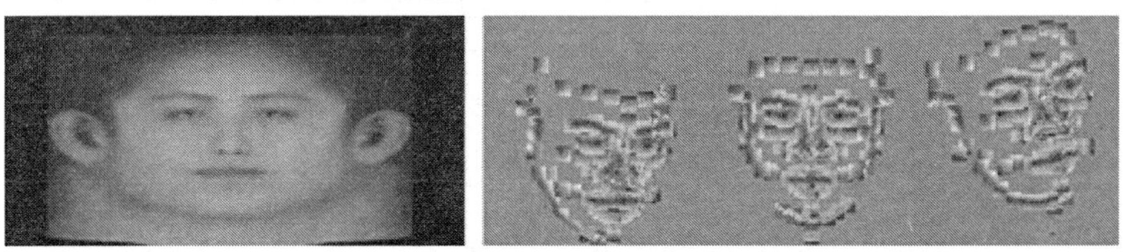

3D 모델 텍스쳐(texture)는 913개의 서브젝트로부터 생성돼 모델에 반영된다. 〈맨체스터 대학〉

〈그림 19〉 DSM 제어시스템 3D 모델 텍스쳐(texture)

DMS과 같은 졸음운전 방지 시스템은 미래에 반드시 장착돼야 할 기능 중 하나라고 생각한다. 차량 자체에서 운전자를 지원하는 시스템이 여러 가지가 있으나 눈 깜빡임, 얼굴 방향 등을 인식했던 DMS가 표정을 인식할 수 있는 수준으로 발전하면서 운전자의 행동을 보다 정확하게 추정하고, 다른 시스템과 연계해 좀 더 예측 가능한 기능을 수행하게 되어 시스템 완성도를 높일 수 있기 때문이다.

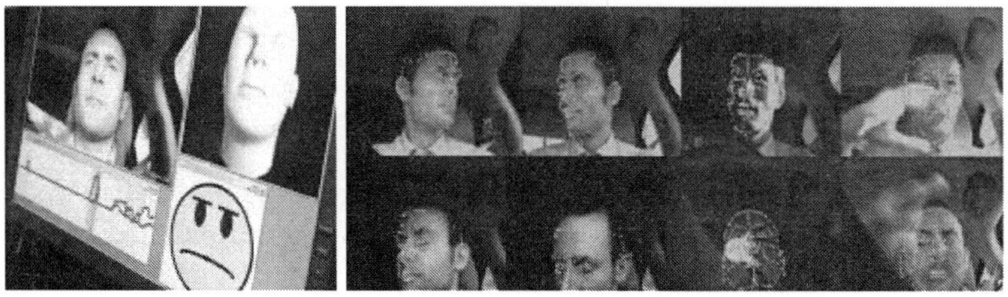

〈그림 20〉 DSM 제어시스템 작동(맨체스터대학 자료)

12 FRVM(전후방 모니터링) : ADAS_DRV 제어 및 SVM과 RVM

가장 많은 추돌사고가 일어나는 시점은 저속 주행 및 후진 주행 중 돌발 상황 이기 때문에 차량이나 장애물과의 거리를 실시간으로 감시하는 시스템이 필요하다고 하겠다.

각 자동차 브랜드마다 개별적인 특성을 가지고 시스템을 구성하지만 테슬라의 경우처럼 12개의 360도 초음파 거리탐지센서와 최대 170여미터까지 감지할 수 있는 1개의 전방레이더, 8개의 전후방 및 측면 카메라를 통해 각 차량들의 동선을 감지하고 있으며 국내 차량도 전방카메라 및 전방레이더, 전측방레이더, 후측방레이더 등의 신호를 받아 운전자 주행보조 유닛(ADAS_DRV)이 ADAS주행에 필요한 전반적인 기능들을 제어하고 있다.

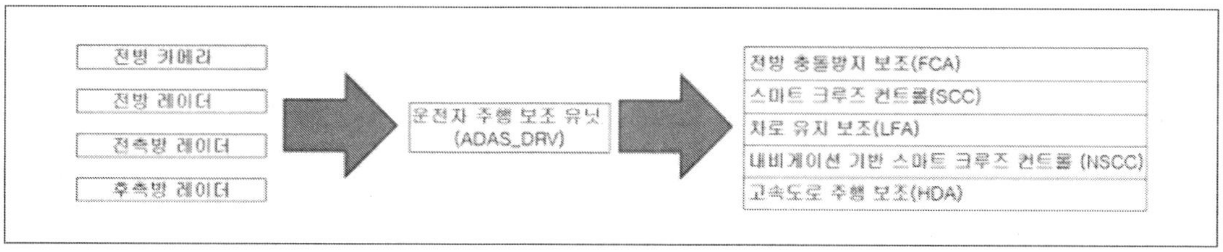

〈그림 21〉 ADAS_DRV 제어시스템 작동(현대 GSW 참조_

하기의 사례는 아이오닉5(NE EV)차량의 정비지침서를 참고한 사례이다.

1) 교차로 대향차량 대응 시스템

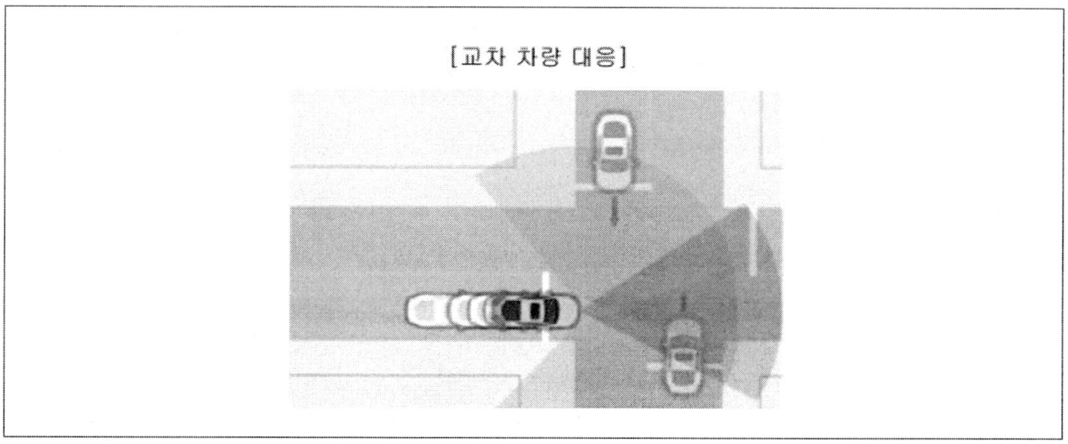

〈그림 22〉 ADAS_DRV 교차로 차량 충돌 방지(현대 GSW 참조)

전방위 센서의 신호를 종합 분석하여 충돌 위험 감지 시 제동시스템을 통한 작동 제어로 제어가능한 작동속도 범위는 10~30km/h범위이고 제어대상은 차량이며 대향차의 속도에 따라 10~60km/h는 경고가동가능 범위이고 10~20km/h는 제동제어가능 범위이다. 전방카메라의 인식이 불량할 때는 경고만 가동한다.

2) 추월시 대향차량 대응 시스템

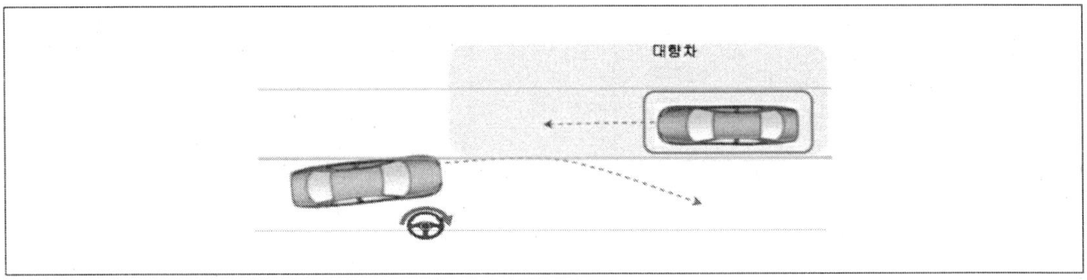

〈그림 23〉 ADAS_DRV 추월시 차량 충돌 방지(현대 GSW 참조)

전방위 센서의 신호를 종합 분석하여 충돌 위험 감지 시 조향시스템을 통한 작동제어로 제어가능한 작동속도 범위는 40~145km/h범위이고 제어대상은 차량이며 대향차의 속도는 따라 10~200km/h이내에 대응한다.(속도는 계기판의 속도를 기준으로 한다.)

양차선 차로인식이 전제조건으로 반드시 필요하며 턴시그널의 ON/OFF현재 상황은 영향이 없고 주변차량, 보행자등의 다른 도로 이용자와의 2차충돌 가능성을 고려하여 최종 제어 여부를 판단한다.

3) 측방 접근차 대응 시스템

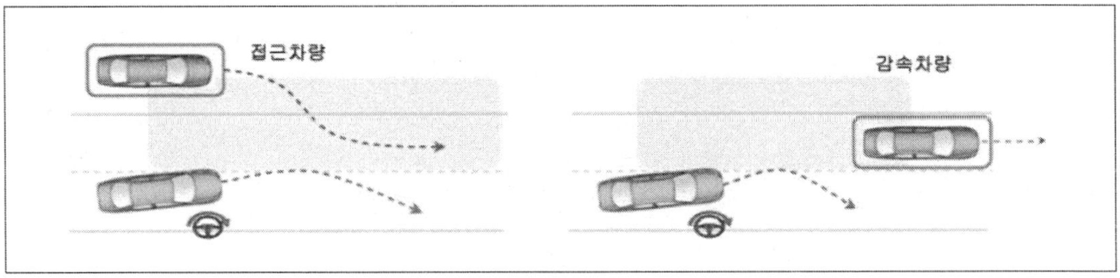

〈그림 4〉 ADAS_DRV 측방 접근차량 충돌 방지(현대 GSW 참조)

전방위 센서의 신호를 종합 분석하여 충돌 위험 감지 시 조향시스템을 통한 작동 제어로 제어가능한 작동속도 범위는 40~145km/h범위이고(속도는 계기판의 속도를 기준으로 한다.)양차선 차로인식이 전제 조건으로 반드시 필요하며 턴시그널의 ON/OFF현재 상황은 영향이 없고 주변차량, 보행자 등의 다른 도로 이용자와의 2차 충돌 가능성을 고려하여 최종 제어여부를 판단한다.

4) 운전자 회피조향 보조 시스템

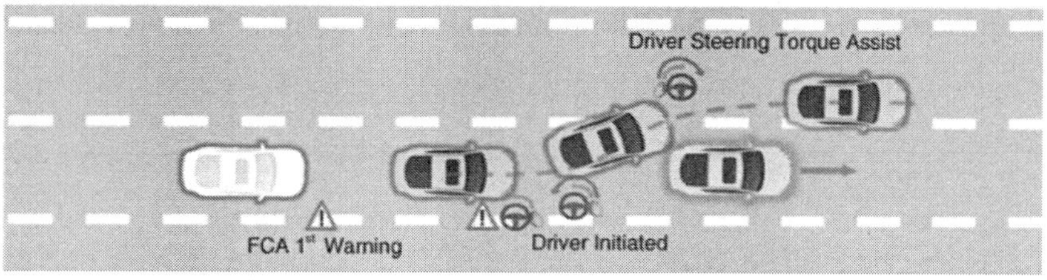

〈그림 25〉 ADAS_DRV 운전자 회피조향 보조(현대 GSW 참조)

전방위 센서의 신호를 종합 분석하여 충돌 위험 감지 시 조향시스템을 통한 작동제어로 제어가능한 작동속도 범위는 40~85km/h범위이고 양차선 차로인식은 무관하며 작동대상은 차량, 보행자, 자전거 탑승자 등이다.

제어 진입조건은 전방충돌방지 보조 1차 경고 및 운전자 조향에 의한 회피의도 발생시이고, 운전자의 회피 조향 토크에 맞추어 보조 조향토크를 제공한다.

5) 자동 회피조향 보조 시스템

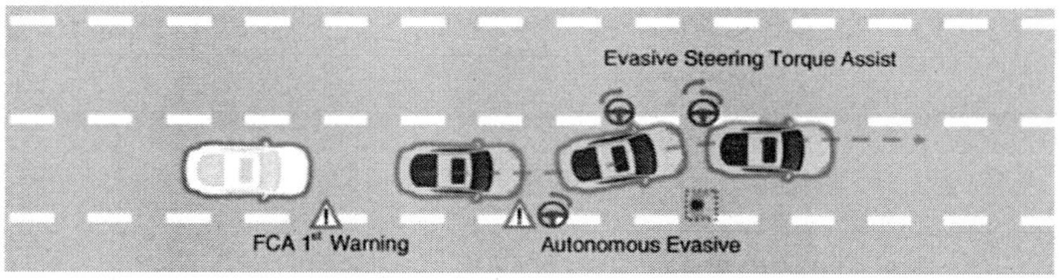

〈그림 26〉 ADAS_DRV 자동 회피조향 보조(현대 GSW 참조)

전방위 센서의 신호를 종합 분석하여 충돌위험 감지시 조향 시스템을 통한 작동 제어로 제어가능한 작동속도 범위는 65~75km/h 범위이고 양차선 차로인식이 필요하며 작동대상은 보행자, 자전거 탑승자 등이다.

제어 진입조건은 전방 충돌방지 보조 1차 경고 및 보행자/이륜차와의 오버랩 10~35% 이며 회피경로가 주행차로를 벗어나지 않고 2차충돌 위험이 없는 경우이다.

자동회피 조향 이후에는 차로를 벗어나지 않고 정상주행을 유지할 수 있도록 추가적으로 조향 보조토크를 제공한다(휠 속도를 기준으로 한다.)

이상으로 ADAS_DRV 작동제어에 관련한 내용을 살펴보았으며 이제 운전자측 시야의 편의를 제공하는 SVM(Surround View Monitor)와 RVM(Rear View Monitor)에 대하여 알아보도록 하자.

6) SVM(Surround View Monitor)

서라운드 뷰 모니터(SVM) 시스템은 차량주변의 360도 상황을 차량 위에서 내려다 본 듯한 화면을 실시간 영상으로 제공하는 주차안전시스템이다.

차량의 전방, 양측면, 후방에 각 1개씩(총 4개)의 초광각 카메라를 이용하며 카메라로 부터 입력된 영상을 왜곡 보정, 시점변환 및 영상합성 기술을 기반으로 차량주변의 360° 조감도를 위에서 아래로 내려다 본 영상 및 다양한 뷰 모드를 지원한다.

차량 시동 상태에서 기어 위치를 R에 놓으면 자동으로 SVM(Surround View Monitor)이 작동하며 기어 위치를 R에서 P 위치로 바꾸면 SVM(Surround View Monitor)의 작동이 멈추며 시동을 켠 후 기어를 N 또는 D 위치에 놓고 [카메라 VIEW S/W]를 누르면 전방 SVM이 실행된다. (※H/UNIT : AVN 헤드유닛 모니터)

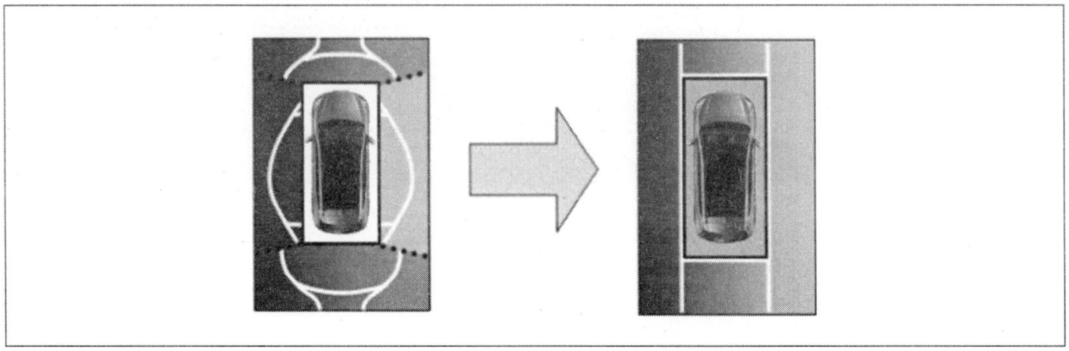

〈그림 26〉 SVM 영상처리 과정(현대 GSW 참조)

① 190°를 투영할 수 있는 초광각 카메라를 통해서 4개의 영상을 H/UNIT에 전송한다.

② SVM 제어기는 카메라로부터 전송 받은 4개의 영상을 굴곡현상이 없도록 보정한다.

③ 보정 작업된 4개의 영상을 합성하여 차량의 모니터를 통해 운전자에게 전달한다.

[SVM의 전환모드]

전환모드	차속	기어	주차/뷰 버튼	출력 뷰
후방 → 전방	15kph 미만	R단, P단 제외	ON	최초진입 : 초기 뷰 모드 옵션에 설정된 전방뷰
				재 진입 : 이전 전방모드에서 출력된 마지막 뷰
전방 → 후방	상관없음	R단	상관없음	최초진입 : 초기 뷰 모드 옵션에 설정된 후방 뷰
				재 진입 : 이전 후방모드에서 출력된 마지막 뷰

〈그림 17〉 SVM 전환모드(현대 GSW 참조)

[SVM의 해제]

① 전방 모드 : 주차/뷰 버튼 ON 후 주행시 속도 15km/h 이상이 되면 자동해제 된다. 주차/뷰 버튼 OFF 상태에서 R단 입력시 자동작동되다가 주행시 속도 15km/h 이상이 되면 자동해제 된다.

② 후방 모드 : R단을 제외한 기어 상태가 되면 자동 해제된다.

[RVM(Rear View Monitor)]

차량 후진시 운전자의 주행안전 시야 확보를 위하여 후방 카메라로부터 입력되는 영상 신호를 AVN 차량 모니터 디스플레이(H/UNIT)를 통해서 운전자에게 전달한다.

차량 시동상태에서 기어를 R단에 위치시키면 자동으로 후방 모니터가 작동한다.

〈그림 28〉 RVM 작동(현대 GSW 참조)

주행 중 후방 뷰를 볼 수 있는데 N이나 D 위치에서 주차/뷰 버튼을 누르면 작동되며 주행 후방 뷰가 작동 중인 상태에서는 차속에 관계없이 주행 후 후방 뷰가 유지된다.

후방 뷰는 HOME버튼이나 AVN키보드 버튼을 누르면 해제 할 수 있다.

[조향 연동가이드라인 작동 표시]

조향 연동 가이드라인 궤적 표시는 C-CAN을 통해 주기적으로 H/UNIT에 수신되어진 차량의 조향각 값을 이용한다.

후방모드의 130° 영상이 표시되는 후방영역(2분할모드)과 와이드 뷰에 차량 에상 진행궤적을 합성하여 출력한다.

모드	뷰	비고
후방	후방 뷰 + 탑 뷰	
	후방 탑 뷰 + 탑 뷰	
	후방 사이드 뷰 + 탑 뷰	

〈그림 29〉 RVM VIEW MODE(현대 GSW 참조)

[조향연동 가이드라인 궤적선 사양]

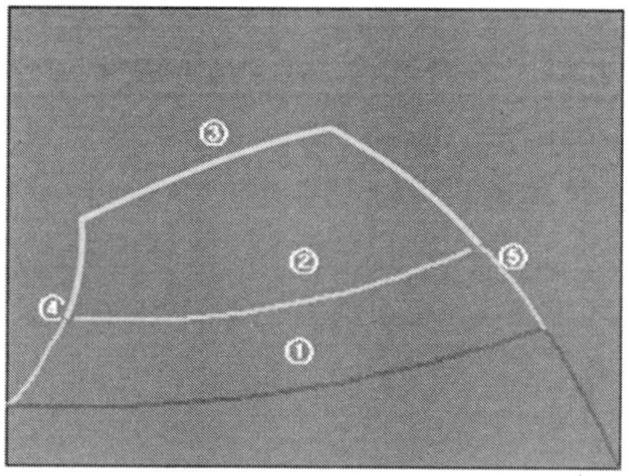

번호	거리	색상
①	0.5m	붉은색
②	1m	노란색
③	2.3m	노란색
④	범퍼 좌 측면 끝 + 0.3m	노란색
⑤	범퍼 우 측변 끝 + 0.3m	노란색

〈그림 17〉 RVM VIEW 궤적선 사양설명 : 현대 GSW 참조

조향각이 중립 상태일 때 차량 예상 궤적을 나타내는 중립 궤적선은 청색으로 표시된다. 조향 연동 가이드라인 궤적선 출력 시 함께 표출되며 조향 조작 비연동의 고정선이다.

[Ignition 입력]

SVM제어기는 IGN1 ON에서만 영상을 출력하며 IGN1 OFF에서는 출력이 제한된다.

SVM제어기는 IGN1 ON/OFF 판단을 위해 IGN핀으로 입력되는 신호를 사용하거나 IGPM (게이트웨이 모듈)으로부터 C-CAN으로 라우팅된 B-CAN 메시지를 이용한다.

[샤시 CAN 입력(C-CAN)]

SVM 제어기는 C-CAN을 통해서 차량 상태 정보를 입력받아 주요 동작 수행 여부를 결정

[멀티미디어 CAN 입출력]

관련 정보는 IGPM(게이트웨이 모듈)으로부터 C-CAN으로 라우팅되어진 M-CAN 신호를 받아서 처리한다.

13 BSM(BLIS) 사각지대 경보, 후측방 경보 BVM

BSM((Blind Spot Monitor, BLIS : Blind Spot Information System)은 브랜드 마다 다양한 용어로 사용되며 후측방 사각지대의 경보 시스템으로 안전주행을 위해서 주행중 차로 변경시 사각영역의 시야를 확보하기 위한 목적으로 실외 미러로 보이는 영역뿐만 아니라 실외 미러로 보이지 않는 사각 영역까지 보여주는 주행안전 시스템이다.

초기에는 경보음과 시각적인 점멸표시만 실외미러에 표시하였다.

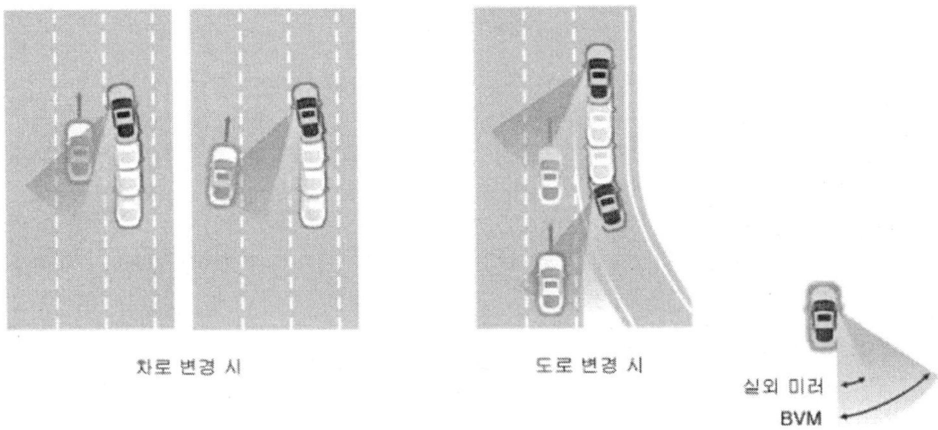

〈그림 31〉 BVM 작동영역(현대 GSW 참조)

BVM(Blind-Spot View Monitor)은 운전자가 방향지시등을 켰을 때 해당 방향의 후측방 영상을 계기반에 표시해 안전하고 편리한 주행을 도와주는 기능이다.

① 운전자가 방향지시등을 작동 시 작동방향의 후측 방영상을 클러스터 화면에 표시한다.
② SVM의 부가기능으로 별도카메라 추가 없이 좌측방/우측방 카메라 영상을 제공한다.
③ 후측방 영상을 클러스터에 표시하여 운전자 시선이동을 최소화한다.

[유의사항]

① 실외 미러가 폴딩 시 영상은 출력되지만 정상적인 사각영상이 아니다.
② 좌/우 카메라의 영상을 뷰 변환하여 클러스터에 표시하므로 SVM에 비해 영상 화질이 좋지 않다.

③ 주간/일몰/일출시나 터널에 진입 시 터널 안 조명 상황에 따라 화면이 일시적으로 어두워 질 수 있다.

④ 실외 미러와 비교해 주변 사물이 멀어보인다.

⑤ SVM/BVM 모드 전환 지연에 의한 후측방 영상 밝기가 변화할 수 있다.

14 미래자동차 Connectivity 기술동향

무선 통신, 빅 데이터 수집 및 분석 등의 관련 기술의 발전으로, 자동차 업계는 다양한 애플리케이션을 통해 안전 주행을 위한 다채로운 솔루션을 제공 가능하게 되었다. 미래 자동차 기술은 첨단 센서와 전자 제어 장치 등에 기반을 둔 차량 지능화 기술을 중심으로 발전하고 있고 최근에는 첨단 통신 기술을 융합하여 차량과 차량, 차량과 인프라, 차량과 클라우드 등의 V2X (Vehicle-to-Everything) 통신 기술을 접목시킨 커넥티드카 기술로 확대되고 있다.

[2020년의 Connected 환경]

① 800억개의 Connected 디바이스

② 50억명의 인터넷 사용자

③ 500개의 고유 ID 디바이스/km^2

- 2021년 신차 60% Cellular『Qualcomm, 2016』
- 2025년 모든차가 Connected『Navigant Research, 2013』

우리가 예상하는 미래 자동차의 환경은 급변하는 자동차 산업의 소용돌이 속에서 마치 큰 파도가 휘몰아치듯이 자동차 산업구조를 변화시키고 있다.

COVID19’의 팬데믹 속에서 위축된 경제 상황이 변화의 시기를 늦추더라도 결국 Connectivity를 반영하는 V2X의 환경으로 미래 자동차 시장은 대변될 것이다.

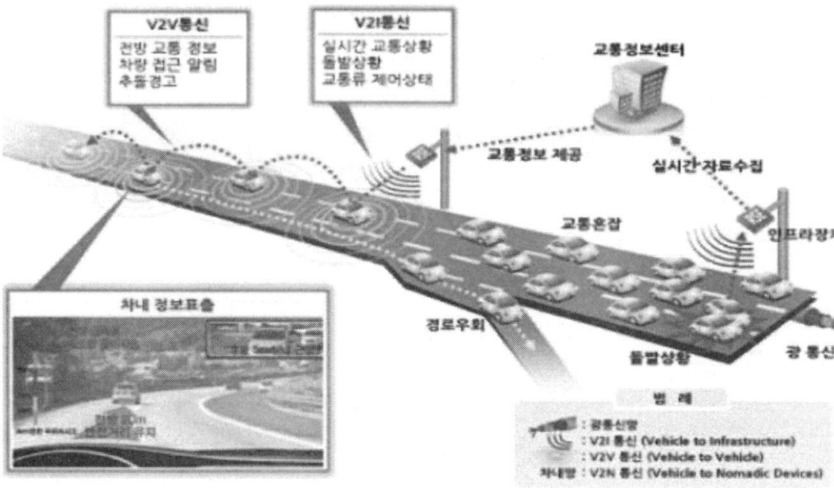

〈그림 32〉 V2X의 미래 : 자율주행자동차 기술동향

[소유에서 공유로]

COVID19'의 팬데믹 상황이 공유CAR에대한 산업을 일시적으로 위축 시켰지만 향후 코로나 상황이 종료되고 난 후 무인 자율 자동차를 통해서 다시 한번 부흥하게 될 것이다.

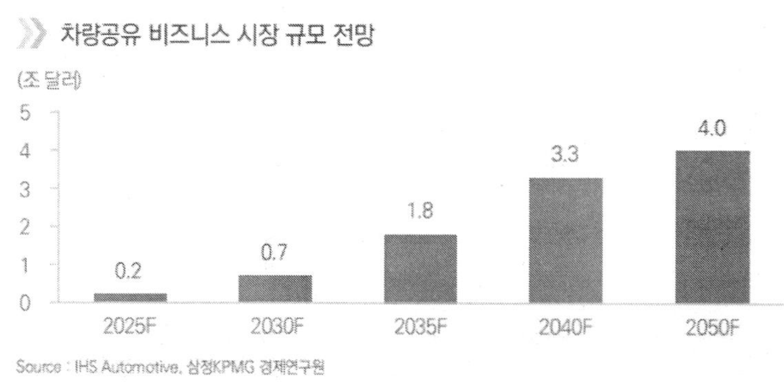

〈그림 33〉 차량공유 비즈니스 시장 전망 : 자율주행이 만드는 새로운변화

차량 공유의 플랫폼은 기존의 전통적인 자동차 산업에서 모빌리티 개념의 가치사슬을 형성해 나가고 있다.

예를 들어 미국의 우버(Uber)는 ICT기업인 Microsoft와 완성차 기업인 TaTa, Toyota로부터 전략적인 투자를 받았고 여러 다수 대기업들과 파트너쉽 협력을 체결하였기 때문에 명실상부한 글로벌한 자이언트 모빌리티 기업의 위치를 선점하였다.

이외에도 이스라엘의 차량공유 서비스업체인 게트(Gett), 영국의 헤일로(Hailo), 중국의 디디추싱(Didi Chuxing), 등이 점점 영향력을 확대해 가고 있다.

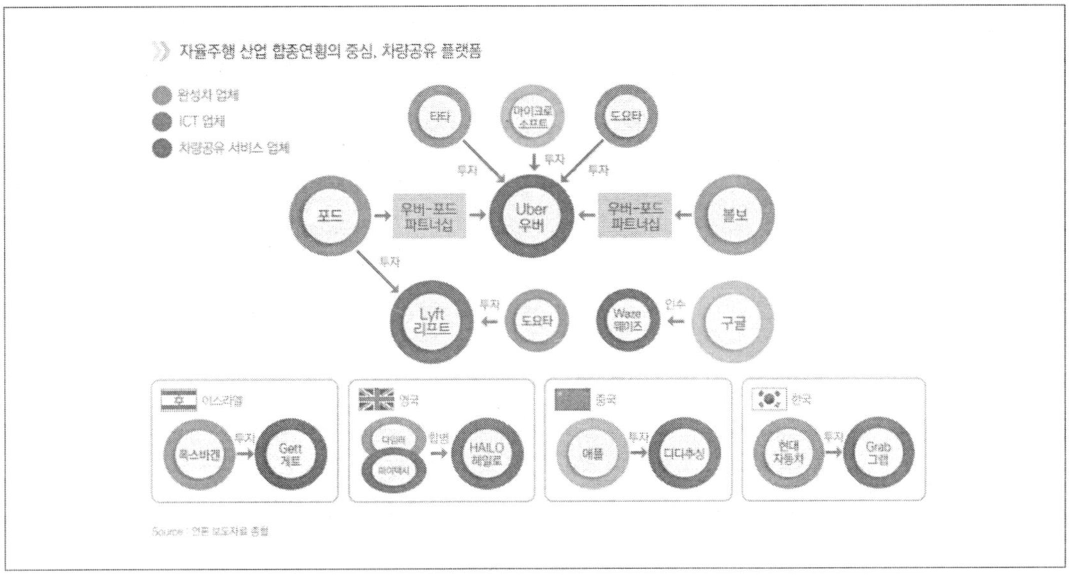

〈그림 4〉 차량공유 플랫폼 : 자율주행이 만드는 새로운변화

[자율주행 인프라 산업의 발전과 선순환 고리]

자율주행 인프라 산업의 패권전쟁은 이미 시작되었으며 미래를 준비하는 자동차 업계의 노력은 완성차업계 뿐만 아니라 자동차 부품 업체, 통신 업체, 차량 공유 플랫폼 업체, 심지어 건설 업체까지 그 영향을 미치고 있다.

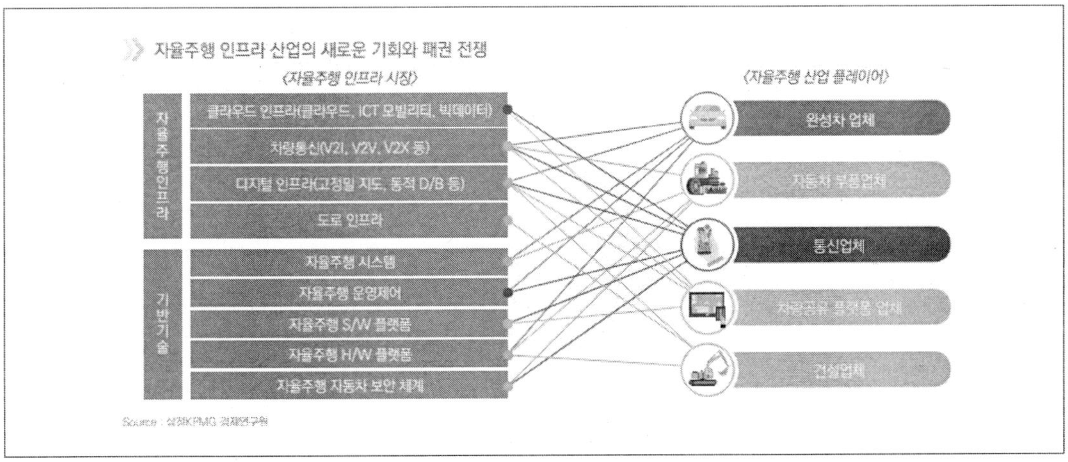

〈그림 35〉 자율주행 인프라 패권전쟁 : 자율주행이 만드는 새로운 변화

결국 우리는 선순환 구조로의 변화를 이끌어내야 하며 기존 내연기관의 퇴출과 함께 자율주행 혁명을 이끌어 낼 수 있는 전기자동차, 차량 공유서비스, 자율주행 자동차 환경 조성이라는 세 가지 카테고리로 대변할 수 있다.

이 카테고리 또한 서로 밀접하게 연관되는 연결고리이며 Connectivity라고 하는 V2X 세계관으로의 이동인 것이다.

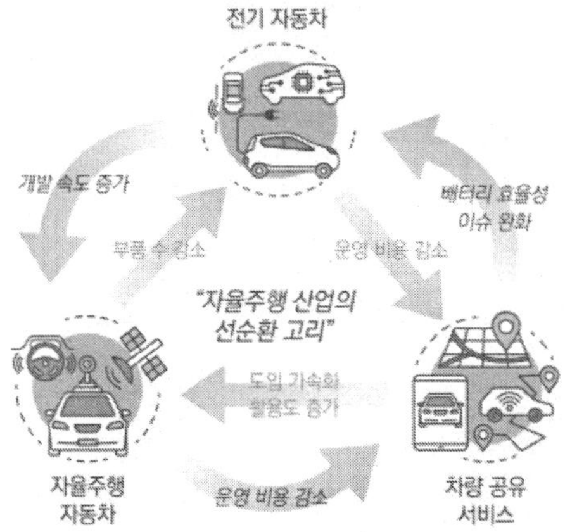

Source : 삼정KPMG 경제연구원

〈그림 36〉 자율주행 혁명의 3대 요소 및 상호 관계